典型民航飞机动力装置系统实训教程

主　编　刘瑞新　孔　磊　王　超　王煜坤

西北工业大学出版社

西　安

图书在版编目(CIP)数据

典型民航飞机动力装置系统实训教程 / 刘瑞新等主
编. —西安：西北工业大学出版社，2024.3
ISBN 978 - 7 - 5612 - 9267 - 9

Ⅰ.①典…　Ⅱ.①刘…　Ⅲ.①民用飞机-动力装置-
教材　Ⅳ.①V228

中国国家版本馆 CIP 数据核字(2024)第 070869 号

DIANXING MINHANG FEIJI DONGLI ZHUANGZHI XITONG SHIXUN JIAOCHENG
典 型 民 航 飞 机 动 力 装 置 系 统 实 训 教 程
刘瑞新　孔磊　王超　王煜坤　主编

责任编辑：胡莉巾	策划编辑：黄　佩	
责任校对：董珊珊	装帧设计：高永斌　董晓伟	
出版发行：西北工业大学出版社		
通信地址：西安市友谊西路 127 号	邮编：710072	
电　　话：(029)88491757，88493844		
网　　址：www.nwpup.com		
印 刷 者：西安五星印刷有限公司		
开　　本：787 mm×1 092 mm	1/16	
印　　张：14.75		
字　　数：331 千字		
版　　次：2024 年 3 月第 1 版	2024 年 3 月第 1 次印刷	
书　　号：ISBN 978 - 7 - 5612 - 9267 - 9		
定　　价：68.00 元		

如有印装问题请与出版社联系调换

前　言

　　笔者从事民航飞机发动机维修工作多年,对各种民航飞机的动力装置系统都非常熟悉,希望能在民航飞机动力装置系统实训教学中有所贡献,特编写此书。

　　笔者深知要掌握民航飞机动力装置系统的结构特点和维修方法,必须以现役民航飞机发动机为主要实训目标,不能局限于所谓的发动机理论。故本书是以民航飞机中最常见的CFM56系列发动机为参考样本,结合生产实际和工作经验编写而成的,其目的就是要尽量达到所学即所用的教学目标。

　　本书大量保留了飞机维修手册中对组成部件的英文描述,其主要目的就是让学生了解并熟悉专用部件的中英文解释,让学生掌握部件实际的生产和维修过程,具有实用价值。

　　本书尽量减少或简化理论方面的描述,尽量详尽介绍"是什么",而不深入探讨"为什么"。以原理图为各系统的重点理论根据点,通过教师讲解或学生自己对原理图的深入探究,了解系统的工作原理。在了解系统原理的基础上,重点对系统组成中的主要部件进行与实际维修工作相似的拆装操作,即以实操训练为关键内容,以便加深印象,希望通过实操训练达到全面掌握系统原理的学习目的。

　　本书第1~3章由刘瑞新、孔磊、王超与王煜坤编写,第5~7章由孔磊与王煜坤编写,第8~9章由王煜坤、王超与孔磊编写,第4章、第10章、第13章由王超与刘瑞新编写,第11~12章由孔磊与王超编写。全书由刘瑞新统稿。

　　在编写本书的过程中,曾参阅了相关文献,在此向其作者表示衷心的感谢。

　　在编写本书的过程中,得到了中国南方航空公司机务工程部发动机组赵继勇经理和黄强兴工程师的大力帮助,他们提供了许多相关资料,并对本书进行了全面审核,在此一并表示感谢。

　　本书配合CFM56系列发动机实操训练模型机一起使用,适用于高等学校航空机电维护专业学生,特别是发动机专业的学生进行实操训练,也可用于航空公司新招机务维修人员的岗前培训。

　　由于水平有限,本书难免存在不足之处,恳请广大读者批评指正。

编　者

2023 年 12 月

目　　录

第 1 章　航空发动机演变史

　　自从莱特兄弟发明飞机以后,人们才明白,飞机之所以能够飞上天空,除了需要有能够产生升力的机翼之外,更重要的是还需要有能够使飞机向前以必要的速度跑起来,使空气从飞机机翼的上、下表面流动起来,进而产生升力的装置,这个装置就是以航空发动机为动力源的飞机推进系统。

　　最初的航空发动机是从汽车上引进过来的活塞式发动机。活塞式发动机作为主要推进装置运用到飞机上的历史差不多经历了 40 年的时间,从 1903 年一直延续到 1950 年,以朝鲜战争中全面使用装备了第一代涡喷式发动机的米格-15 飞机和 F-86 飞机为标志,各类型飞机开始进入以喷气式发动机为主要动力装置的喷气机时代。

　　第一代涡轮喷气式(简称涡喷式)发动机的结构特点是将空气压缩过程、燃气燃烧过程和做功过程等活塞式发动机由一个缸完成的工作,做成了不同的功能部件,发动机所需要的 4 项功能(压缩、燃烧、排气、做功),由这些相对独立的功能部件各自独立完成,最后合成为一个统一的整体,组成一套完整的推进系统。涡喷式发动机从结构形式和工作原理上都已经与活塞式发动机完全不同。

　　涡喷式发动机由于具有独特的结构形式,进而由它演变出了其他 3 种类型的航空发动机,分别为涡轮风扇类发动机、涡轮螺旋桨类发动机和涡轮轴类发动机。由于这 3 种发动机都是以涡轮喷气式发动机为基础演变产生出来的,所以其工作原理是基本相同的。

　　本章将按照航空发动机的演变过程,将不同时期航空发动机的应用情况做一个简单介绍。

1.1　活塞式发动机

　　从第一次世界大战开始,飞机初次投入战场使用,直到第二次世界大战结束,以活塞式发动机为飞机推进装置的航空动力装置发展到了最高阶段,其间出现了大量著名的、安装了不同类型的活塞式发动机的作战飞机。当时的活塞式发动机大致分为两种类型：一种为气冷式多缸星形布置的活塞式发动机；另一种为液冷式多缸直列布置的活塞式发动机。

（1）多缸星形布置的活塞式发动机具有结构紧凑，质量较小的优点，但缺点是迎风面积大，不利于飞机飞行速度的提升，装备该类典型发动机的飞机有苏联的拉-5/7战斗机、日本的零式战斗机和美国的野猫战斗机等。

（2）多缸直列布置的活塞式发动机存在结构复杂，质量较大的缺点，但是又具备迎风面积小，使得飞机的迎风阻力较小的优点，有利于飞机速度的提升。装备这种典型发动机的飞机型号有美国的 P-51 野马式战斗机和德国的斯图卡俯冲轰炸机等。

1.苏联的拉-5/7式战斗机（见图1-1）

图 1-1　苏联的拉-5/7战斗机

拉-5/7战斗机安装 M82FN 气冷式发动机，最大功率为 1 850 hp（1 hp＝735.5 W）。虽然早期的拉-5飞机的龙骨梁和主框架使用的是松木材料，但是飞机的各项性能却非常好。后期的拉-7改为全金属结构件。

2.日本的零式战斗机（见图1-2）

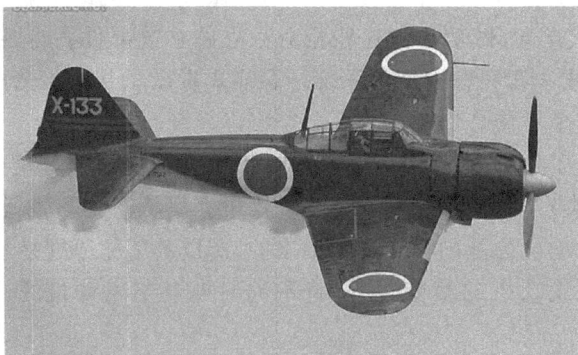

图 1-2　日本的零式战斗机

零式战斗机装备有中岛荣-12和金星-62气冷式活塞发动机，最大功率为 1 500 hp。零式战斗机大量采用铝合金材料，从而使机身结构轻盈，转弯半径小，非常灵活，在战斗中极易跟踪盘旋上升的其他战斗机，并将其击落。但零式战斗机缺陷是大速度俯冲式性能较差，极易被攻击,这也是后期美国空军对付该类飞机的诀窍。

以上两种著名的战斗机都安装了气冷式多缸星型布置的活塞式发动机,气冷式多缸星型布置的活塞发动机的典型外观如图 1-3 所示。

图 1-3　气冷式多缸星型布置的活塞式发动机外观图

3.美国的野马战斗机(见图 1-4)

图 1-4　美国的野马战斗机

美国的野马战斗机安装英国罗尔斯-罗伊斯公司的梅林液冷式活塞发动机,最大功率为 1 710 hp。

4.德国的斯图卡俯冲轰炸机(见图 1-5)

图 1-5　德国的斯图卡俯冲轰炸机

德国的斯图卡俯冲轰炸机装备 JUMO211J 液冷式发动机,最大功率为 1 400 hp。

野马式战斗机和斯图卡俯冲轰炸机所安装的发动机类型都是液冷式直列布置的活塞式发动机,其外观如图 1-6 所示。

图 1-6 典型液冷式直列布置的活塞式发动机外观图

1.2   涡轮喷气式发动机

从 1950 年开始,喷气式发动机(或称为第一代涡轮喷气式发动机)作为飞机主要推进系统开始进入历史舞台。刚开始研发出来的喷气式发动机都是涡轮喷气式发动机,这种发动机的最大特点就是推力有限,噪声大,油耗高。

当涡轮喷气式发动机用在军用飞机上时,其缺点似乎并不突出,但是,当涡轮喷气式发动机用在民用飞机上时,以上这些缺点就成为大麻烦了,不但经济性差,而且缺乏民用飞机所特别强调的良好舒适性。

初期的涡轮喷气式发动机根据压气机的布置方式不同,分为离心式压气机和轴流式压气机两种类型,后期由于离心式压气机类涡轮喷气式发动机具有迎风面积大、效率低下的突出缺点,很快就被淘汰出局了。

装备了涡轮喷气式发动机的第一批作战飞机包括苏联的米格-15 战斗机和美国的 F-86 战斗机这两个机型。

1.苏联的米格-15 战斗机(见图 1-7)

图 1-7 苏联米格-15 战斗机

苏联的米格-15 战斗机装备一台 VK-1 型离心式压气机类涡喷式发动机,推力为 27 kN,其安装了 3 门机炮,火力强劲,但是发动机性能一般,飞机的整个留空时间只有 45 min,因此只能作为以防御为主的前线战斗机使用。

2.美国的 F-86 战斗机(见图 1-8)

图 1-8　美国 F-86 战斗机

F-86 战斗机装备一台 J-47 轴流式压气机类涡喷式发动机,推力为 23.4 kN,该飞机安装了 4 挺 12.7 mm 机枪,火力比较弱,曾经出现过击中米格-15 战斗机多发,但是,被击中的米格-15 战斗机仍然安全返航的战例。

这两种早期的喷气式飞机都是首批参加实战的喷气式飞机,分别安装了代表不同设计思想的离心式压气机类涡喷发动机和轴流式压气机类涡喷发动机,发动机的外观如图 1-9 和图 1-10 所示。

图 1-9　VK-1 型离心式压气机类涡喷发动机

图 1-10　J-47 型轴流式压气机类涡喷发动机

(1)离心式压气机类涡喷发动机实际上是指发动机的压气机为离心式布置的,其原理为:气流进入发动机后,首先被二级轴流式压气机压缩后,再进入第三级压气机,第三级压气机再将气流以离心的方式排入多个火焰筒,再在火焰筒内将高压气流和燃油混合后点火燃烧,最后将燃气排入涡轮中做功并产生推力用来推进飞机。

(2)轴流式压气机类涡喷发动机实际上是指发动机的压气机为轴流式布置的,其原理为:气流进入发动机后,被多级轴流式压气机(一般为九级)从前到后进行压缩,直至进入燃烧室,被压缩的高压空气在燃烧室内与燃油混合,经过点火系统点燃后,作为高温、高压的燃气进入涡轮做功并产生推力推进飞机。

1.3 涡轮风扇发动机

航空发动机的发展过程非常迅速,涡喷类发动机投入使用后,只经过 10 年左右的发展时间,就由涡喷式发动机衍生出了双转子,甚至三转子涡轮风扇(简称涡扇)发动机。由于涡轮风扇发动机具有大推力、低油耗以及较低的噪声等级等特点,因此很快就被大量运用于更加多功能的军用飞机以及民航客机上了。这段时期所研发出来的民航客机才算真正具备了现代民航客机的舒适性与经济性,成为民航客机能够迅速发展普及的重要原因。下面介绍装备了涡轮风扇发动机的一些著名飞机。

1.中国 JH-7 型歼击轰炸机(见图 1-11)

图 1-11 中国 JH-7 型歼击轰炸机

JH-7 型歼击轰炸机装备 2 台英国罗尔斯-罗伊斯公司生产的斯贝 MK202 涡扇发动机,单台推力最大 54.5 kN,加力推力为 91 kN,推重比为 5.05,首批装备的是我国海军航空兵,主要用于对海作战,拥有强大对海攻击能力,原主要作战对象为中国南海区域。

其装备的斯贝 MK202 涡轮风扇发动机现在已经完成国产化,其外观如图 1-12 所示。

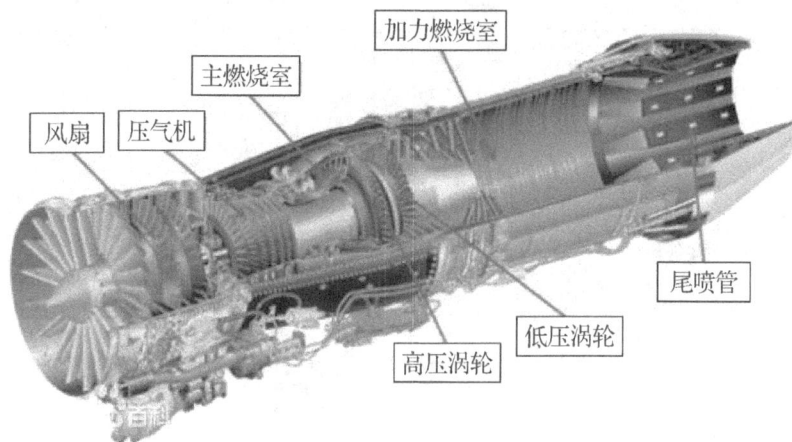

图 1-12 斯贝 MK202 发动机结构图

2.美国产 F-16 战斗机(见图 1-13)

图 1-13 美国产 F-16 战斗机

F-16 战斗机装备单台 F100-PW-229 涡轮风扇发动机,单台最大推力为 79.2 kN,加力推力为 128.9 kN,推重比为 7.9,该飞机为第三代最优秀的战斗机之一,既可以作为战斗机对空作战,也可以作为轰炸机对地对海作战,目前仍然活跃在西方空军的装备序列中。当然,随着我国歼-10 系列飞机的列装,F-16 战斗机即将遇到最强大的空中对手。

F-16 战斗机装备的涡轮风扇发动机外观如图 1-14 所示。

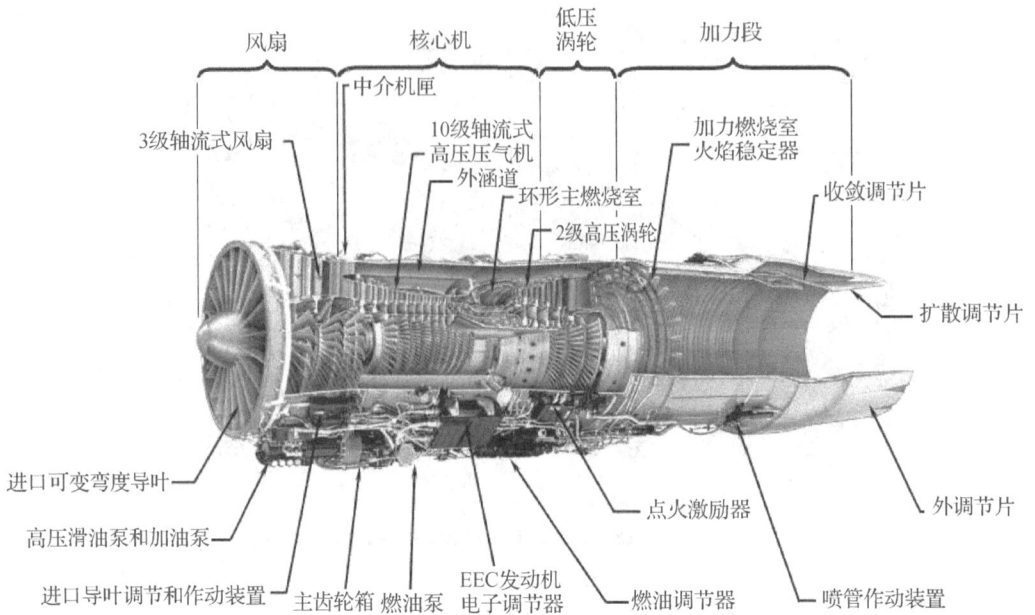

图 1-14   美国产 F100-PW100/200 系列涡轮风扇发动机

1.4   涡轮轴发动机和涡轮螺旋桨发动机

随着涡轮风扇发动机的发明和推出,用于直升飞机的涡轮轴(简称涡轴)发动机以及用于运输类飞机的涡轮螺旋桨(简称涡桨)发动机也相继推出。这些不同类型航空发动机的发明推出,极大丰富了飞机动力装置的序列,为各类不同使用环境下的飞机的发明提供了可能性。特别是大涵道比涡轮风扇发动机的发明、推出,为大型民用航空飞机的出现提供了可能性。下面介绍装备了涡轴发动机和涡桨发动机的一些飞机。

1.米-8直升机(见图 1-15)

图 1-15   俄罗斯产米-8(171)直升机(国产直-9直升机)

米-8 直升机装备 2 台涡轴 5 发动机,单台功率为 1 000 hp,可运载 12 个全副武装的士兵。这是一款功勋式的直升机,由俄罗斯制造,我国装备使用多年,目前仍然在使用。当然,随着我国直-20 通用直升机的量产和装备,我国的类似装备已经进入世界领先的第一梯队。

2.中国产武直-10 直升机(见图 1-16)

图 1-16　中国产武直-10 直升机

武直-10 直升机装备 2 台涡轴 9 发动机(见图 1-17),单台功率为 1 383 hp,功率推重比为 5.5。国产最新型涡轴 16 发动机如图 1-18 所示。

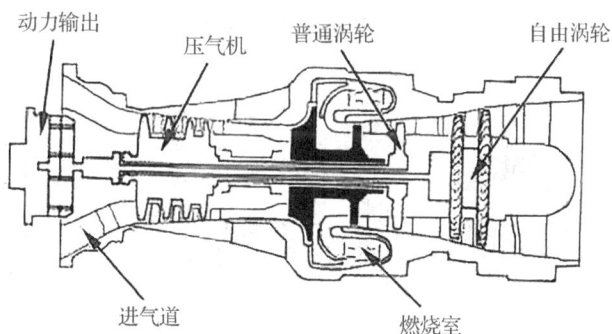

图 1-17　涡轴 9 发动机

图 1-18　国产最新型涡轴 16 发动机

3.国产运-7飞机

装备了涡桨发动机的国产运-7飞机外观形状如图1-19所示,其所装发动机型号,最早期为涡桨5发动机(见图1-20),最新改进以后的机型为新洲-600飞机,其所装发动机为普惠的 PT-100 涡桨发动机。新洲-600飞机装备2台普惠 PT-100 涡桨发动机,单台轴功率为2000 hp,可运载旅客60人。

图1-19　国产运-7飞机

图1-20　国产涡桨5发动机外观图

1.5　大涵道比涡轮风扇发动机

现如今民航所用的飞机发动机基本上都是大涵道比的涡轮风扇发动机,型号多达10多种,其中包含30多个系列,小型发动机的推力级别达到120 kN,而大型发动机的推力级别已经达到340 kN。以最新的波音787飞机为例,其所装备的大涵道比涡轮风扇发动机,外部尺寸已经非常庞大了,风扇直径接近3.7 m,推力超过300 kN,而且其操控方式已经全部采用全权数控操作,这种飞机及其发动机分别如图1-21和图1-22所示。

图 1-21　波音 787 民航客机

波音 787 飞机装备两台最新型英国罗尔斯-罗伊斯公司生产的遄达（Trent）1000 型号发动机，单台推力达到 $280 \sim 340$ kN（不同构型）。波音 787 飞机最大载客量为 $242 \sim 330$ 人，为大型宽体客机。该型号飞机也选装了美国通用电气公司生产的发动机，型号为 GEnx-1B。

图 1-22　Trent 1000 型号发动机外形

从上面对航空发动机发展历史的回顾中可以看出，航空发动机的技术发展非常迅速。从活塞式发动机发展到涡喷式发动机经历 40 年左右时间，而从涡喷式发动机衍生出涡扇式发动机则只经历了短短 10 多年的时间，由涡喷式发动机演变出的涡轴发动机和涡桨发动机，也几乎与涡扇发动机同时代推出。关键是从小涵道比涡扇发动机到大涵道比涡扇发动机的发明推出，也没有超过 20 年时间，而大涵道比涡扇发动机的产生，才真正为各种类型民航飞机的大发展提供了充足的技术保障。

复习思考题

1.活塞式发动机分为哪几个类型？分别安装在了哪些著名飞机上？

2.涡喷式发动机共分为哪些类型？其发展历史是怎样的？

3.涡扇发动机分为哪些类型？著名飞机都安装了哪些类型的涡扇发动机？

4.我国有哪些直升机类型？其所装的涡轴发动机都是什么型号？

5.目前都有哪些比较常见的飞机安装了涡桨发动机？

6.民航所用的涡扇发动机有哪些特点？

7.请描述你心目中印象最深刻的飞机以及安装在其上发动机的特点。

第2章 动力装置

2.1 动力装置概述

　　波音737－300/400/500飞机是通过安装在大翼下部的两台CFM56型涡轮风扇发动机作为动力源的。两台发动机分别通过各自的吊点组件与大翼下方的短吊舱相连接，从而将推力以及垂直方向和侧向的载荷传递到飞机上。

　　为了方便发动机部件和附件的维护以及勤务工作，发动机的风扇包皮、涵道或反推包皮和发动机前端气动整流罩都通过铰接或螺栓连接的方式做成了可拆卸式的。

　　除了基本部件和附件之外，每台发动机上还安装了三大主要部件，分别是恒速传动装置——发电机、液压泵以及起动机。

　　对于发动机来说，其主要特点和系统组成如下：

　　(1)CFM56型涡轮风扇发动机是一款双转子轴流式、高压缩比和高涵道比的涡轮风扇发动机。低压压气机由一级风扇和三级低压压气机组成，由四级低压涡轮驱动；高压压气机共有九级，由一级高压涡轮驱动。发动机内部细节将在第3章进行介绍。

　　(2)发动机起动系统通过驱动高压转子N2，为发动机内部形成一个持续稳定的气流，同时高压转子的转动又通过附件齿轮箱驱动燃油泵以及燃油控制系统工作，为燃烧室提供一定压力的计量燃油。

　　(3)发动机点火系统由两个高能点火激励器分别给两个点火电嘴通过电缆提供点火电能，其控制过程由发动机电子控制系统（EEC）、起动手柄以及发动机起动开关操纵。

　　(4)发动机滑油系统是一个闭环的发动机内部部件润滑及冷却系统。

　　(5)发动机反推系统是将风扇的排气气流反向排出的机构，用于飞机降落时提供减速动力,其控制过程由反推手柄及液压系统参与操纵。

(6)发动机安装有各类传感器,可用于驾驶舱前端的仪表显示发动机的监控参数和工作状态。

(7)发动机安装有通气和排放系统,用于发动机内部废气的排出和内部多余液体的排出。

动力装置系统部件的安装位置参考图 2-1。

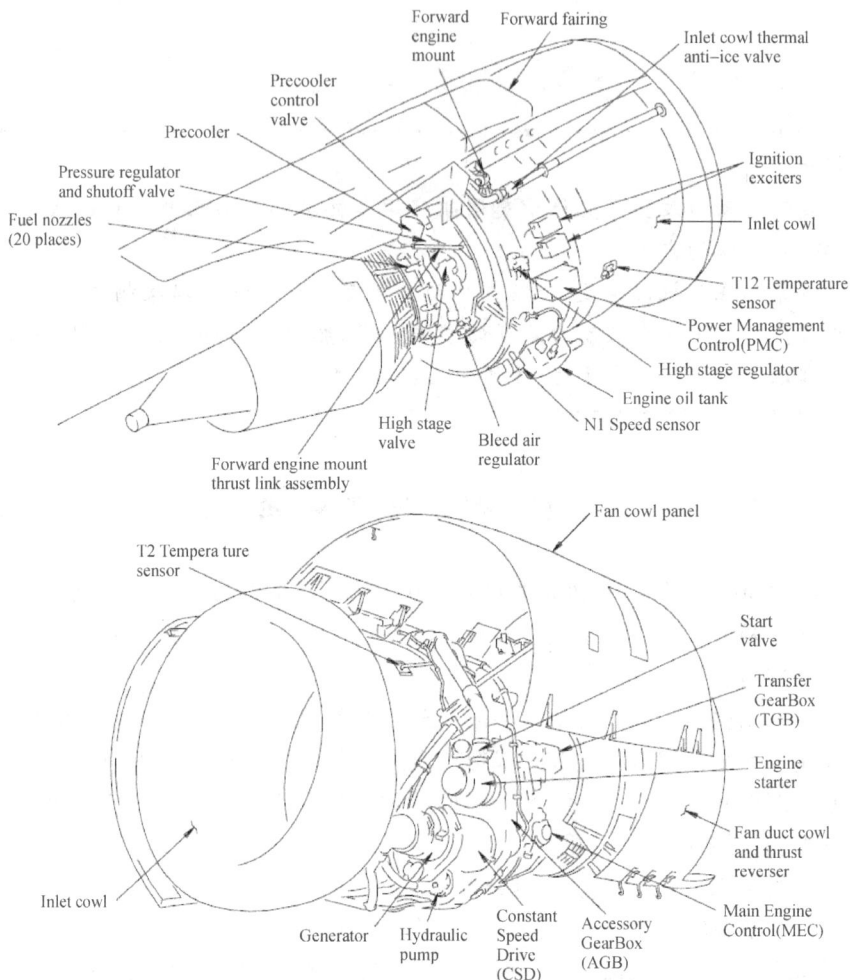

图 2-1　动力装置系统部件安装位置

[注]　Fuel nozzles—燃油喷嘴;Pressure regulator and shutoff valve—压力调节关断阀;Precooler—预冷却器;Forward engine mount—发动机前吊点;Forward fairing—前整流罩;Inlet cowl thermal anti-ice valve—进气道防冰活门;Ignition exciters—点火激励器;Inlet cowl—进气道;T12 Temperature sensor—T12 温度传感器;Power Management Control—动力控制组件;High stage regulator—高级调节器;Engine oil tank—滑油箱;N1 Speed sensor—N1 转速传感器;Bleed air regulator—引气调节器;High stage valve—高级活门;Forward engine mount thrust link assembly—前发动机吊点推力杆组件;Fan cowl panel—风扇包皮盖板;Start valve—起动活门;Transfer GearBox—转换齿轮箱;Engine starter—发动机起动机;Fan duct cowl and thrust reverser—风扇涵道和反推包皮;Main Engine Control—主发动机控制器;Accessory GearBox—附件齿轮箱;Constant Speed Drive—恒速驱动装置;Hydaulic pump—液压泵;Generator—发电机。

2.2　包 皮 组 件

包皮组件(Engine cowling)共分四大类：

(1)进气道组件(Inlet cowl)。

(2)风扇包皮盖板组件(Fan cowl panel)。

(3)前整流罩组件(Forward fairing)。

(4)风扇涵道和反推包皮组件(Fan duct cowl and thrust reverser)。

这四类组件的安装位置分别如图 2-2～图 2-5 所示。

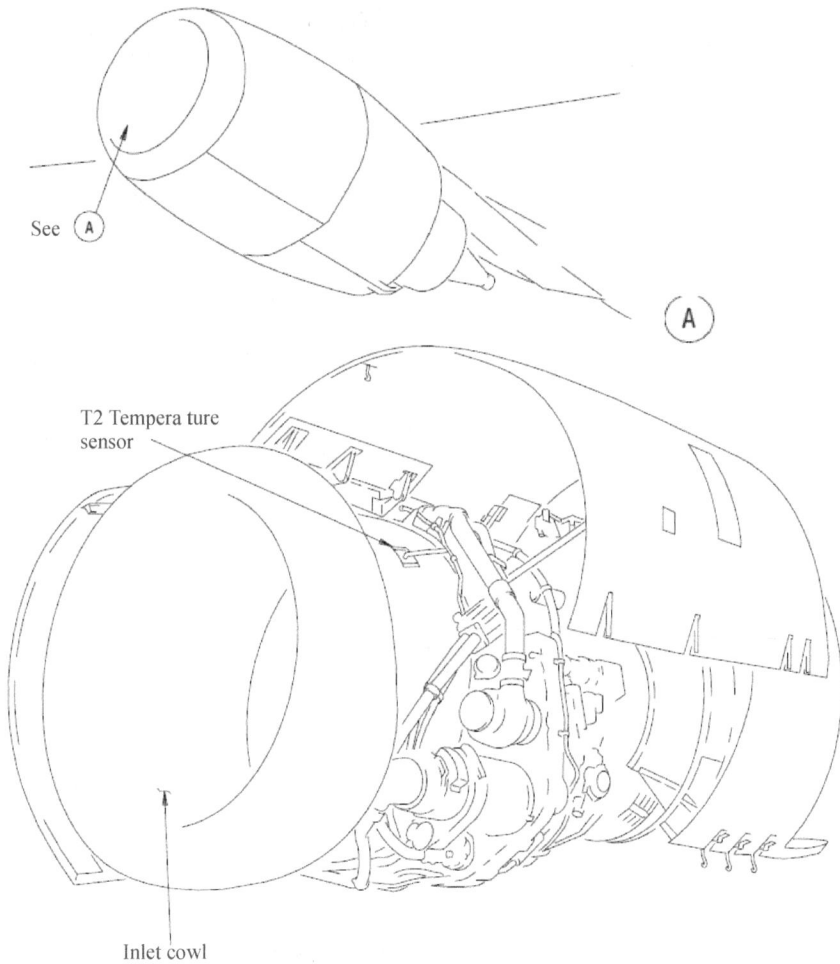

图 2-2　进气道位置图

[注]　Inlet cowl—进气道包皮；T2 Temperature sensor—T2 温度传感器。

进气道的前端为进气口，后端通过法兰边与发动机风扇机匣前端的法兰边用螺栓连接起来，构成了发动机的整体进气装置。在进气道的后端还安装有进气道防冰引气管道，将发动机高压压气机的高温引气通到进气道内腔的前端，以防止飞行过程中进气道前缘结冰。另外，在进气道的 3 点钟位置安装有 T12 传感器，10 点钟位置安装有两个 T2 温度传感器。

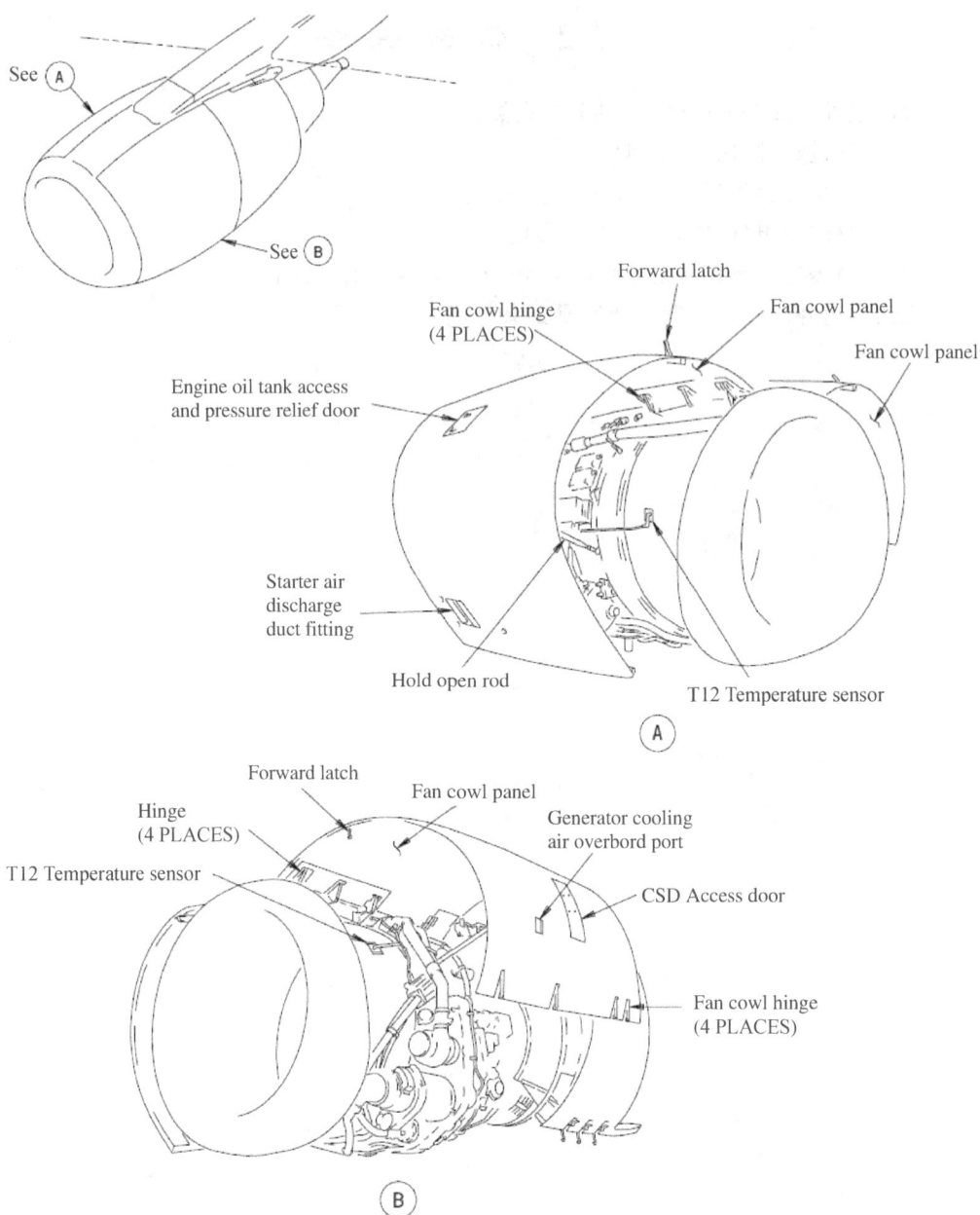

图 2-3 风扇包皮安装位置图

［注］ Engine oil tank access and pressure relief door—发动机滑油箱和释压门；Fan cowl hinge—风扇包皮铰链；
Forward latch—前端锁；Fan cowl panel—风扇包皮盖板；Hold open rod—固定撑杆；Starter air discharge duct fitting—
起动机排气管接头；Generator cooling air overbord port—发电机冷却空气排气口；CSD Access door—恒速传动装置接
近门；Fan cowl latch—风扇包皮锁。

　　风扇包皮盖板共有左、右两块，这两块盖板闭合后可以与进气道、反推包皮以及前端整
流罩组件一起构成一个完整、平滑的气动外形，以便减小飞行阻力。

　　打开或拆掉风扇包皮盖板后,可以接近安装在风扇机匣上的发动机部件,如附件齿轮箱以及安装在其上的起动机、发电机和液压泵等部件,也可以接近安装在进气道上的电气部件,如 T12、T2 传感器等,当然,也可以接近安装在反推包皮组件前端区域的系统部件了。

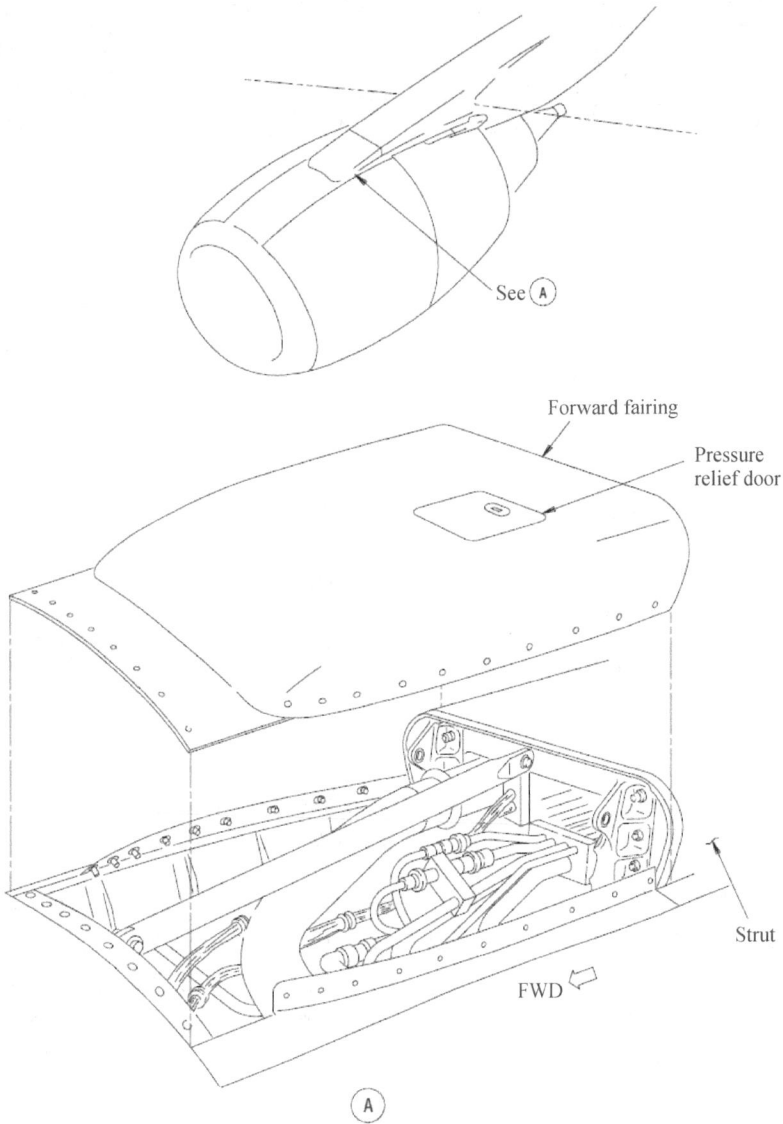

图 2-4　前端整流罩位置图

　　[注]　Forward fairing—前整流罩;Pressure relief door—释压门;Strut—支撑柱。

　　前整流罩安装在风扇包皮支撑梁前端隔框上,从而构成平滑气动外形,达到减小飞行阻力的目的。拆掉前整流罩,可以接近安装在支撑架隔框内的电气接头和燃油管路、液压管路等接头。前整流罩上还安装有释压活门接近门。

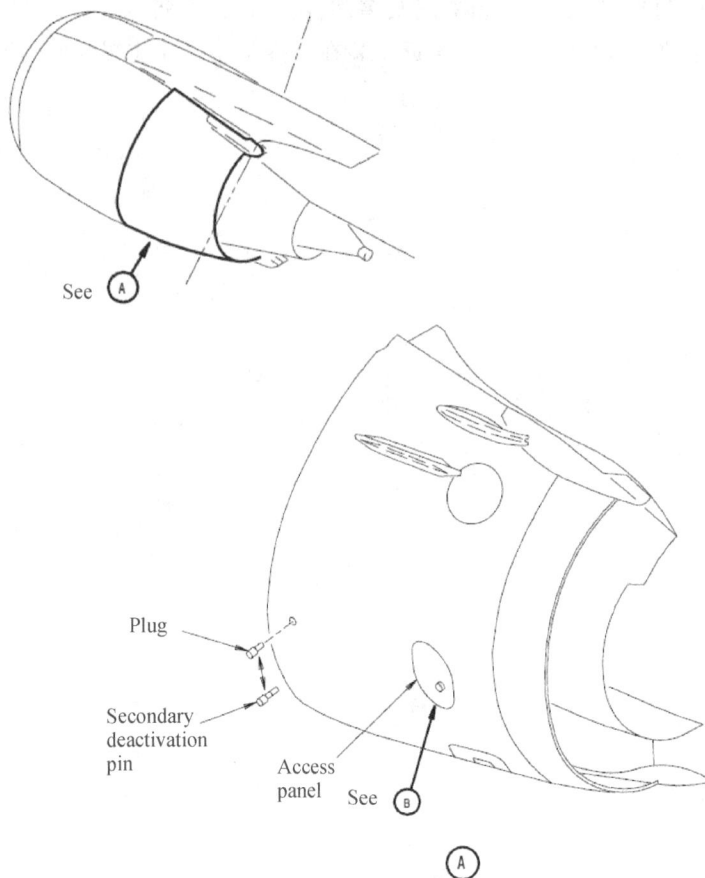

图 2-5　风扇涵道和反推包皮安装位置图

[注]　Plug—堵头；Secondary deactivation pin—次级反应销；Access panel—接近盖板。

风扇涵道和反推包皮，俗称"C"涵道或反推包皮，该部件被分为两半，分别安装在风扇包皮的后端，也是铰接安装在发动机吊架的安装梁上的。这两半"C"涵道关闭后可形成风扇排气的推力涵道，而在外部则与风扇包皮的外蒙皮构成平滑的气动外形，从而构成了完整的动力装置系统。确切地说，反推包皮属于发动机的排气系统，故在讲解发动机排气系统时再对其进行详细介绍。

2.3　发动机吊点组件

发动机共有 3 组吊点组件（Engine mounts），前端两个前吊点组件分别安装在发动机风扇机匣上端 2 点钟和 10 点钟位置处，还有一个推力杆组件安装在发动机风扇机匣后端的组合安装点上，其上的推力座与吊梁上的支撑柱连接，用于将发动机的推力传递到飞机上。发动机还有一个后吊点组件安装在发动机涡轮机匣的 12 点钟位置处，通过吊点螺杆与发动机吊梁上的支撑柱连接。这些吊点组件的安装位置如图 2-6 所示。

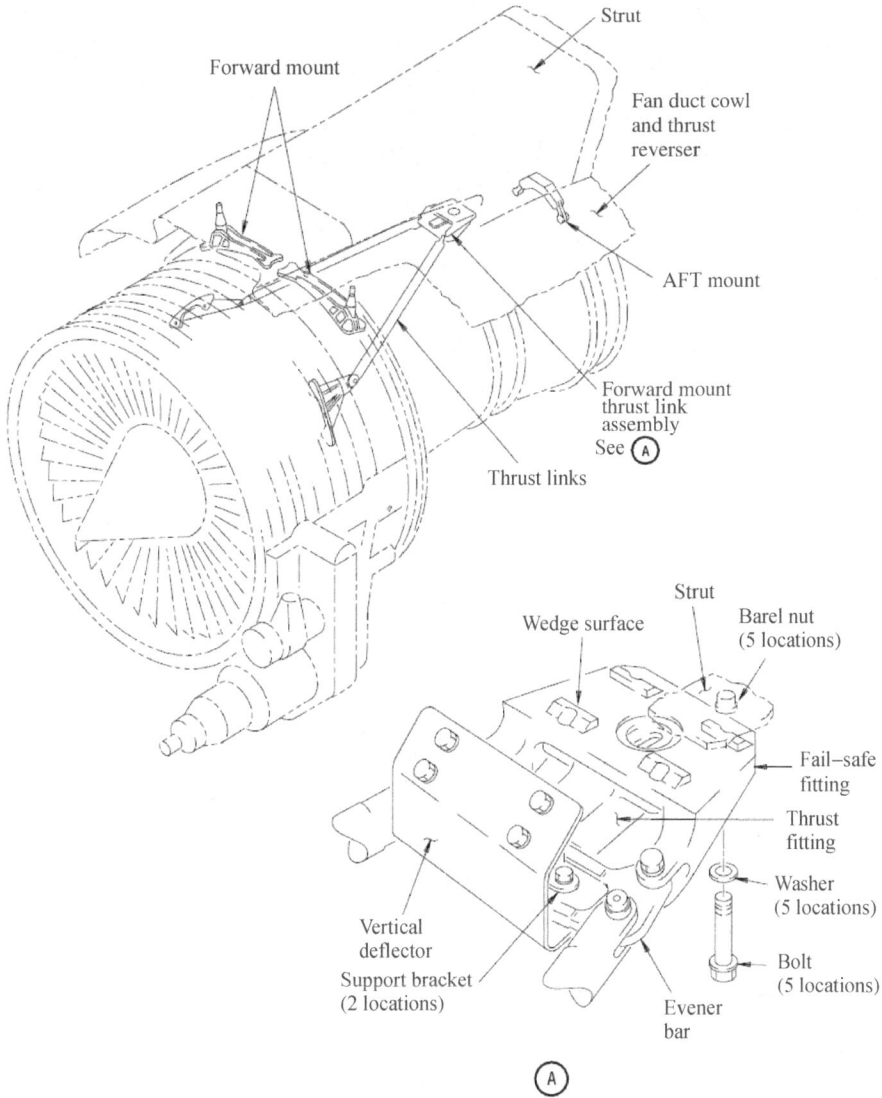

图 2-6　发动机吊点组件位置图

[注]　Forward mount—前吊点；Strut—支撑柱；Fan duct cowl and thrust reverser—进气道和反推；AFT mount—后吊点；Forward mount thrust link assembly—前吊点推力杆组件；Wedge surface—楔子面；Barel nut(5 locations)—桶型螺帽(5 个位置)；Fail-safe fitting—保险接头；Thrust fitting—推力接头；Washer—垫片；Bolt—螺杆；Evener bar—平衡杆；Vertical deflector—垂直界面；Support bracket—支架。

2.4　发动机排放系统

发动机有 1 个起动机空气排放口和 17 个废液排放口。起动机空气排放口安装在右侧风扇包皮靠近 6 点钟位置处，如图 2-7 所示。废液排放口分为 4 个前废液排放口(Front drain system)、11 个后废液排放口(Rear drain system)以及 2 个后支撑柱废液排放口(Rear strut drain system)。这 3 组废液排放口的安装位置分别如图 2-7～图 2-9 所示。

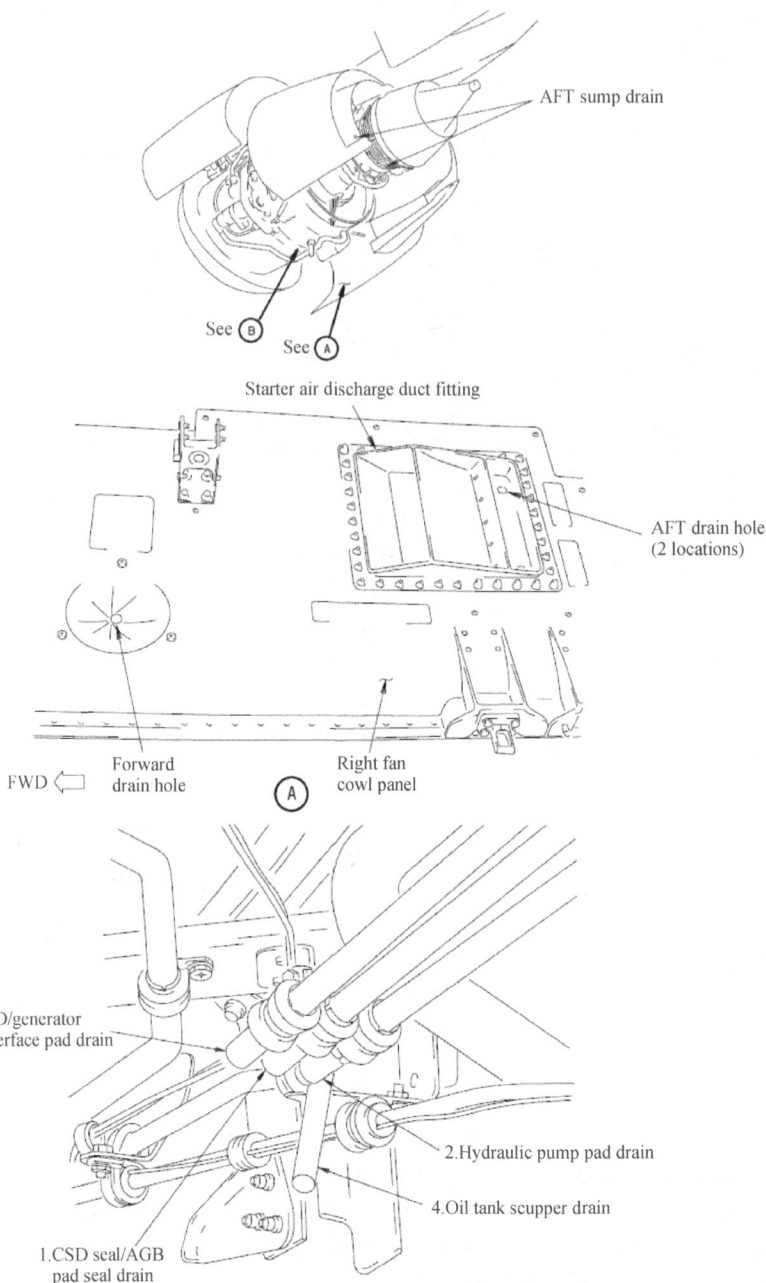

图 2-7　起动机空气排放口和前废液排放口

　　[注]　Starter air discharge duct fitting—起动机空气排放导管接头；AFT drain hole—后排放孔；Forward drain hole—前排放孔；Right fan cowl panel—右侧风扇包皮盖板；AFT sump drain—后收油池排放口；CSD seal/AGB pad seal drain—CSD 封严和 AGB 安装盘封严排放口；Hydraulic pump pad drain—液压泵安装盘排放口；CSD/generator interface pad drain—CSD 和发电机接口安装盘排放口；Oil tank scupper drain—滑油箱排放口。

　　由于前废油排放口和后废油排放口的布置位置相近，因此位置指示图相似，需要看细节图才能区分。后废油排放口的安装位置图示详情如图 2-8 所示。

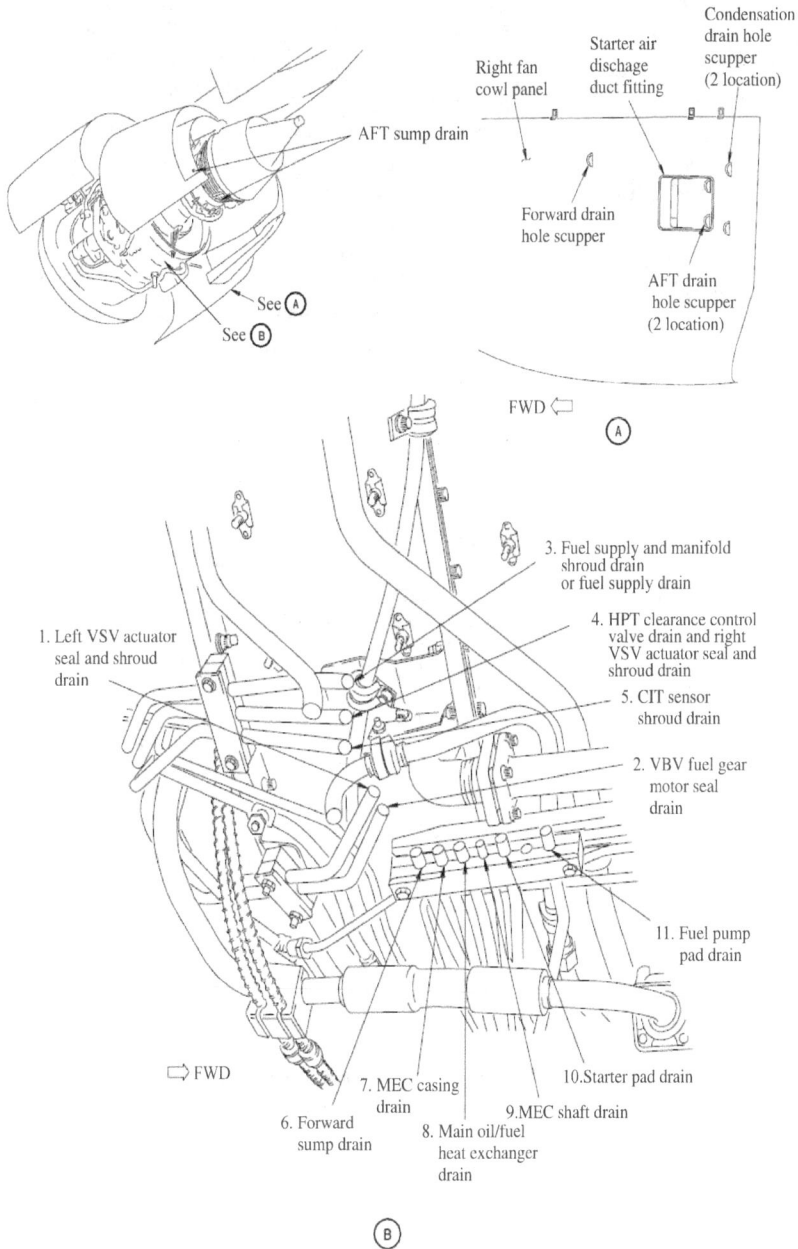

图 2-8　后废油排放口位置图

［注］ Right fan cowl panel—右侧风扇包皮盖板；Starter air dischage duct fitting—起动机排气导管接头；Condensa-
tion drain hole scupper—排放孔接口；Forward drain hole scupper—前排放孔接口；Aft drain hole scupper(2 location)—
后排放孔接口(2 个位置)；Left VSV actuator seal and shroud drain—左 VSV 作动筒封严排放口；VBV fuel gear motor
seal drain—VBV 燃油驱动齿轮马达封严排放口；Fuel supply and manifold shroud drain or fuel supply drain—燃油供油
总管排放接口；HPT clearance control valve drain and right VSV actuator seal and shroud drain—高压涡轮间隙控制活门
排放口和右侧 VSV 作动筒严排放口；CIT sensor shroud drain—CIT 传感器排放口；Forward sump drain—前收油池
排放口；MEC casing drain—MEC 壳体排放口；Main oil/fuel heat exchanger drain—主滑油/燃油热交换器排放口；MEC
shaft drain—MEC 轴排放口；Starter pad drain—起动机安装盘排放口；Fuel pump pad drain—燃油泵安装盘排放口。

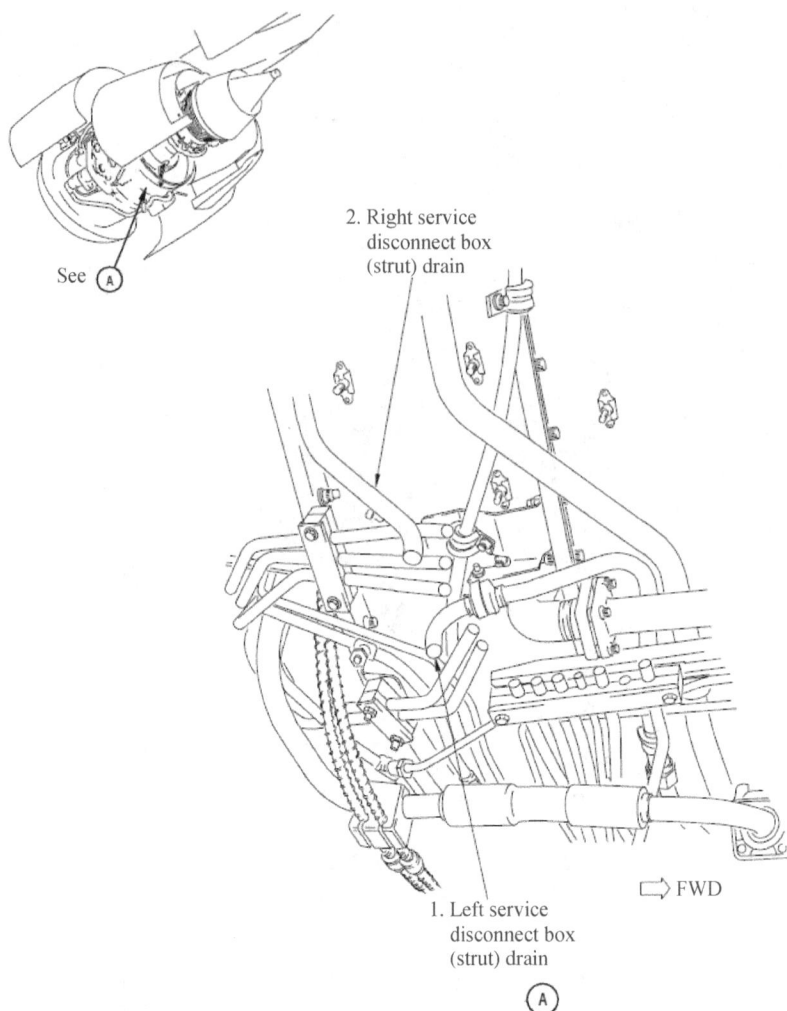

图 2-9　后支撑柱排放口位置图

［注］　Left service disconnect box（strut）drain—左勤务快卸头（支撑柱）排放口；Right service disconnect box（strut）drain—右勤务快卸头（支撑柱）排放口。

统计后的排放口见表 2-1。

表 2-1　三类废油排放口分类表

排放口序号		排放口描述
前部排放系统	1	恒速传动装置安装盘排放位
	2	液压泵安装盘排放位
	3	恒速传动装置/发电机安装接口排放位
	4	滑油箱加油口排放位

续表

排放口序号		排放口描述
后部排放系统	1	左侧 VSV 作动筒封严腔排放位
	2	VBV 燃油作动马达排放位
	3	燃油供油管排放位
	4	HPT 控制活门排放位和右侧 VSV 作动筒排放位
	5	CIT 排放位
	6	前附件齿轮箱集油槽排放位
	7	MEC 壳体排放位
	8	主滑油/燃油热交换器排放位
	9	发动机操纵输入轴排放位
	10	起动机安装盘排放位
	11	燃油泵安装盘排放位
后吊架排放系统	1	左侧勤务插头盒(吊架)排放位
	2	右侧勤务插头盒(吊架)排放位

小提示

　　发动机上竟然有这么多的废油排放口,几乎每个用到压力油的部件都安排了排放口用于排放有可能渗漏的废油,怪不得发动机底部的管子密密麻麻的,难道就不能做到没有排放吗?

复习思考题

1.动力装置系统分哪些主要子系统?
2.发动机包皮组件共有哪几个? 分别起什么作用?
3.发动机吊点组件的作用是什么? 一般维护工作是什么?
4.发动机共有几个排放口? 排放口在发动机上的具体位置在哪?

实操训练项目

1.前吊点拆装检查。
2.废油排放检查(见表 2-2)。

表 2－2　废油排放检查工作单

训练类型	综合技能训练	维修训练工作单 废油排放检查	工作单号	FDJ－MX－001
机　　型	波音 737		工作区域	发动机模型
工　　时	4 学时			

	工作单内容	工作者	Q C
训练目标	(1)明确所拆装部件所属系统以及该部件的功能、作用。 (2)训练基本维修操作技能，含英制工具的使用、保险丝保险及部件综合拆装技能。		
拆卸	(1)从飞机上拆下动力装置。（Remove the power plant.） (2)拆卸安装在风扇结构上的前吊点安装螺栓和垫片。（Remove the bolts and washers that attach the mount to the fan frame.） (3)拆卸前吊点。（Remove the mount.） (4)拆卸吊点螺杆。（Remove the cone bolt.） 　1)拆卸保持架螺杆、垫片和保持架。（Remove the retainer bolt, washer, and retainer.） 　2)拆卸螺帽、支架螺杆和两个垫片。（Remove the nut, shoulder bolt, and washers 2 location.） 　3)拆下吊点螺杆。（Remove the snubber and cone bolt.） 　4)检查吊点螺杆，当表面损坏量超过 20％，或表面任意方向的裂纹超过 0.3 in(1 in＝2.54 cm)时，报废并更换吊点螺杆。（If the damage is more than 20 percent of the surface area, or if a single pit extends more than 0.3inch in any direction, replace the cone bolt.）		
安装	一、安装吊点螺杆 (1)将带有制动的吊点螺杆安装到风扇机匣支撑座上。（Install the cone bolt with the snubber in the fan frame support.） (2)将支撑座上的孔与吊点螺杆上的孔对齐。（Align the hole in the cone bolt with the hole in the support.） (3)安装支撑螺栓、两个垫片和螺帽，注意要将大一些的垫片安装在螺栓头这一边，并且螺栓头指向前端。（Install the shoulder bolt, washers(2 location), and nut with the larger washer below the bolt head and the bolt head pointed forward.） (4)将带有制动的吊点螺杆安装到风扇机匣支撑座上。（Install the cone bolt with the snubber in the fan frame support.） (5)将支撑座上的孔与吊点螺杆上的孔对齐。（Align the hole in the cone bolt with the hole in the support.）		

续表

训练类型	综合技能训练	维修训练工作单 废油排放检查	工作单号	FDJ－MX－001
机　　型	波音 737		工作区域	发动机模型
工　　时	4 学时			

	工作单内容	工作者	Q C
安装	(6)安装支撑螺栓、两个垫片和螺帽,注意要将大一些的垫片安装在螺栓头这一边,并且螺栓头指向前端。(Install the shoulder bolt, washers 2 location and nut with the larger washer below the bolt head and the bolt head pointed forward.) (7)给螺帽打力矩,力矩值为:28～49 N・m。(Tighten the nut to 28－49 N・m.) (8)安装保持架、保持架螺杆和垫片,拧紧螺杆。(Install the retainer, retainer bolt and washer, tighten the bolt.) 二、安装前吊点组件)。 (1)将前吊点组件上的安装孔对准风扇机匣上支撑座上的安装孔后,装上前吊点组件。(Install the mount on the fan frame with the holes in the fan frame support aligned with the holes in the fan frame.) 注意:在安装螺杆时,确保在螺杆的两端都要安装上垫片,该情况适合左、右两个吊点组件的安装。垫片装错将导致支撑座螺纹损伤。(Make sure that the washers are installed under the upper and lower bolts of the left and right fan frame supports. incorrect washer installtion can cause damage to the fan frame supports and fan case threads.) (2)安装两个位于顶端 12 点钟位置处的最短支撑座螺栓和垫片。(Install the two smallest bolts and washers in the top end 12 o'clock position of the support.) (3)在位于底端 11 点钟位置和 1 点钟位置处,安装上长螺栓和垫片,最长的螺栓安装在前面的孔中。(Install the longer bolts in the bottom end 11 o'clock and 1 o'clock position, as applicable of the support with the longest bolt in the forward hole.) (4)对位于顶端的两个螺栓的拧紧力矩为 108～134 N・m。(Tighten the top bolts (2 locations) to 108－134 N・m.) 1)给位于左、右两端的两个吊点组件的前端螺栓打上保险丝。(safety the forward bolt of the right mount with the forward bolt of the left mount with a lockwire.) 2)给位于左、右两端的两个吊点组件的后端螺栓打上保险丝。(safety the aft bolt of the right mount with the aft bolt of the left mount with a lock wire.) (5)拧紧底端的两个螺栓,力矩为 149～183 N・m,然后打上保险丝。(Tighten the bottom bolts (2 locations) to 149－183 N・m and then safety the bolts with the lockwire.) (6)安装动力装置。(Install the power plant.)		

续表

训练类型	综合技能训练	维修训练工作单 废油排放检查	工作单号	FDJ－MX－001
机　型	波音 737		工作区域	发动机模型
工　时	4 学时			

工作单内容	工作者	QC
附图 2-1 为前吊点安装结构图。 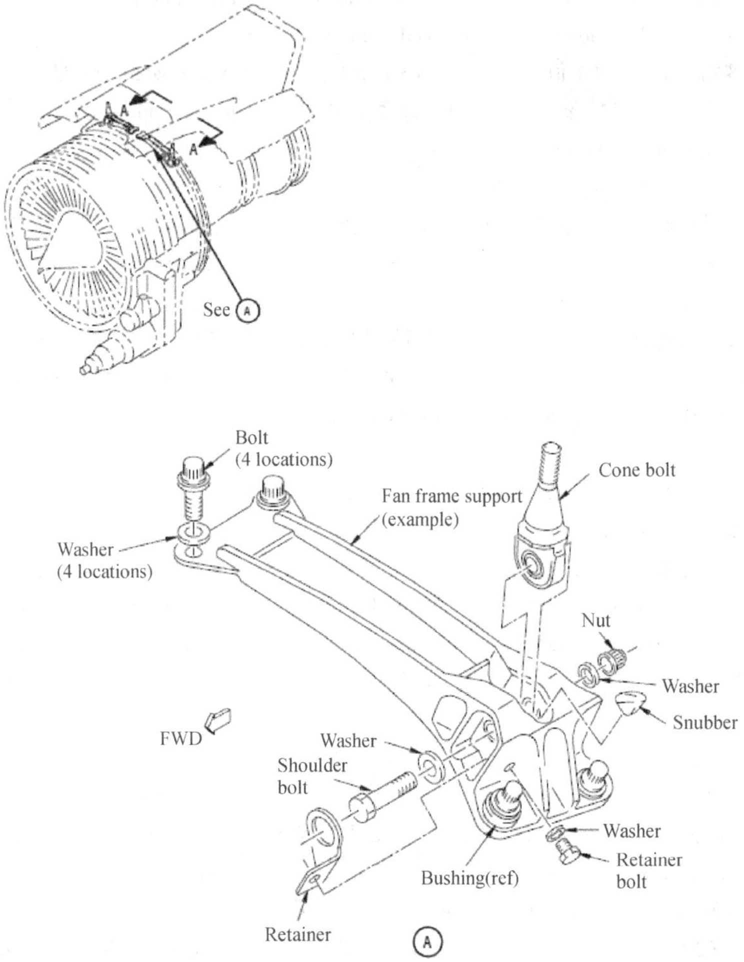 附图 2-1　前吊点安装结构图 　［注］　Washer—垫片；Bolt—螺栓；Location—位置；Fan frame support—风扇机匣支撑座；Cone bolt—吊点螺杆；Nut—螺帽；Snubber—止动块；Retainer bolt—保持架螺杆；Bushing—衬套；Shoulder bolt—承力螺杆。		

附图

续表

训练类型	综合技能训练	维修训练工作单 废油排放检查	工作单号	FDJ‐MX‐001
机　型	波音 737		工作区域	发动机模型
工　时	4 学时			

	工作单内容	工作者	QC
训练目标	了解发动机排放系统的目的,究竟哪些部件有废油排放,从而了解发动机内部工作原理,训练发动机试车后的废油排放检查工作。		
目视排放检查	(1)在出现滑油渗漏的情况下,在发动机关车后需立即检查发动机后收油池排故口区域(见附图 2‐2)。(Examine the aft sump and ramp area below the aft sump, immediately after the engine shutdown for evidence of the oil leakage.) 　(2)检查风扇包皮下部的前收油池排放口和起动机排气口等区域的渗漏情况(见附图 2‐3)。(Examine theunderside of the fan cowl panels and ramp area for leakage near the forward drain hole scupper and starter air discharge duct fitting.) 　1)查看下表面是否有油液堆积。(Look for fluid paddles on the ramp.) 　2)查看前收油池排放口是否有油液滴落。(Look for fluid dripping from the forward drain scupper.) 　3)查看起动机排气口是否有油液滴落。(Look for fluid dripping from the duct fitting for the starter air discharge.) 　(3)如果看到了有油液渗漏,那么打开风扇包皮盖板。(If you see the fluid leakage, open the fan cowl panel.) 　(4)查看那个管子有潮湿现象,从而找到渗漏源。(Look for wet drain tubes to find the leakage source.) 　1)识别前排放系统漏油管,见附图 2‐4。(Identify the drain tubes for the front drain system.) 　2)识别后排放系统漏油管,见附图 2‐5。(Identify the drain tubes for the rear drain system.) 　3)识别支柱勤务接头盒的漏油管,见附图 2‐6。(Identify the drain tubes for the service disconnect box(strut) drain.) 　(5)对于认为是渗漏源的漏油管,找到漏油的比率。(For each drain tube that you think is the leakage source, find the leakage rate(s).) 　(6)比较一下测得的渗漏率和允许的渗漏率。(Compare the leakage rate(s) to the allowable leakage rates in the tables.)		

续表

训练类型	综合技能训练	维修训练工作单 废油排放检查	工作单号	FDJ - MX - 001
机　　型	波音 737		工作区域	发动机模型
工　　时	4 学时			

	工作单内容	工作者	QC
目视排放检查	1)若渗漏量介于零和限制值之间,则不用管它(If the leakage amount is between zero and threshold limit, no action is necessary.)。 2)若测得的渗漏率超过了可用极限值,则需采取维修行动。(If the measured leakage rate is more than the serviceable limit for the allowable leakage rate, do a corrective action.) 3)若渗漏量介于起始限制值和可用限制值之间,则执行运转发动机,进一步检查渗漏液类型、渗漏源以及更精确的渗漏率。(If the leakage amount is between threshold limits and serviceable limits, an engine run isrecommended to find the fluid type, the leakage source and a more accurate leakage rate.)		
发动机运转排放检查	<table><tr><td rowspan="2">排放口号</td><td rowspan="2">排放源位</td><td rowspan="2">废液类型</td><td colspan="2">允许泄漏量</td><td rowspan="2">改正措施</td></tr><tr><td>临界限制值</td><td>允许极限值</td></tr><tr><td>1</td><td>后部集油槽</td><td>滑油</td><td colspan="2">发动机关车后,滑油泄漏量少于 60 cc/h,或者 1 min 少于 20 滴</td><td>将高压转子慢车转速调整到最大位(AMM - 71 - 00 - 00,TEST NO.4),对高滑油消耗排故(AMM71 - 00 - 44/101)</td></tr></table>		

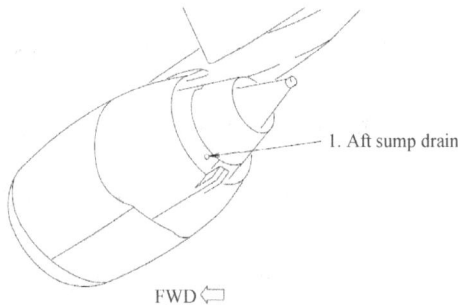

1. Aft sump drain

FWD

附图 2 - 2　后收油池排放口渗漏检查

[注]　Aft sump drain—后收油池排放口;Puddle in exhaust or on ground is acceptable—在排气口和地面上的集油是可接受的;Allowable leakage—允许渗漏;Threshold limit—起始限制值;Serviceable limit—可用限制值;Corrective action—纠正措施。

续表

训练类型	综合技能训练	维修训练工作单 废油排放检查	工作单号	FDJ-MX-001
机 型	波音 737		工作区域	发动机模型
工 时	4 学时			

工作单内容	工 作 者	Q C
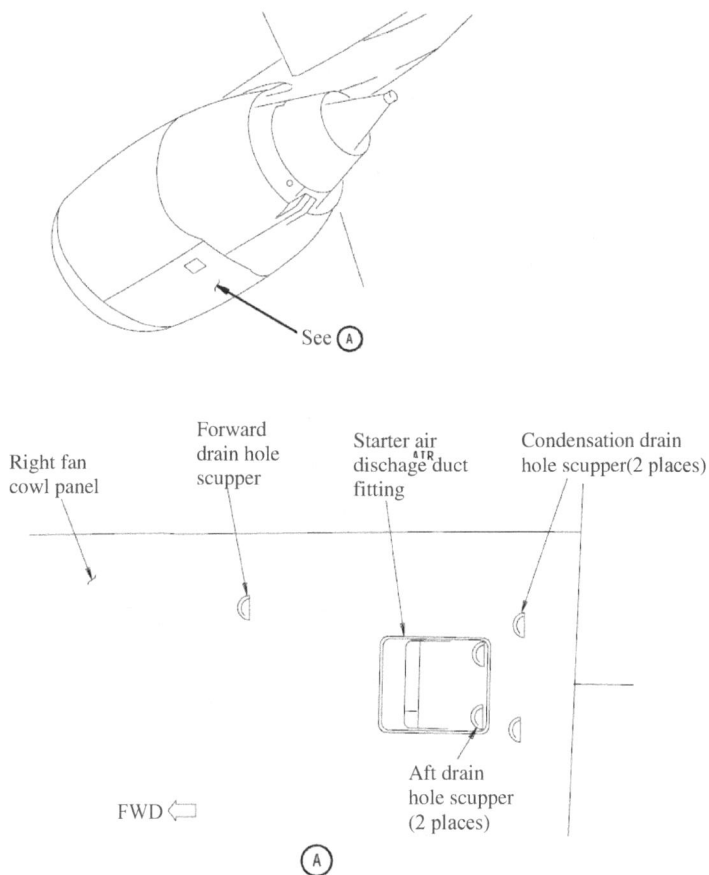 附图 2-3 起动机排气和前端排放口渗漏检查 ［注］ Right fan cowl panel—右侧风扇包皮板；Drain hole scupper—排放口接口；Starter air discharge duct fitting—起动机排气口导管接头；Condensation drain hole scupper(2 places)—2 个位置的冷凝排放孔；Aft drain hole scupper(2 places)—2 个位置的后部排放孔接口。		

续表

训练类型	综合技能训练	维修训练工作单 废油排放检查	工作单号	FDJ - MX - 001
机　型	波音 737		工作区域	发动机模型
工　时	4 学时			

工作单内容	工作者	Q C

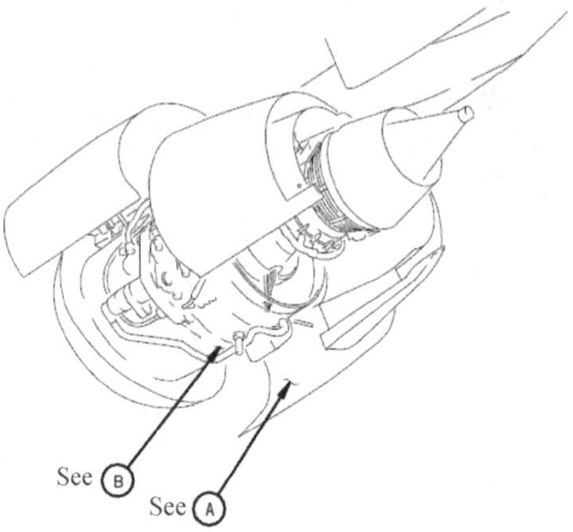

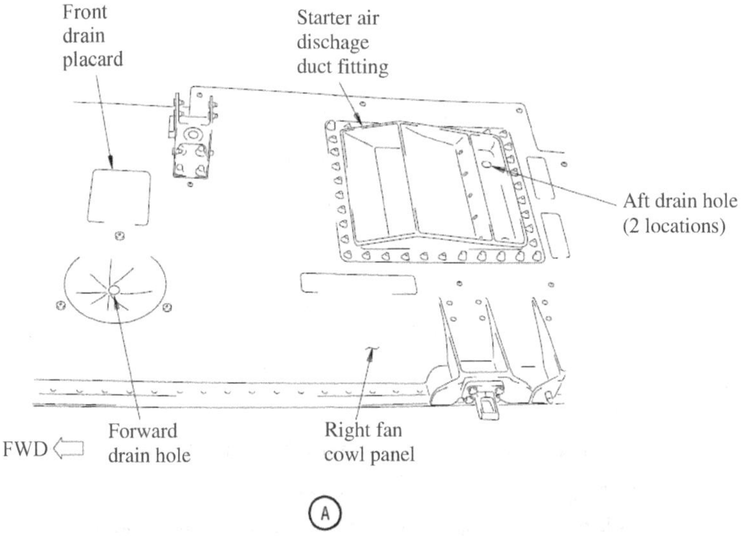

附图 2 - 4　后收油池排放口渗漏检查

［注］　Front drain placard—前排放标签牌；Aft drain hole(2 location)—2 个位置的后排放孔；Right fan cowl panel—右侧风扇包皮板；Forward drain hole—前排放孔；Starter air discharge duct fitting—起动机排气口管道接头。

续表

训练类型	综合技能训练	维修训练工作单 废油排放检查	工作单号	FDJ-MX-001
机 型	波音 737		工作区域	发动机模型
工 时	4 学时			

			工作单内容			工作者	Q C

排放口号	排放源位	废液类型	允许泄漏量		改正措施
			临界限制值	允许极限值	
1	CSD 封严排放口/AGB 安装盘排放口使用针对许用排放源的限制值				
	CSD 封严排放口	滑油	不允许		检查 CSD 滑油量,如果滑油量低,则更换 CSD（AMM24-11-11/401）
	AGB 安装盘排放口	滑油	7 ml/min (1 cc/9 min) (2 滴/min)	20 ml/h (1 cc/3 min) (7 滴/min)	更换 AGB 封严（AMM-72-60-00/201）
2	液压泵安装盘	滑油	7 ml/min (1 cc/9 min) (2 滴/min)	20 ml/h (1 cc/3 min) (7 滴/min)	更换 AGB 封严（AMM-72-60-00/201）
		液压油	按照 AMM29-00-00/601 做渗漏检查		
3	恒速传动装置与发电机安装盘	滑油	1 cc/h [1 滴/(3 min)]	2 cc/h [1 滴/(1.5 h)]	更换 CSD（AMM 24-11-11/401）
4	滑油箱加油口排放口	滑油	对溢流口做勤务工作		做勤务工作时,防止溢流

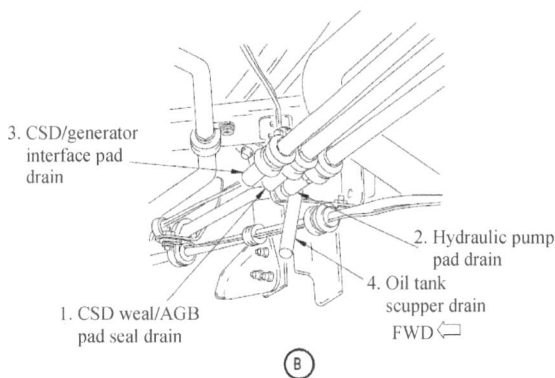

3. CSD/generator
interface pad
drain

2. Hydraulic pump
pad drain

4. Oil tank
scupper drain
FWD ⇐

1. CSD weal/AGB
pad seal drain

Ⓑ

续附图 2-4 后收油池排放口渗漏检查

[注] CSD/generator interface pad drain—恒速传动装置/发电机安装盘排放口;CSD seal/AGB pad seal drain—CSD 和 AGB 安装盘密封口排放口;Hydraulic pump pad drain—液压泵安装盘排放口;Oil tank scupper drain-滑油箱滑油接口排放口。

续表

训练类型	综合技能训练	维修训练工作单 废油排放检查	工作单号	FDJ - MX - 001
机　型	波音 737		工作区域	发动机模型
工　时	4 学时			

工作单内容	工作者	QC

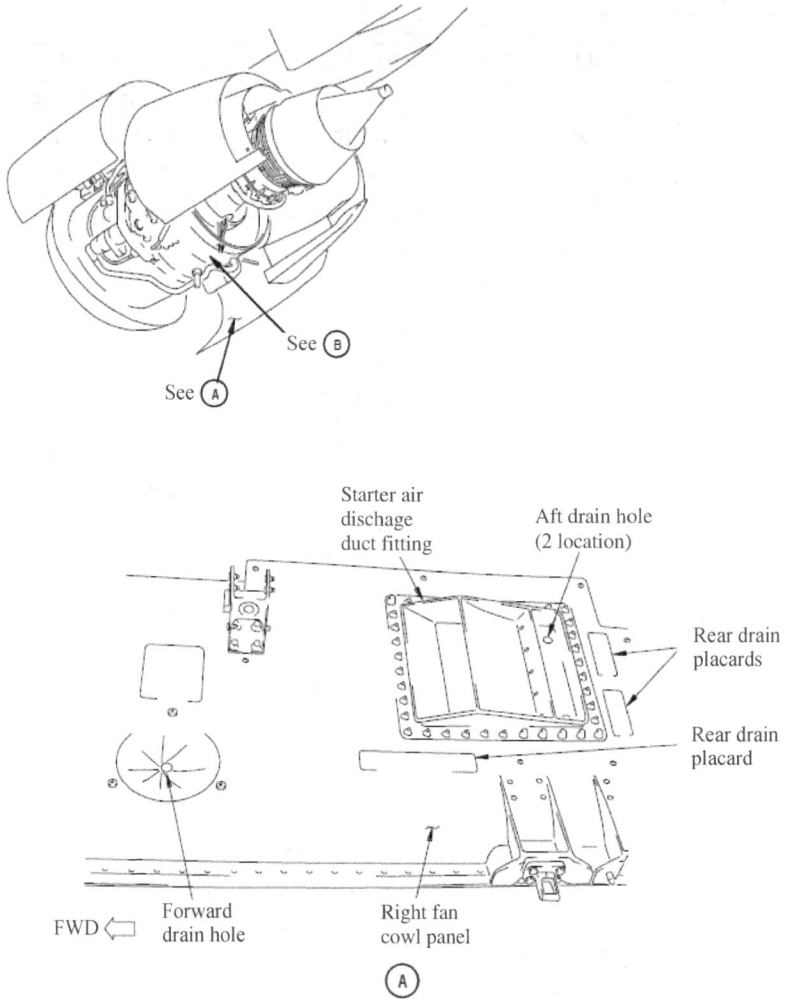

附图 2-5　后排放系统渗漏检查

［注］　Starter air discharge duct fitting—起动机排气口管道接头；Aft drain hole（2 location）—2 个位置的后部排放口；Rear drain placard—后部排故口标签牌；Right fan cowl panel—右侧风扇包皮板；Forward drain hole—前部排放孔。

续表

训练类型	综合技能训练	维修训练工作单 废油排放检查	工作单号	FDJ - MX - 001
机　型	波音 737		工作区域	发动机模型
工　时	4 学时			

工作单内容	工作者	Q C

[注]　1—左侧 VSV 作动筒封严和支撑座排放口;2—VBV 燃油驱动马达封严排放口;3—燃油供给管路支撑座排放口;4—高压涡轮间隙控制活门排放口和右侧 VSV 作动筒封严和支撑座排放口;5—CIT 传感器支撑座排放口;6—前收油池排放口;7—燃调壳体排放口;8—主燃油/滑油热交换器排放口;9—MEC 轴排放口;10—起动机安装盘排放口;11—燃油泵安装盘排放口。

续表

训练类型	综合技能训练	维修训练工作单 废油排放检查	工作单号	FDJ－MX－001
机　型	波音 737		工作区域	发动机模型
工　时	4 学时			

工作单内容						工作者	QC

排放口号	排放源位	废液类型	允许泄漏量		改正措施
			临界限制值	允许极限值	
1	左侧 VSV 作动筒封严	燃油	60 ml/h (1 cc/min) (20 滴/min)	120 ml/h (2 cc/min) (40 滴/min)	更换 VSV 作动筒 (AMM－31－01/401)
2	VBV 燃油驱动马达	燃油	60 ml/h (1 cc/min) (20 滴/min)	120 ml/h (2 cc/min) (40 滴/min)	更换 VBV 燃油驱动马达 (AMM－75－32－01/401)
3	燃油供油总管腔	燃油	不允许		按需维修/更换渗漏部件
	供油管	燃油	不允许		按需维修/更换渗漏部件
4	HPT 间隙控制活门	燃油	90 ml/h (1.5 cc/min) (30 滴/min)	180 ml/h (3 cc/min) (60 滴/min)	拆下排油管,若只有一个地方是湿的,则更换新部件 VSV 作动筒,(AMM75－31－01/401,或 HPTACC(AMM75－24－01/401),若两处都是湿的,则堵上其中一个排油口重新测试渗漏量,按需更换部件。
	右侧 VSV 作动筒封严	燃油	60 ml/h (1 cc/min) (20 滴/min)	120 ml/h (2 cc/min) (40 滴/min)	
5	CIT 传感器壳体	燃油	不允许		更换 CIT 传感器 (AMM73－21－02/401)
6	前部收油池	滑油	15 ml/h (1 cc/min) (5 滴/min)	60 ml/h (1 cc/min) (20 滴/min)	更换发动机 (AMM71－00－02/401)
7,9	MEC 主轴及腔	燃油	180 ml/h (3 cc/min) (60 滴/min)	360 ml/h (6 cc/min) (120 滴/min)	更换 MEC (AMM73－21－01/401)
8	滑油/燃油热交换器	滑油或燃油	20 ml/h [1 cc/(3 min)] (7 滴/min)	40 ml/h [2 cc/(3 min)] (14 滴/min)	更换滑油/燃油热交换器 (AMM79－21－02/401)
10	起动机安装盘	滑油	7 ml/h [1 cc/(9 min)] (2 滴/min)	20 ml/h [1 cc/(3 min)] (7 滴/min)	拆掉起动机,检查传动轴上的"O"形封圈是否丢失或损坏,若损坏则更换新封圈,若封圈完好,则更换起动机封严
11	燃油泵安装盘	滑油	7 ml/h [1 cc/(9 min)] (2 滴/min)	20 ml/h [1 cc/(3 min)] (7 滴/min)	更换对应 AGB 上的封严 (AMM72－60－00/201)
		燃油	60 ml/h (1 cc/min) (20 滴/min)	120 ml/h (2 cc/min) (40 滴/min)	更换燃油泵组件 (AMM73011－01/401)

续表

训练类型	综合技能训练	维修训练工作单 废油排放检查	工作单号	FDJ‐MX‐001
机 型	波音 737		工作区域	发动机模型
工 时	4 学时			

工作单内容	工作者	Q C

排放口号	排放源位	允许泄漏量		改正措施
		临界限制值	允许极限值	
1,2	左、右侧吊架接头安装盒	不允许		按需更换或维修排放管路或吊架安装位的接头

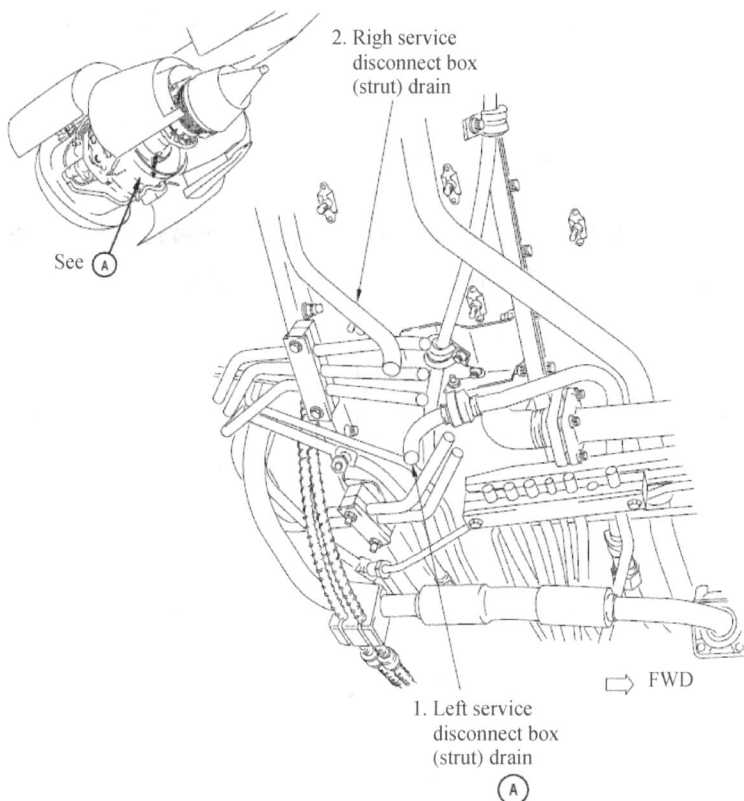

附图 2‐6 吊架接头安装盒渗漏检查

［注］ Right service disconnect box(strut) drain—右侧快卸接头(支撑柱)排放口；
Left service disconnect box(strut) drain—左侧快卸接头(支撑柱)排放口。

第3章 发动机结构

3.1 发动机概述

CFM56 - 3 系列发动机是一款高涵道比、双转子、轴流式的涡轮风扇发动机。单级风扇和三级风扇组成的低压压气机(LPC)是由一个 4 级低压涡轮(LPT)驱动;而九级高压压气机(HPC)则由一个单级高压涡轮(HPT)驱动。

发动机主要由 4 个单元体组成,分别是风扇单元体(Fan major module)、核心机单元体(Core engine major module)、低压涡轮单元体(LPT major module)和附件驱动系统(Accessory drive system)。除此之外,实际上,发动机还包括其他一些没有分类到单元体的部件,如前进气整流锥、低压涡轮轴堵盖、油气分离器以及发动机短吊舱等。

发动机的主要组成结构如图 3 - 1 所示。

4 个单元体实际上还包含各自的维护单元组件,具体组成如下。

3.2 风扇单元体

风扇单元体(Fan major module)包含 4 个维修单元组件,分别是:

(1)风扇和低压压气机(Fan and booster);

(2)1 号和 2 号轴承支撑座组件(No.1 and No.2 bearing support assernbly);

(3)输入齿轮箱和 3 号轴承(Inlet gearbox and No.3 bearing);

(4)风扇支撑框架(Fan frame)。

3.2.1　风扇和低压压气机(Fan and booster)

风扇和低压压气机组件由低压涡轮驱动,该组件产生两股气流,分别称之为主气流和次级气流。主气流(内气流)通过风扇和低压压气机加压后被导入发动机核心机内部的高压压气机,而次级气流(外气流)则由风扇加压后被导入发动机外涵道,该股气流是产生主要推力的一股大流量气流。

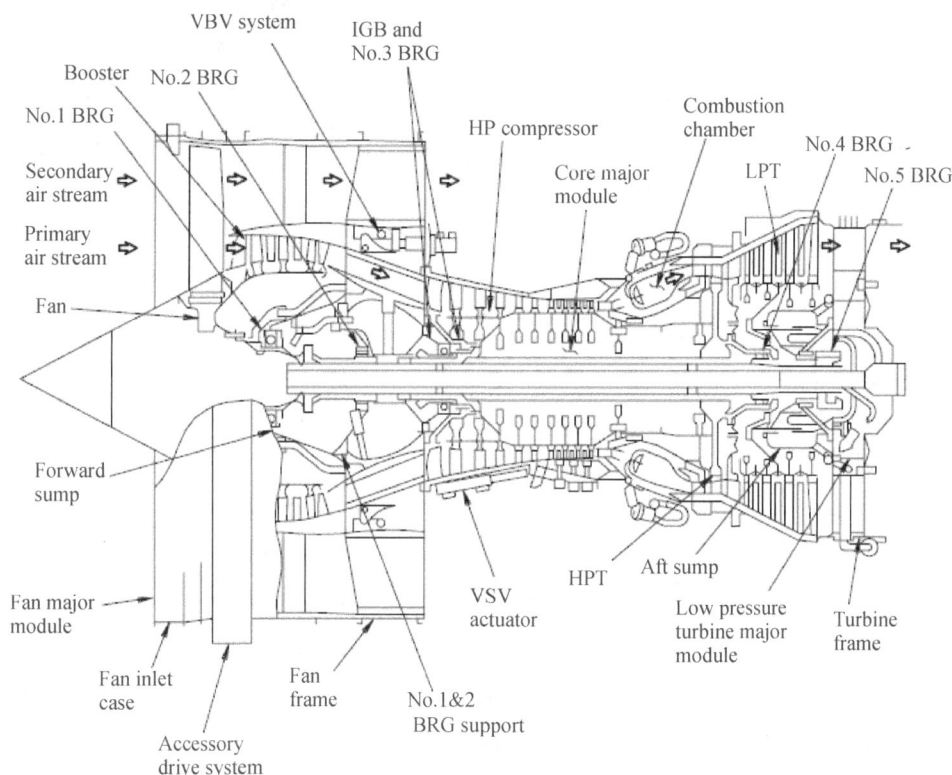

图 3-1　发动机主要部件位置图

[注]　Fan—风扇;Primary air stream—主进气流;Secondary air stream—次级进气流;No.1 BRG—1 号轴承;Booster—低压压气机;HP compressor—高压压气机;Core major module—核心机单元体;Combustion chamber—燃烧室;Turbine frame—涡轮机匣;Low pressure turbine major module—低压涡轮单元体;Aft sump—后集油槽;Fan frame—风扇机匣;Accessory drive system—附件驱动系统;Fan inlet case—风扇进气机匣;Fan major module—风扇单元体;Forward sump—前集油槽。

风扇和低压压气机组件共由 5 个主要部件组成,分别是:

(1)进气导流锥(Spinner)。进气导流锥的前锥由复合材料制造,可防冰,后锥由铝合金制造;

(2)风扇盘(Fan disk)。风扇盘由钛合金制造;

(3)风扇叶片(Fan blade)。风扇叶片由钛合金制造;

(4)低压转子(Rotor)。转子叶片由钛合金制造;

(5)低压压气机导流格栅组件(Booster vane assembles)。

风扇和低压压气机的 5 个组成部件之间的安装关系如图 3-2 所示。

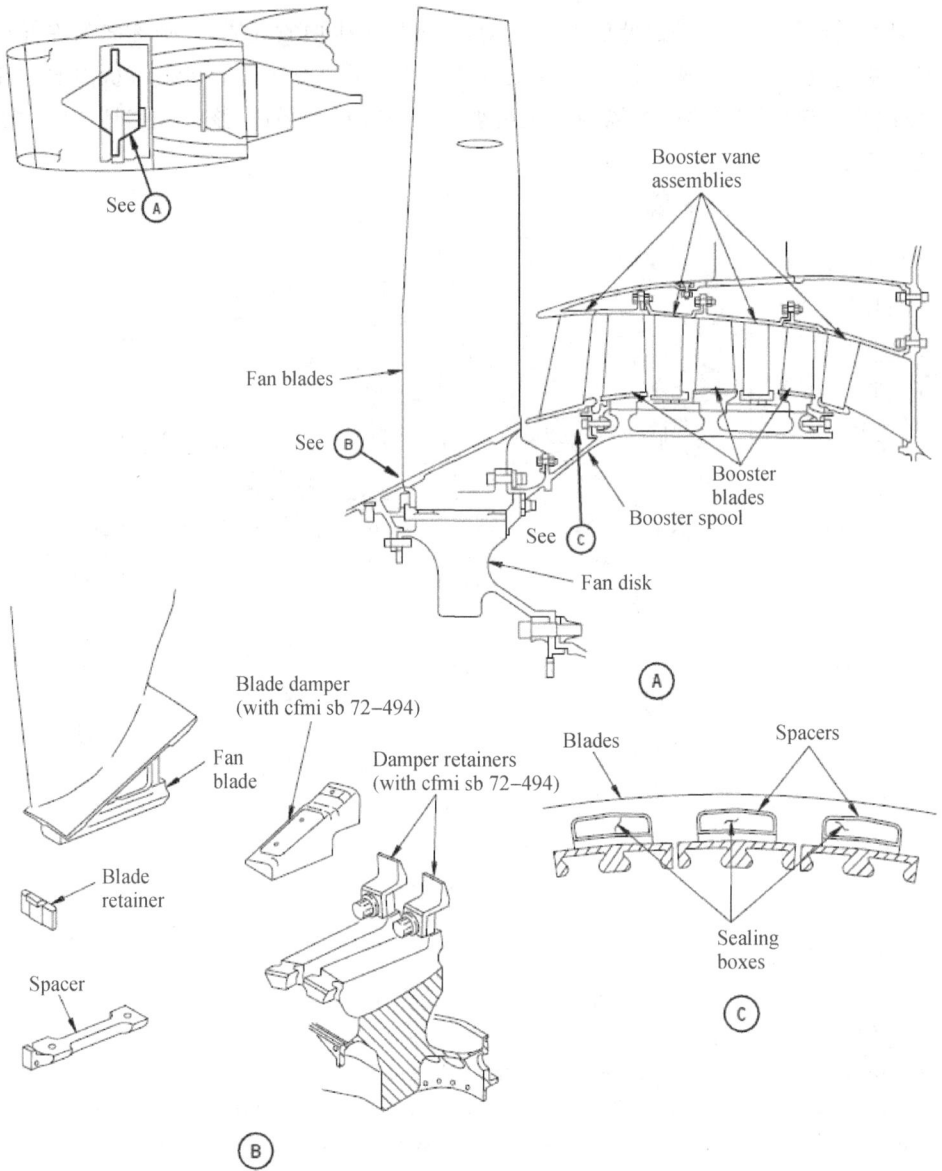

图 3-2　风扇和低压压气机部件位置图

　[注]　Fan blades—风扇叶片；Booster vane assemblies—低压压气机导流组件；Booster blades—低压压气机叶片；Booster spool—低压压气机池；Fan disk—风扇盘；Spacer—垫片；Blade retainer—风扇固定片；Blade damper—风扇阻尼块；Damper retainer—阻尼块固定块；Sealing boxes—封严盒。

3.2.2　1 号和 2 号轴承支撑座组件(No.1 and No.2 bearing support assembly)

1 号和 2 号轴承支撑座组件共有 7 个部件组成，分别是：

(1)1 号轴承支撑座(No.1 bearing support)。1 号轴承支撑座由钛合金制造。

(2)1 号球轴承(No.1 ball bearing)。

(3)2 号轴承支撑座(No.2 bearing support)。2 号轴承支撑座由合金钢制造。

(4)2 号滚子轴承(No.2 roller bearing)。

(5)滑油管(Oil manifold)。

(6)外部管(External piping)。

(7)风扇轴(Fan shaft)。

以上 7 个部件的安装位置如图 3-3 和图 3-4 所示。

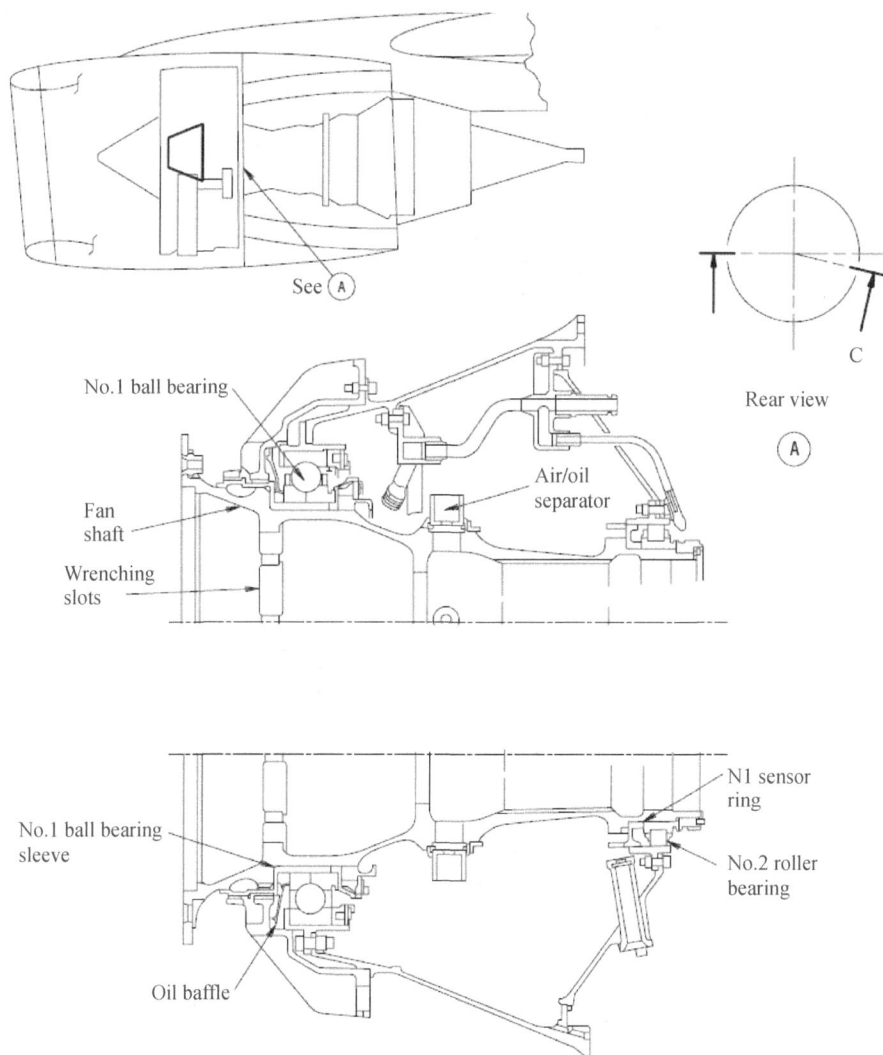

图 3-3　1 号和 2 号轴承支撑座和滑油管位置图

[注]　Wrenching slots—扳手槽;Fan shaft—风扇轴;No.1 ball bearing—1 号球轴承;Air/oil separator—油气分离器;No.1 bearing sleeve—1 号轴承衬套;Oil baffle—滑油挡板;N1 sensor ring—N1 转子传感器环;No.2 roller bearing—2 号滚子轴承。

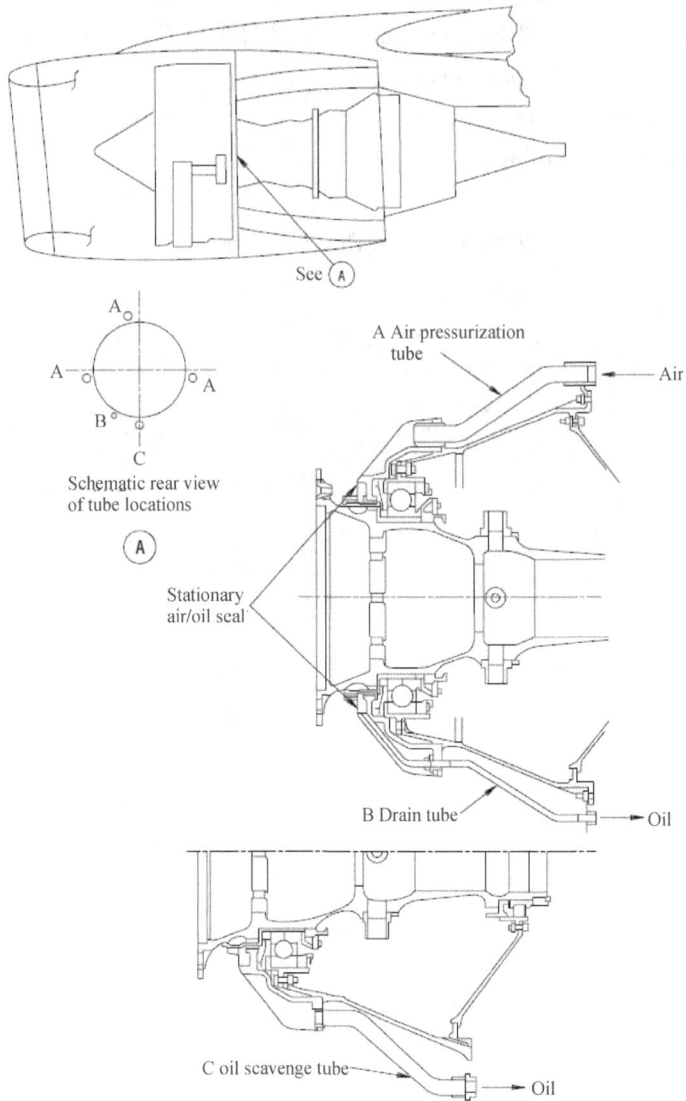

图 3-4　1 号和 2 号轴承支撑座外部管位置图

　[注]　Stationary air/oil seal—油气封严；Air pressurization tube—压力空气管；Drain tube—排放管；Oil scavenge tube—滑油回油管。

3.2.3　输入齿轮箱和 3 号轴承(Inlet gearbox and No. 3 bearing)

本节所涉及内容就是两个部件，输入齿轮箱与转换齿轮箱相连接，3 号轴承与输入齿轮箱相连接。具体内容参考 3.5.1 节。

3.2.4　风扇支撑框架(Fan frame)

风扇支撑框架组件的主要作用就是为风扇、低压压气机、高压压气机转子等提供支撑，

还可以形成发动机的内外涵道,其组成主要分为 2 部分:

(1)风扇支撑框架(Fan frame)。

(2)风扇外涵道导流板(Fan outlet guide vanes)。

该部件的安装位置如图 3-5 所示。

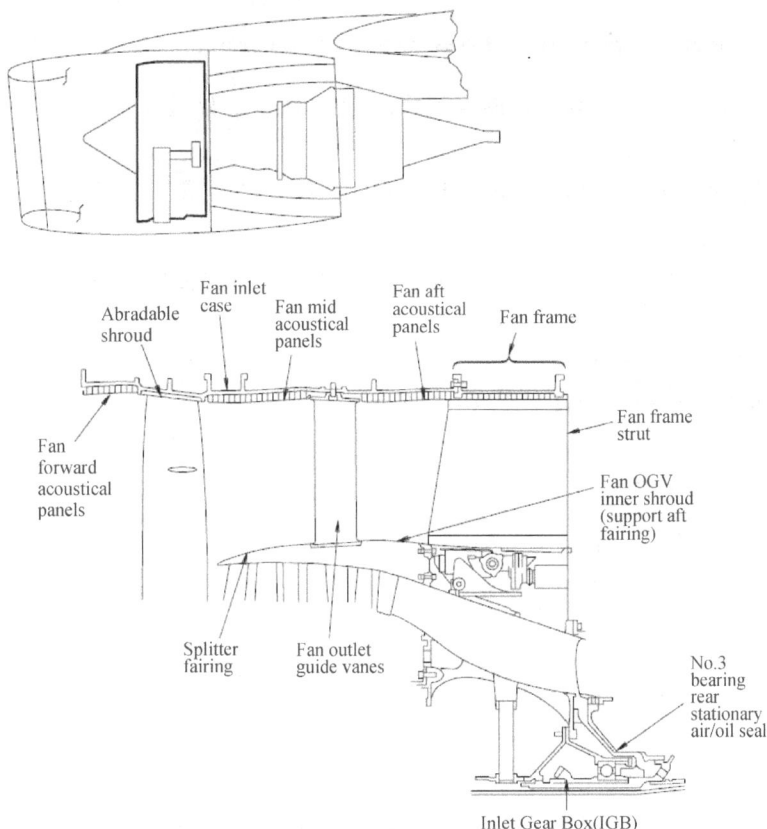

图 3-5 风扇机匣位置图

[注] Fan forward acoustical panels—风扇前消音板;Abradable shroud—防磨层;Fan inlet case—风扇进气机匣;Fan mid acoustical panels—风扇中消音板;Fan aft acoustical panels—风扇后消音板;Fan frame—风扇机匣框架;Fan frame strut—风扇机匣支柱;Fan OGV inner shroud—风扇导流板内支撑;No.3 bearing rear stationary air/oil seal—3 号轴承后油气封严座;Inlet GearBox(IGB)—内齿轮箱;Fan outlet guide vanes—风扇外部导流板;Splitter fairing—分流板整流罩。

3.3 核心机单元体

核心机单元体(Core major module)包含 8 个维修单元组件,分别是:

(1)高压压气机转子[High Pressure Compressor(HPC) rotor];

(2)高压压气机前静子(HPC front stator);

(3)高压压气机后静子(HPC rear stator);

(4)燃烧室机匣(Combustion case);

(5)燃烧室(Combustion chamber);

(6)高压涡轮进口[High Pressure Turbine(HPT) nozzle];

(7)高压涡轮转子(HPT rotor);

(8)高压涡轮支撑和1级低压涡轮进口(HPT shroud and 1st stage LPT nozzle)。

3.3.1　高压压气机转子(High Pressure Compressor rotor)

高压转子是一个9级、高转速的运动部件,主要由4部分组合:

(1)前轴(Front shaft)。

(2)风扇盘和叶片安装槽(Disk and spools)。风扇盘的第1~3级盘由钛合金制造,第4~9级盘由镍合金制造。

(3)转子叶片(Blades)。转子叶片的第1~3级叶片由钛合金制造,第4~9级叶片由镍合金制造。

(4)后封严(Rear seal)。

这些部件的安装位置关系如图3-6所示。

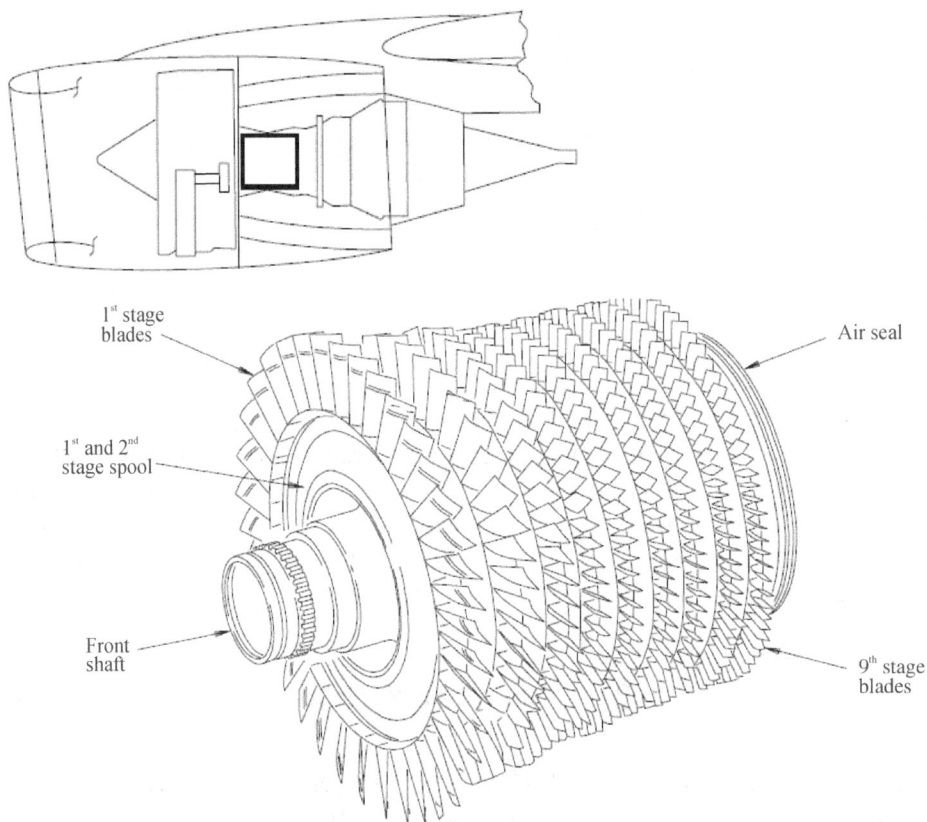

图3-6　高压压气机转子位置图

[注]　Front shaft—前轴;1st AND 2nd stage spool—1级和2级安装槽;1st stage blades—1级叶片;Air seal—空气封严;9th stage blades—9级叶片。

3.3.2 高压压气机前静子(HPC front stator)

高压压气机前静子由前两半静子机匣、两半扩散机匣、进气导流板和前五级静子导流板组成,在机匣外部还安装有 VSV 作动筒等部件,其主要部件的安装关系如图 3 - 7 所示。

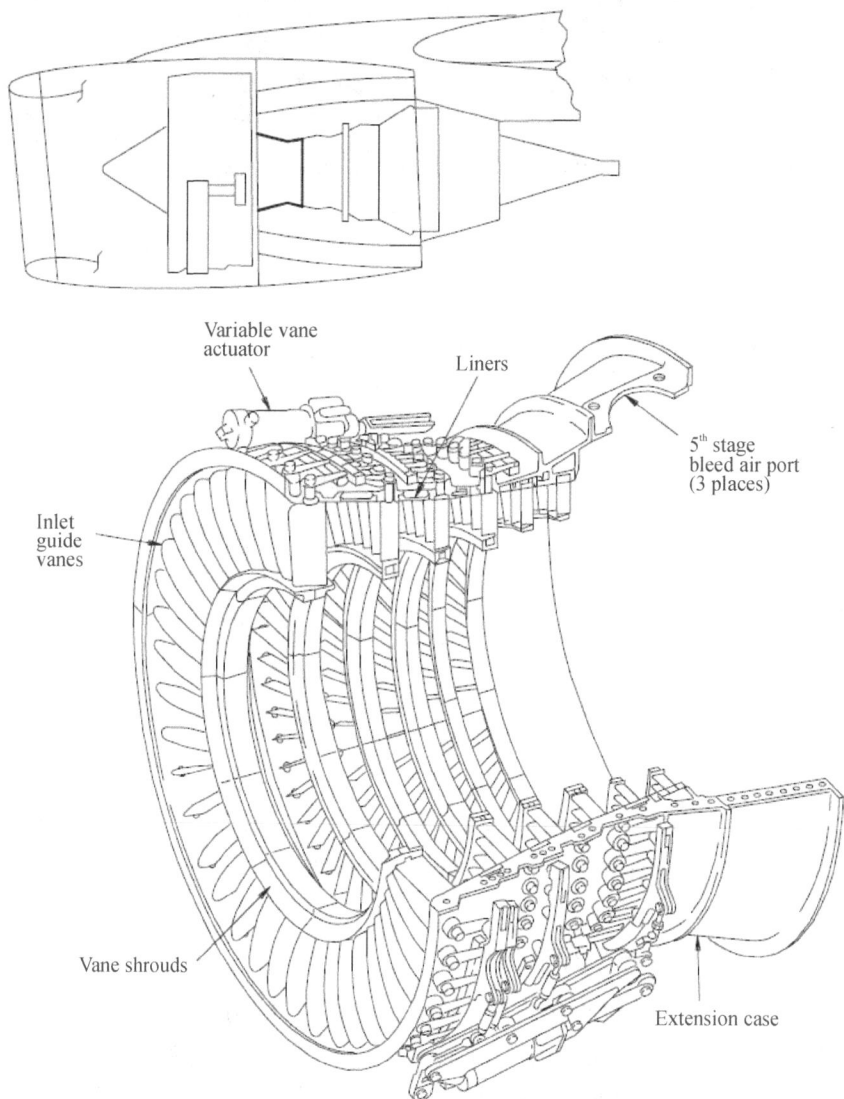

图 3 - 7 高压压气机前静子安装位置图

[注] Vane shrouds—导流板支架;Inlet guide vanes—进气导流板;Variable vane actuator—可变导流板作动筒;Liners—限磨线块;5th stage bleed air port—5 级引气口;Extension case—扩散机匣。

3.3.3 高压压气机后静子(HPC rear stator)

高压压气机后静子被制造成了 4 段,将这 4 段用螺栓连接后成为一个整体高压压气机后静子组件,该组件包含了三级导流叶片,分别是第6、第7和第8级静子导流叶片,部件之间的安装关系如图3-8所示。

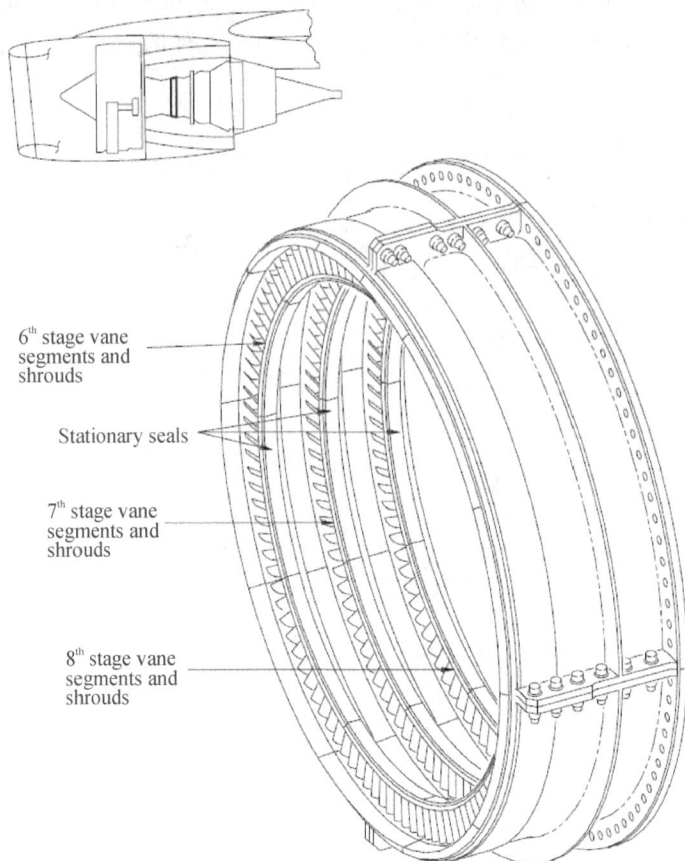

图3-8 高压压气机后静子位置图

[注] 6th stage vane segments and shrouds—6级导流叶片组和支架组件;Stationary seals—封严组件。

3.3.4 燃烧室机匣(Combustion case)

燃烧室机匣位于高压压气机和低压涡轮之间,为焊接结构件。燃烧室机匣内包含高压压气机后封严、燃烧室和高压涡轮组件,还安装有高压涡轮进气口组件、高压涡轮保持架以及高压涡轮喷口组件(低压涡轮进气口组件)。此外,在机匣外部还包含安装点用于安装点火电嘴和20个燃油喷嘴以及燃油管路等组件。

在燃烧室的外部还设置了以下开口:

(1)有6个孔探口,分别是4个燃烧室和高压涡轮进气口孔探口,2个为高压涡轮叶片及高压涡轮支撑架和一级低压涡轮叶片孔探口。

(2)有4个飞机用高压压气机引气口。

(3)有4个5级高压压气机引气口,用于低压涡轮冷却。

(4)有3个开口用于高压涡轮支撑架的冷却。

(5)有 1 个高压压气机出口引气口,将引气压力作为传感信号送到发动机主控制器上。

(6)有 2 个点火电嘴开口,用于安装 2 个点火电嘴。

(7)有 20 个开口用于安装 20 个燃油喷嘴。

燃烧室机匣上的部件及安装位置如图 3-9 所示。

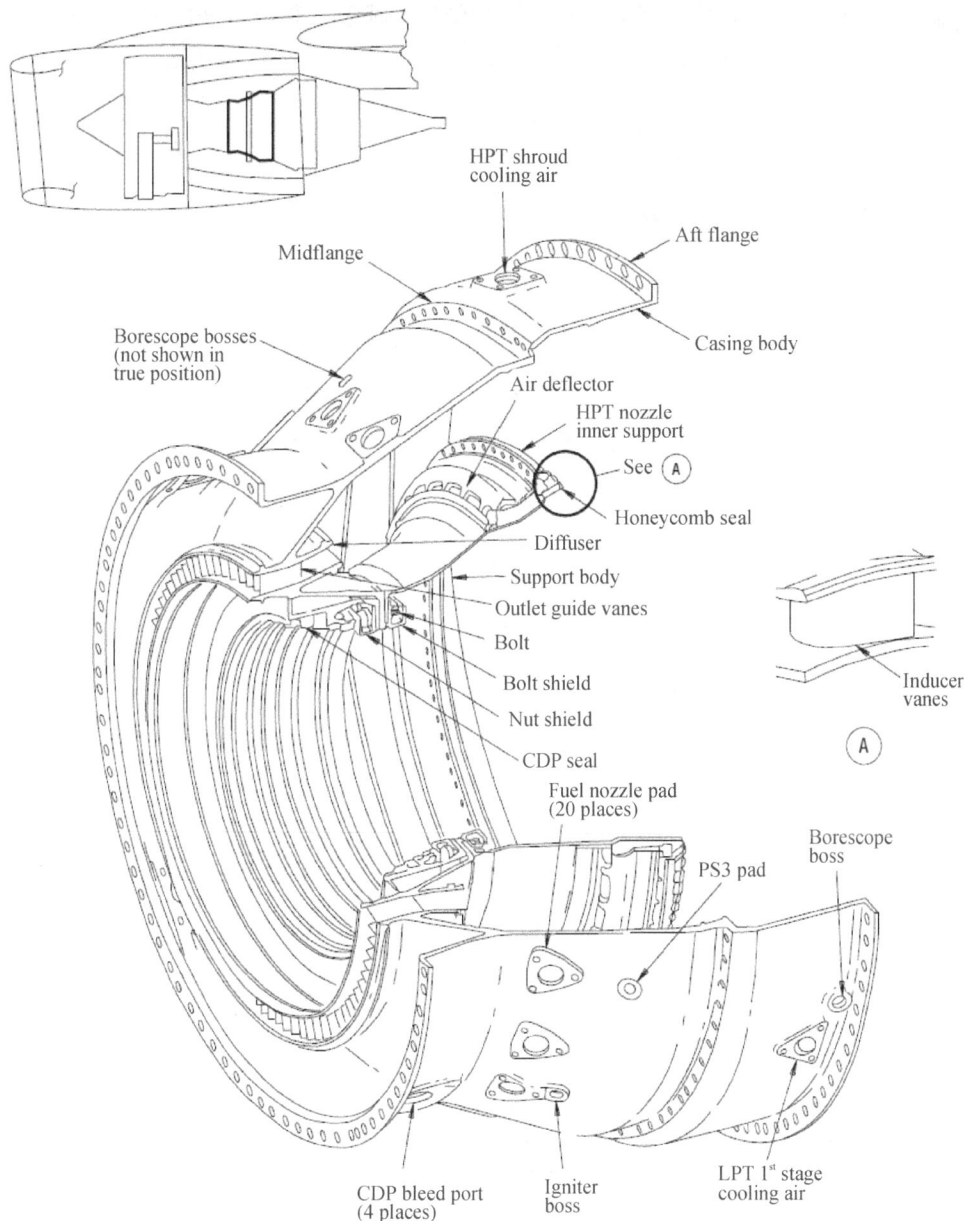

图 3-9　燃烧室机匣部件位置图

［注］　Borescope bosses(not shown in true position)—孔探口(不是标明正确位置);Midflange—中介法兰;HPT shroud cooling air—高压涡轮支撑架冷却空气;Aft flange—后法兰边;Casing body—机匣体;Air deflector—气流反射板。

3.3.5 燃烧室（Combustion chamber）

燃烧室是一个环形布置的短腔体，被包含在燃烧室机匣内部。整个燃烧室由掺混器组件、内腔体组件和外腔体组件组成。其中共有 20 个掺混体组件负责将燃油和高密度的空气充分掺混在一起以形成稳定的燃烧。燃烧室的结构组成及部件位置如图 3-10 所示。

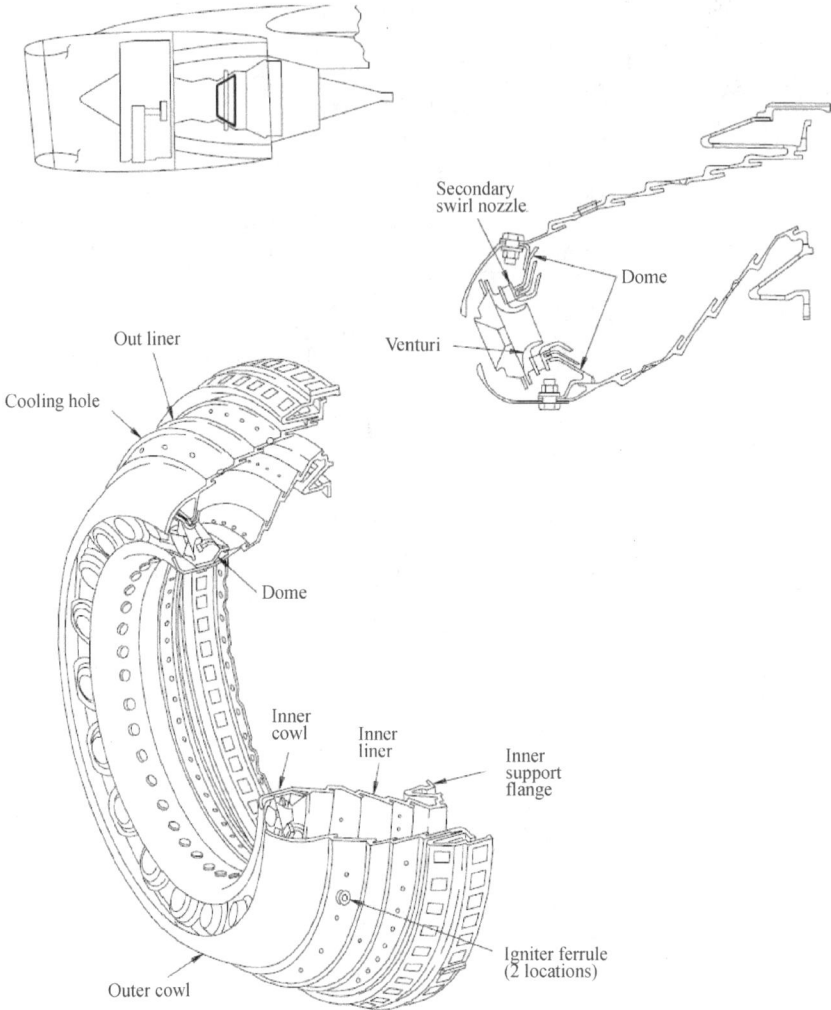

图 3-10 燃烧室部件位置图

［注］　Secondary swirl nozzle—次级喷嘴；Venturi—通气孔；Dome—掺混器；Cooling hole—冷却孔；Out liner—外扩线；Dome—掺混器；Inner cowl—内腔体；Inner liner—内扩线；Inner support flange—内支撑法兰；Igniter ferrule(2 locations)—点火嘴接口（2 个位置）；Outer cowl—外腔体。

3.3.6 高压涡轮进气口（HPT nozzle）

高压涡轮进气口是一个单级、需要空气进行冷却的组件，它利用螺栓被安装在燃烧室机匣的后端。其功能是将燃烧室的高温高压燃气以合适的角度引导向高压涡轮转子的叶片上。该部件的主要组成部件包括 23 个喷嘴导向叶片,内外支撑架,后外侧支撑架封严和后高压涡轮静子封严,具体部件安装位置及关系如图 3 - 11 所示。

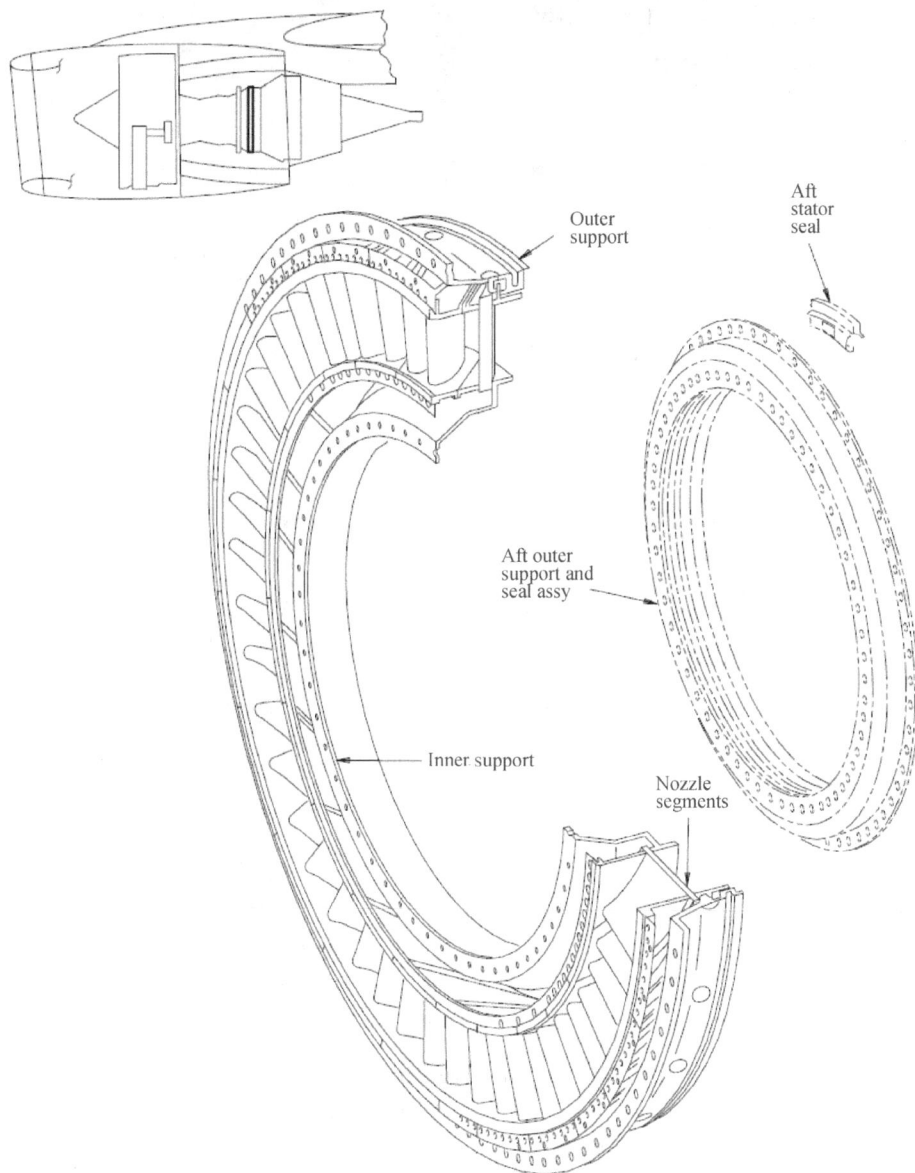

图 3 - 11　高压涡轮进气口位置图

［注］　Inner support—内支撑架;Outer support—外支撑架;Aft stator seal—后静子封严;Aft outer support and seal assy—后部外支撑和封严组件;Nozzle segments—喷口导向叶片。

3.3.7　高压涡轮转子(HPT rotor)

高压涡轮转子是一个单级的空气冷却的部件,主要由前轴、涡轮盘、后轴、前外侧封严和涡轮叶片 5 个部件组成,其安装位置级关系如图 3 - 12 所示。

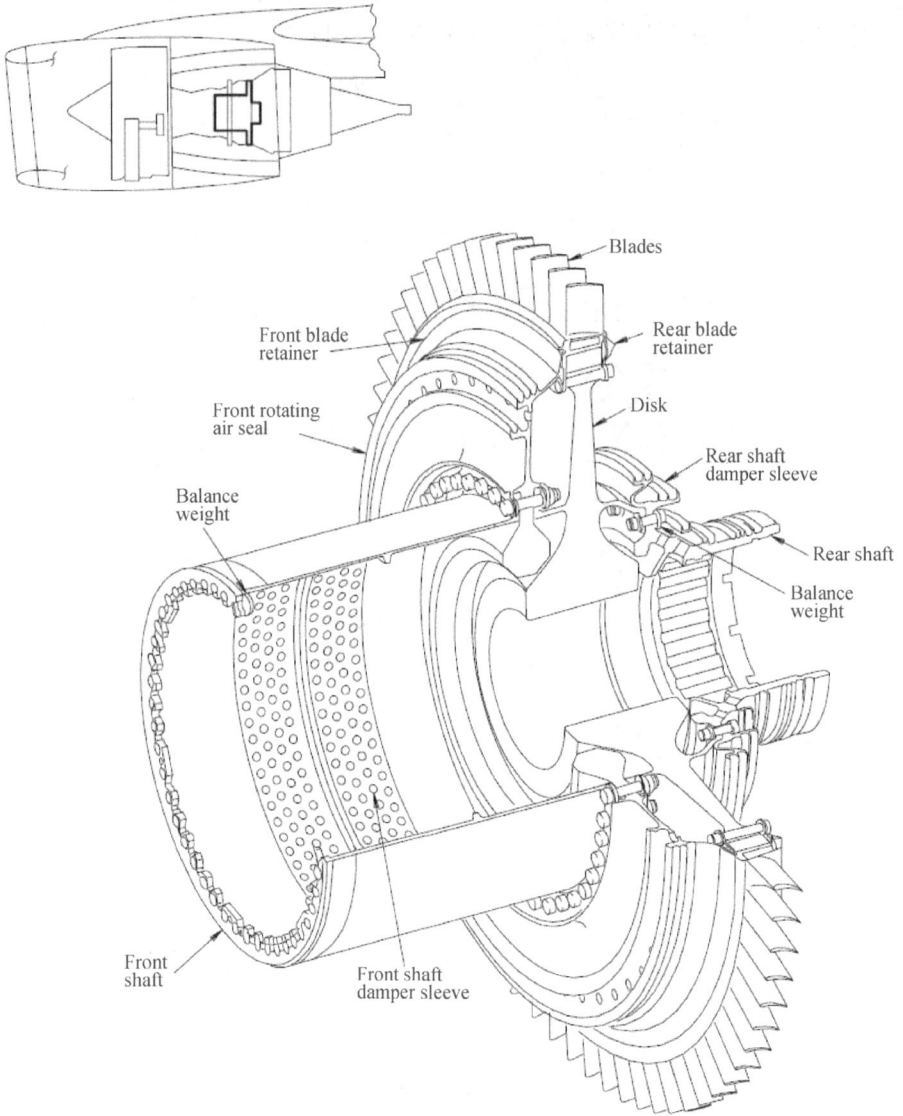

图 3 - 12　高压涡轮转子位置图

[注]　Front shaft—前轴；Balance weight—配重块；Front rotating air seal—前旋转空气封严；Front blade retainer—前叶片保持架；Blades—叶片；Rear blade retainer—后叶片保持架；Disk—涡轮盘；Rear shaft damper sleeve—后轴阻尼衬套；Rear shaft—后轴；Front shaft damper sleeve—前轴阻尼衬套。

3.3.8　高压涡轮支撑架和 1 级低压涡轮进气口(HPT shroud and 1st - Stage LPT nozzle)

该组件的前端与燃烧室机匣的后端法兰边用螺栓相连,该组件的后端与低压涡轮静子的前端法兰边相连,整个组件包括三大部件:

(1)进气口支撑架(Shroud/nozzle support):有 LPC 引气气流用于高压涡轮间隙控制。

(2)高压涡轮支撑架(HPT shrouds)。

（3）一级低压涡轮进气口及封严（1st- stage nozzle and seal）。

部件位置及连接关系如图 3-13 所示。

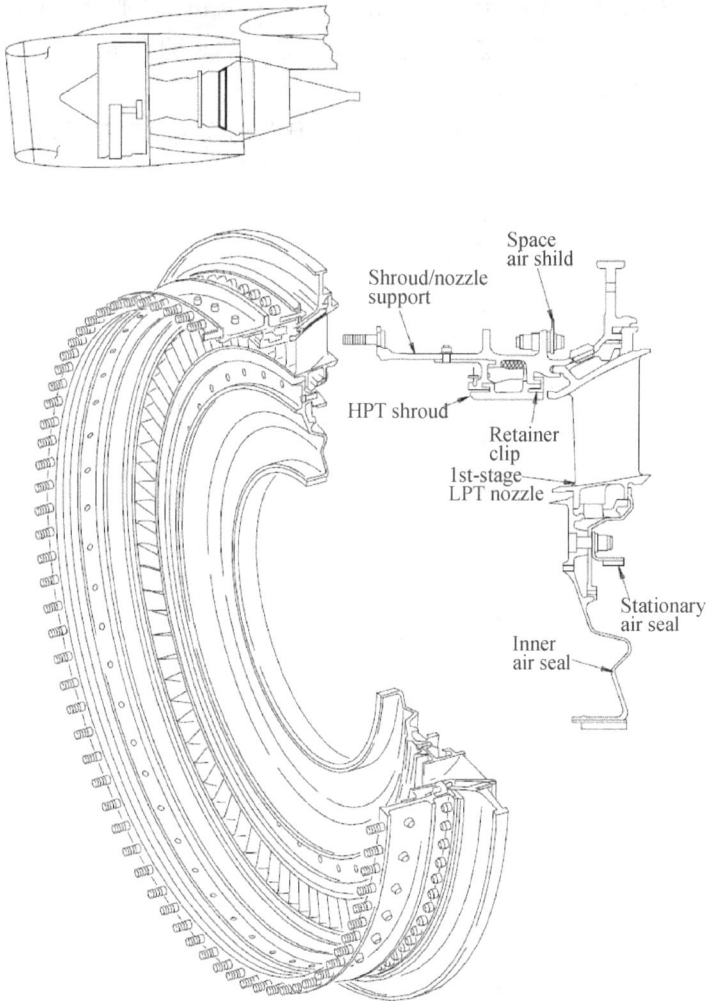

图 3-13　高压涡轮支撑架和 1 级低压涡轮进气口位置关系图

〔注〕　Inner air seal—内侧空气封严；1st- stage LPT nozzle—1 级低压涡轮进气口；Retainer clip—固定保持块；HPT shroud—高压涡轮支撑架；Shroud/nozzle support—进气口支撑架；Space air shild—空气格栅；Stationary air seal—静止空气封严。

3.4　低压涡轮单元体

低压涡轮单元体（LPT major module）包含 3 个维修单元组件，分别是：

（1）低压涡轮（LPT）；

（2）低压涡轮轴（LPT shaft）；

（3）涡轮机匣（Turbine frame）。

3.4.1　低压涡轮(LPT)

低压涡轮单元体为四级轴流式,安装于核心机后端,主要由以下两大部件组成:

(1)从第二级到第四级低压涡轮进气口组件(静子组件),由镍合金制造。

(2)低压涡轮转子,由镍合金制造。

静子部件的安装位置关系如图 3-14 所示,转子部件的安装位置关系如图 3-15 所示。

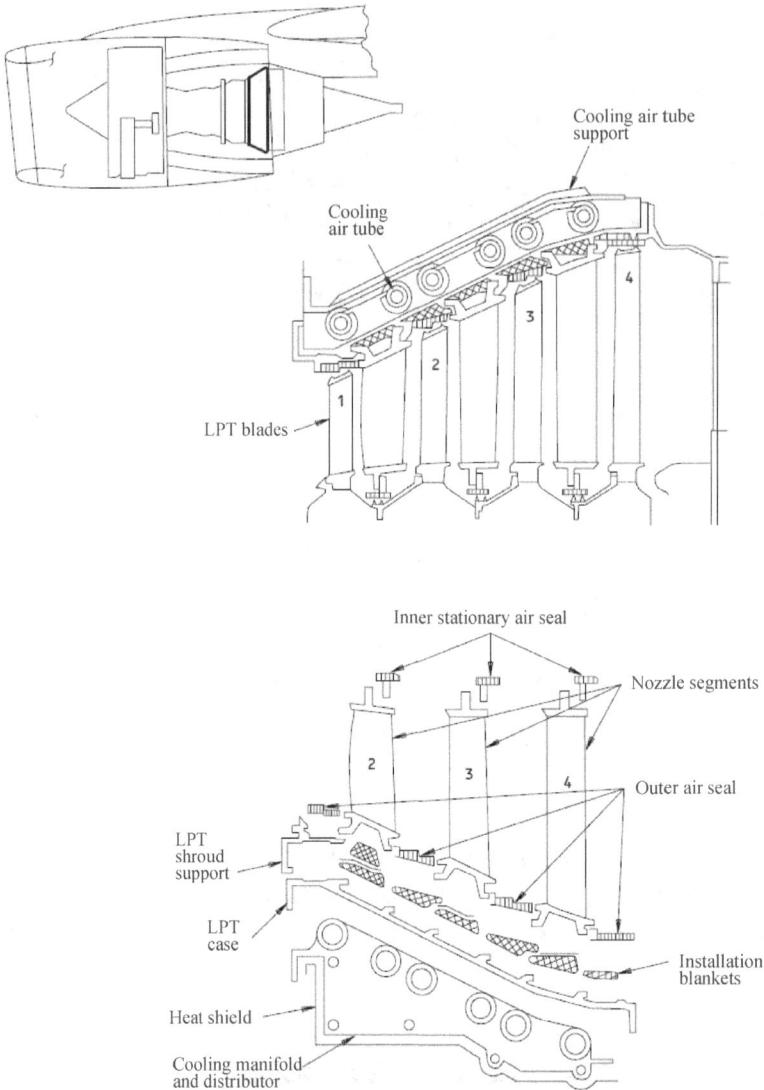

图 3-14　从 2 级到 4 级低压涡轮进气口部件位置图(静子部件)

　[注]　LPT blades—低压涡轮叶片;Cooling air tube—冷却空气管;Cooling air tube support—冷却空气管支架;Cooling manifold and distributor—冷却空气总管及分配器;Heat shield—隔热板;LPT case—低压涡轮机匣;Shroud support—支撑架;Inner stationary air seal—内部静止空气封严;Nozzle segments—静子导流叶片;Outer air seal—外部空气封严;Installation blankets—安装座。

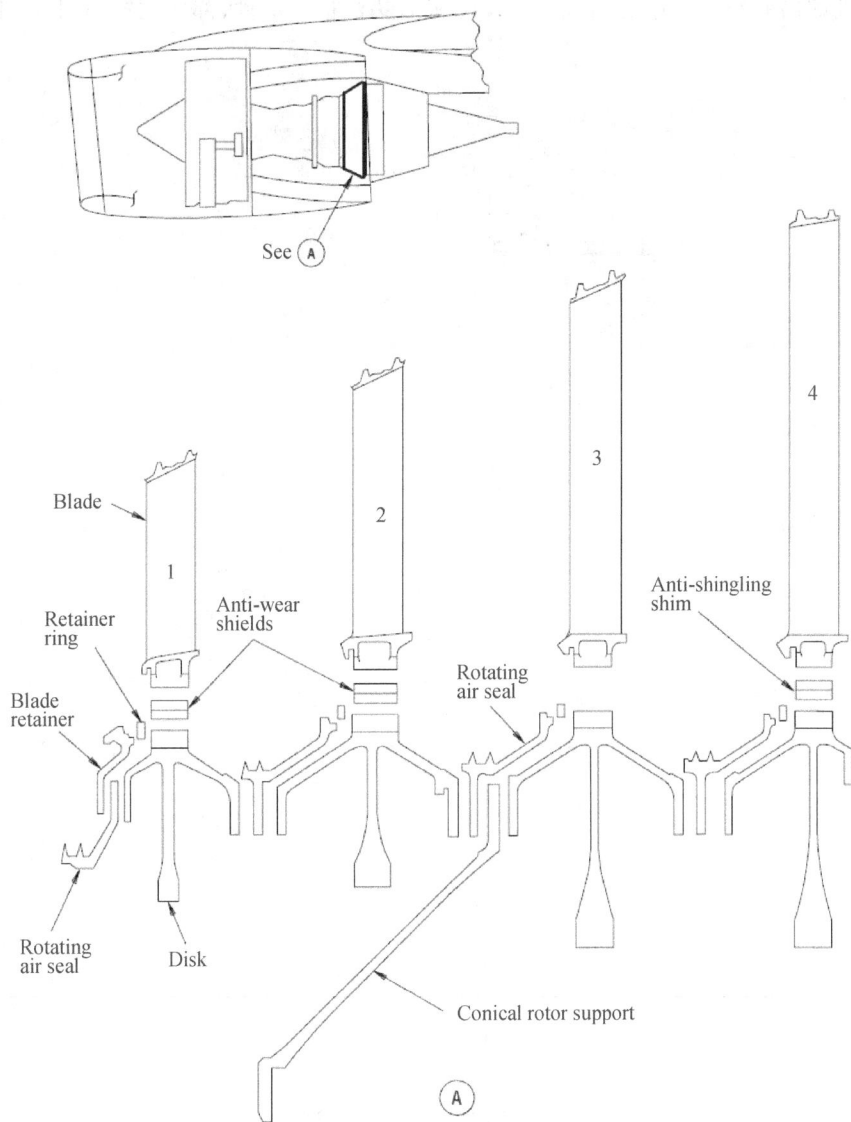

图 3-15　低压涡轮转子位置图

　　[注]　Blade retainer—叶片止动块；Retainer ring—止动环；Blade—叶片；Anti-wear shields—防磨层；Rotating air seal—转子空气封严；Anti-shingling shim—防磨垫；Conical rotor support—转子支撑架；Disk—涡轮盘；Rotating air seal—转子空气封严。

3.4.2　低压涡轮轴(LPT shaft)

低压涡轮轴组件包括轴、4 号轴承和 5 号轴承组成,包含以下 2 个主要功能:
(1)连接风扇轴和低压涡轮转子,形成低压转子,转子后端由 5 号轴承支撑;
(2)通过 4 号轴承为高压涡轮提供后支撑点。

在该轴的内腔布置有中心通气管和发动机后集油槽等部件,部件位置如图 3-16 所示。

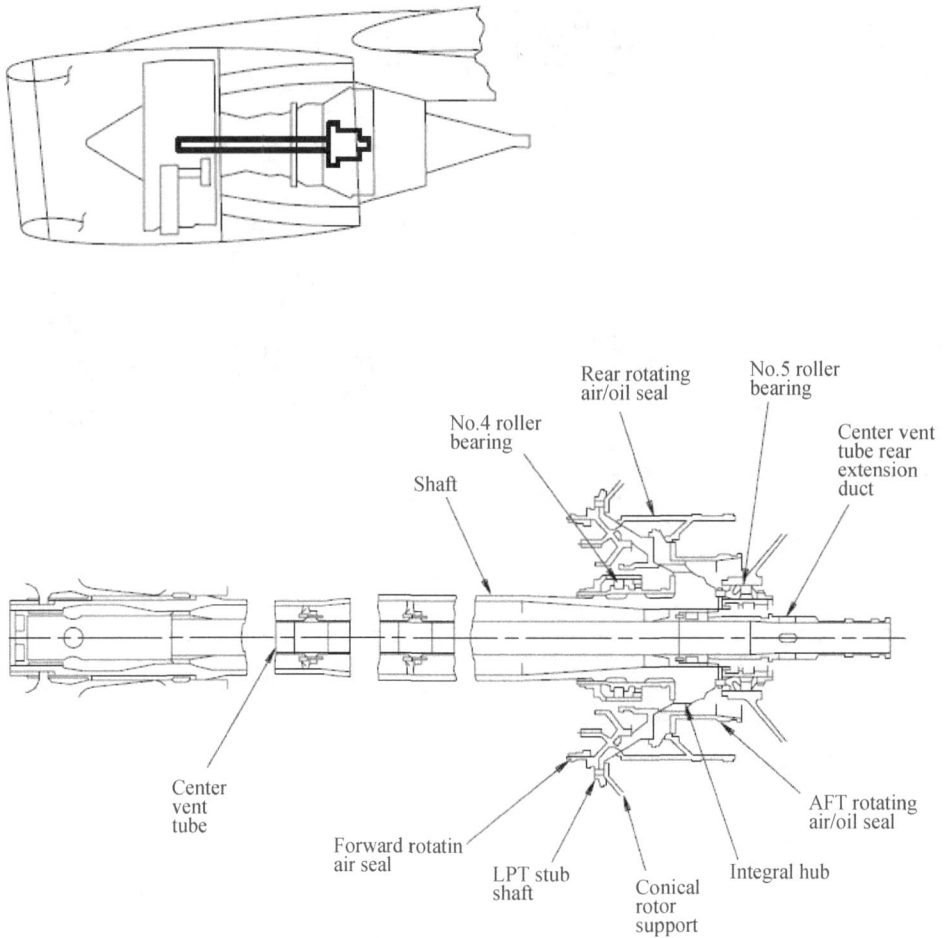

图 3-16　低压涡轮轴位置图

　　[注]　Shaft—轴;No.4 roller bearing—4 号滚子轴承;Rear rotating air/oil seal—后转子油气封严;No.5 roller bearing—5 号滚子轴承;Center vent tube rear extension duct—中心通气管后扩散管道;AFT rotating air/oil seal—后转子油气封严;Integral hub—内腔体;Conical rotor support—转子支撑;LPT stub shaft—低压涡轮凸轴;Forward rotatin air seal—前转子空气封严;Center vent tube—中心通气管。

3.4.3　涡轮支撑框架(Turbine frame)

　　涡轮支撑框架是发动机后端的一个主要结构组件,为镍合金焊接部件。其作用除了作为低压涡轮转子的后端支撑之外,还为发动机与飞机的连接提供安装点。该框架主要由涡轮支撑框架和 5 号轴承支撑座组成,其安装位置关系如图 3-17~3-18 所示。

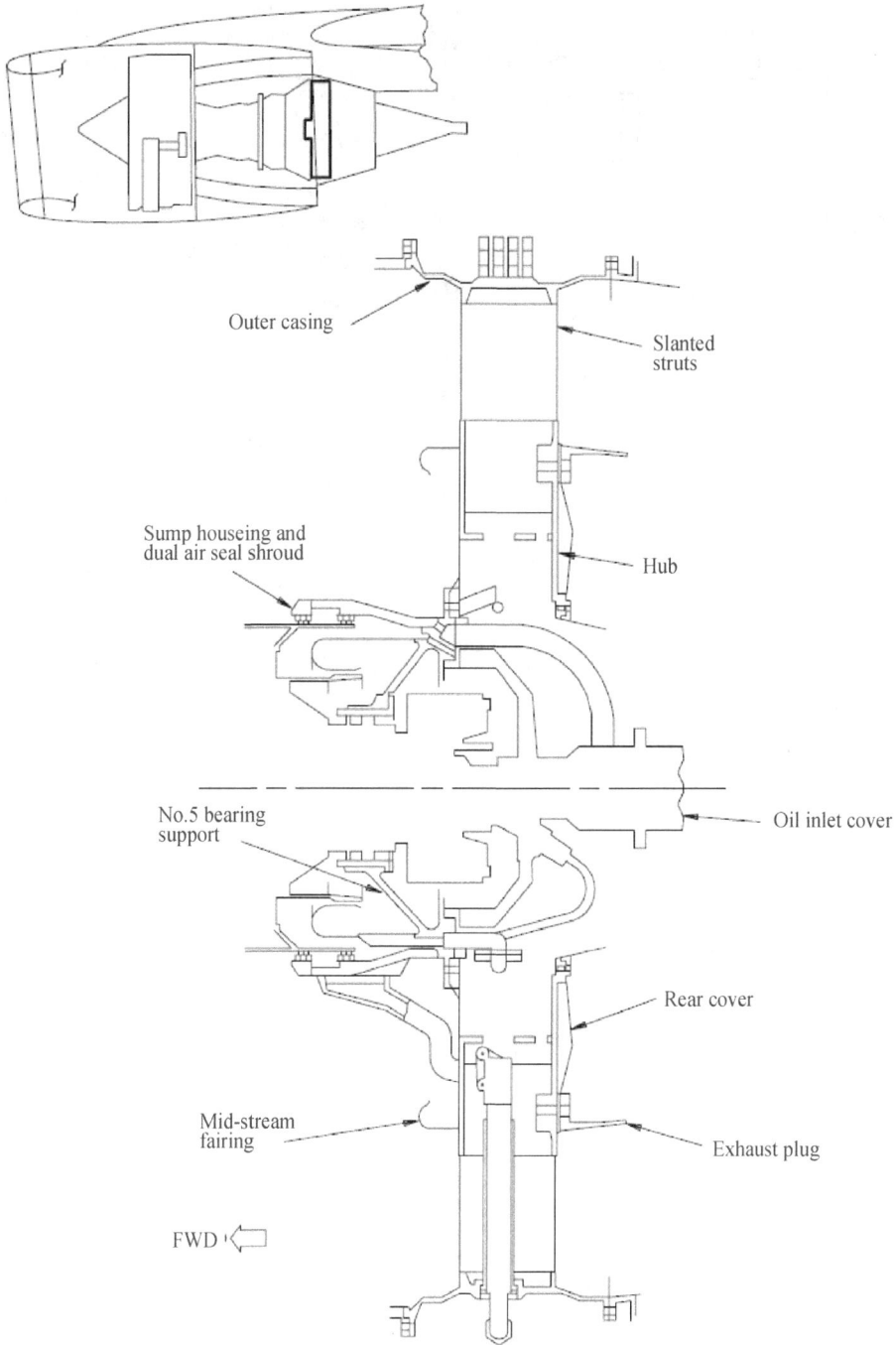

图 3-17 涡轮支撑框架位置图

［注］ Mid-stream fairing—中部整流罩；No.5 bearing support—5 号轴承座；Sump houseing and dual air seal shroud—集油槽壳体和双空气封严座；Outer casing—外壳体；Slanted strut—支柱；HUB—中心组件；Oil inlet cover—滑油盖；Rear cover—后盖；Exhaust plug—排气锥。

See Ⓐ

Engine aft
clevis mount

12
11
10
9
8
7
1
2
3
4
5
6

Scavenge tube

Overbord
seal drain

Oil supply tube

Ⓐ

No.5 strut

No.6 strut

FWD ⬅

No.7 strut

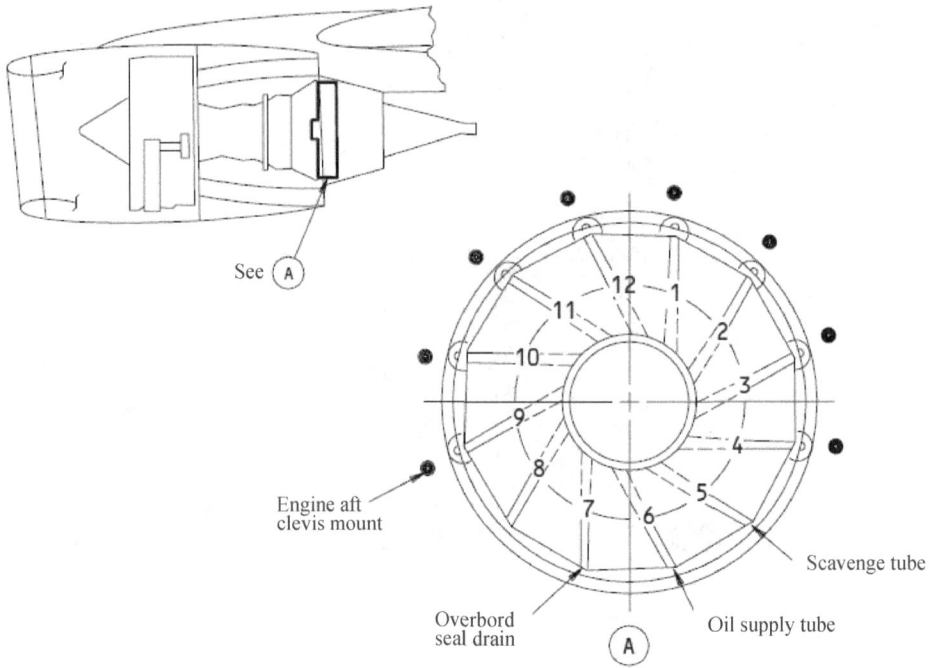

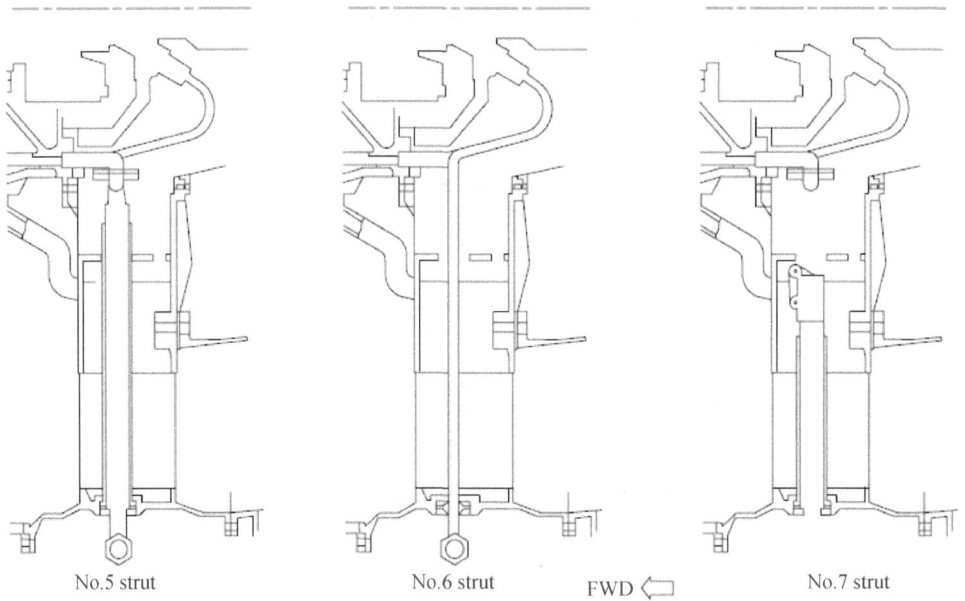

图 3-18　涡轮支撑框架支柱位置图

[注]　Engine aft clevis mount—发动机后安装吊点；Overbord seal drain—封严排放口；Oil supply tube—滑油供油管；Scavenge tube—回油管；No.5 strut—5 号支柱。

3.5　附件驱动系统

附件驱动系统(Accessory drive system)包含 3 个维修单元组件,分别是:

(1)输入齿轮箱(Inlet gearbox);

(2)转换齿轮箱(Transfer gearbox);

(3)附件齿轮箱(Accessory gearbox)。

3.5.1　输入齿轮箱(Inlet gearbox)

输入齿轮箱将发动机高压转子的转动能量通过转换齿轮箱输出给附件齿轮箱,该组件安装在风扇机匣的内部后法兰边附近。其主要组成部件包括水平伞齿轮、径向伞齿轮、3 号推力轴承及壳体,部件之间的安装位置如图 3-19 所示。

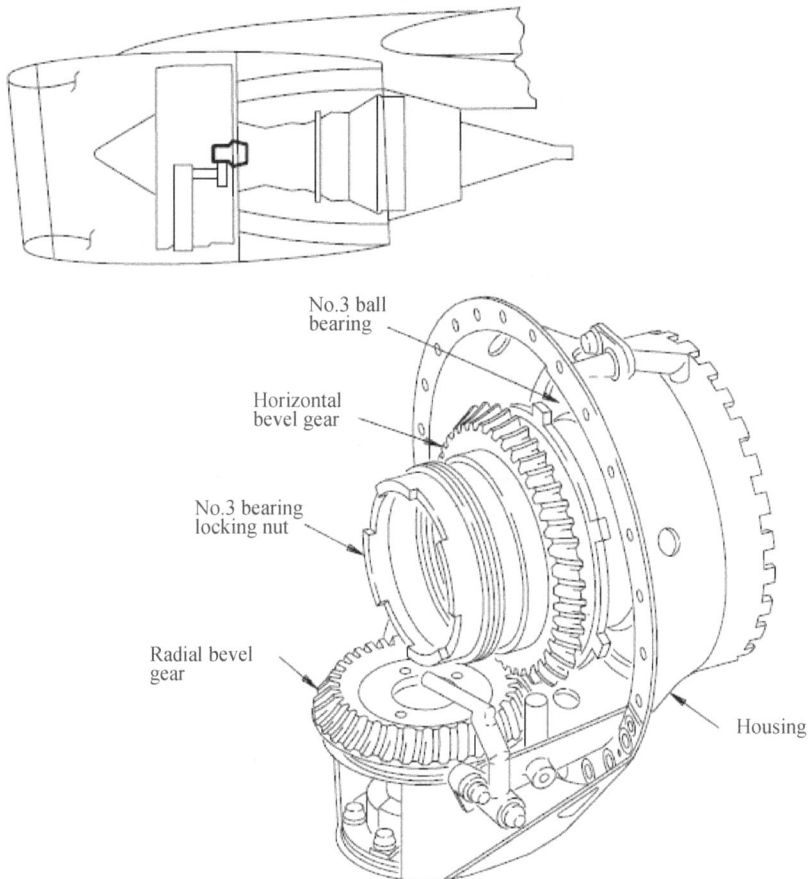

图 3-19　输入齿轮箱位置图

[注]　Radial bevel gear—径向伞齿轮;No.3 bearing locking nut—3 号轴承锁螺帽;Horizontal bevel gear—水平伞齿轮;No.3 ball bearing—3 号球轴承;Housing—壳体。

3.5.2　转换齿轮箱(Transfer gearbox)

转换齿轮箱的作用是将输入齿轮箱的能量传递给附件齿轮箱。其主要组成部件包括径向驱动轴和转换齿轮箱,部件之间的安装位置关系如图 3-20~3-22 所示。

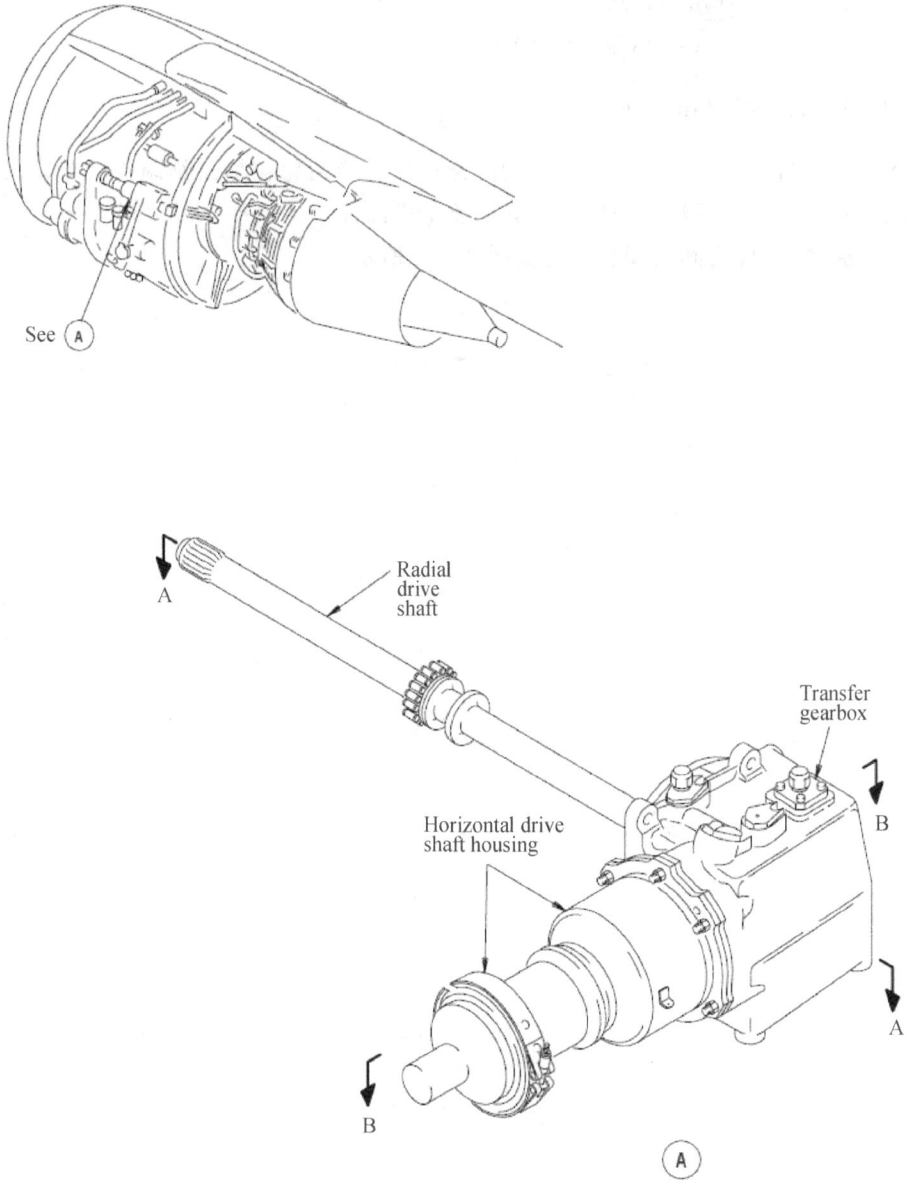

图 3-20　转换齿轮箱位置关系图

　[注]　Horizontal drive shaft housing—水平驱动轴壳体;Radial drive shaft—径向驱动轴;Transfer gearbox—转换齿轮箱。

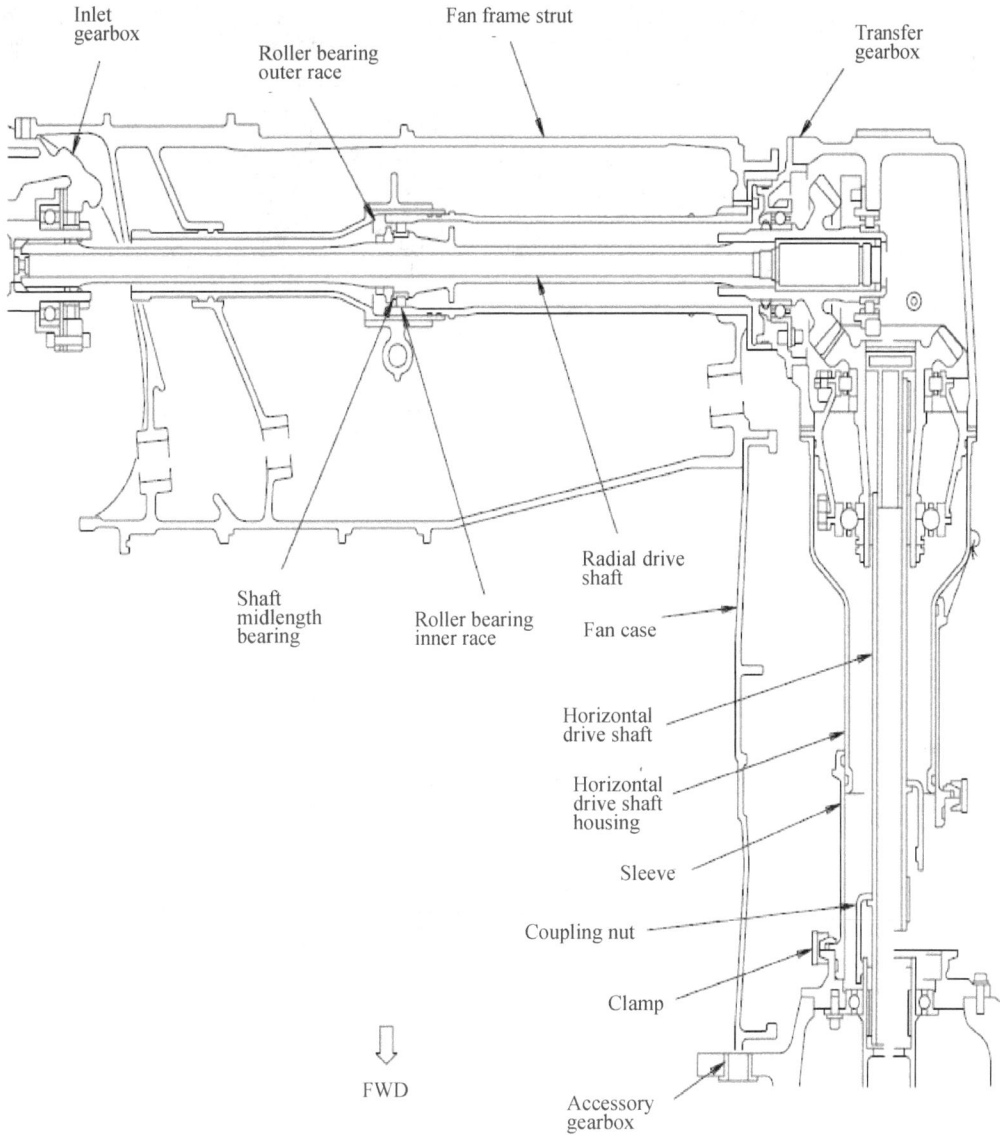

图 3 - 21 A 向视图

[注] Inlet gearbox—输入齿轮箱;Roller bearing outer race—滚子轴承外滚道;Fan frame strut—风扇框架支柱;Transfer gearbox—转换齿轮箱;Shaft midlength bearing—轴中转轴承;Roller bearing inner race—滚子轴承内滚道;Radial drive shaft—径向驱动轴;Fan case—风扇机匣;Horizontal drive shaft—水平驱动轴;Horizontal drive shaft housing—水平驱动轴壳体;Sleeve—衬套;Coupling nut—卡箍螺帽;Clamp—卡箍;Accessory gearbox—附件齿轮箱。

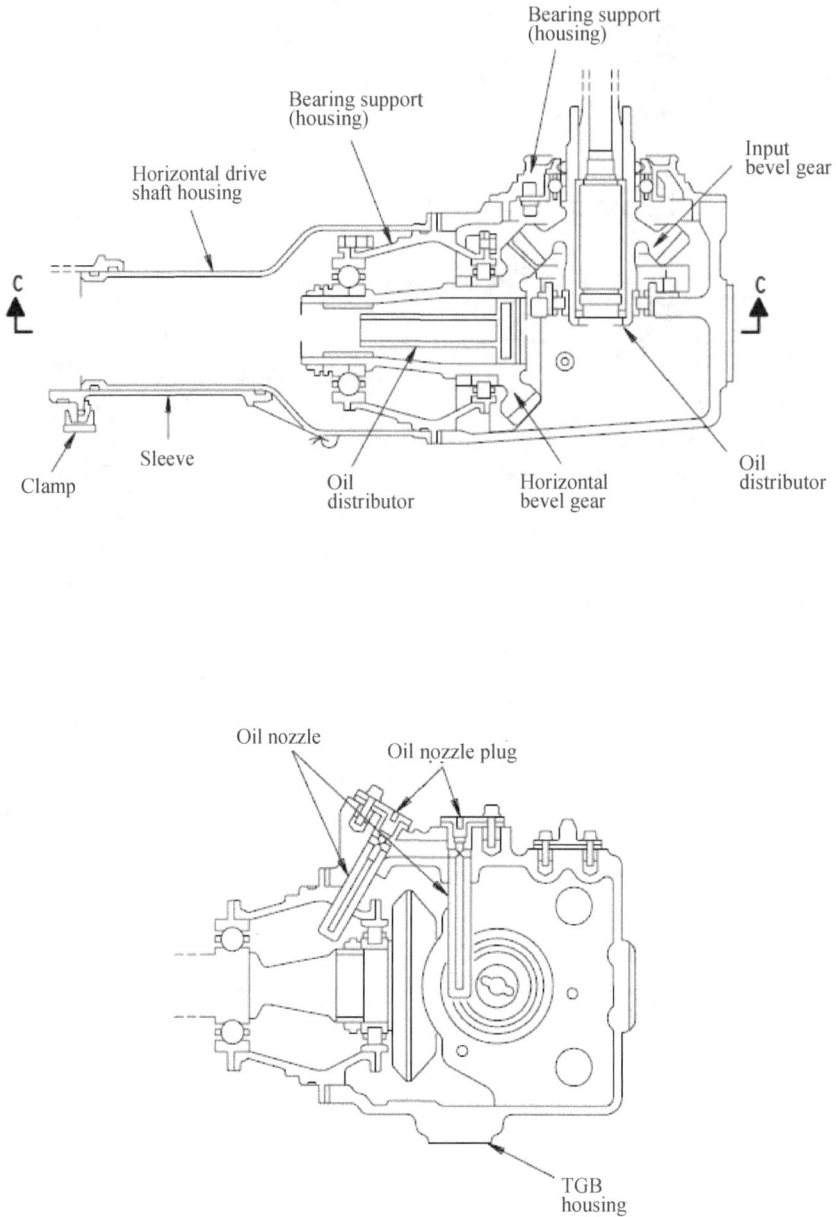

图 3 - 22   B 向、C 向视图

[注]   Horizontal drive shaft housing—水平驱动轴壳体；Bearing support(housing)—轴承支撑座；Input bevel gear—输入伞齿轮；Oil distributor—滑油分配器；Horizontal bevel gear—水平伞齿轮；Sleeve—衬套；Clamp—卡箍；Oil nozzle—滑油喷嘴；Oil nozzle plug—滑油喷嘴头，TGB housing—TGB 壳体。

3.5.3   附件齿轮箱(Accessory gearbox)

附件齿轮箱包括壳体和齿轮系组成，AGB 在发动机上的安装位置如图 3 - 23 所示，各齿轮系上所装部件及位置如图 3 - 24 所示。

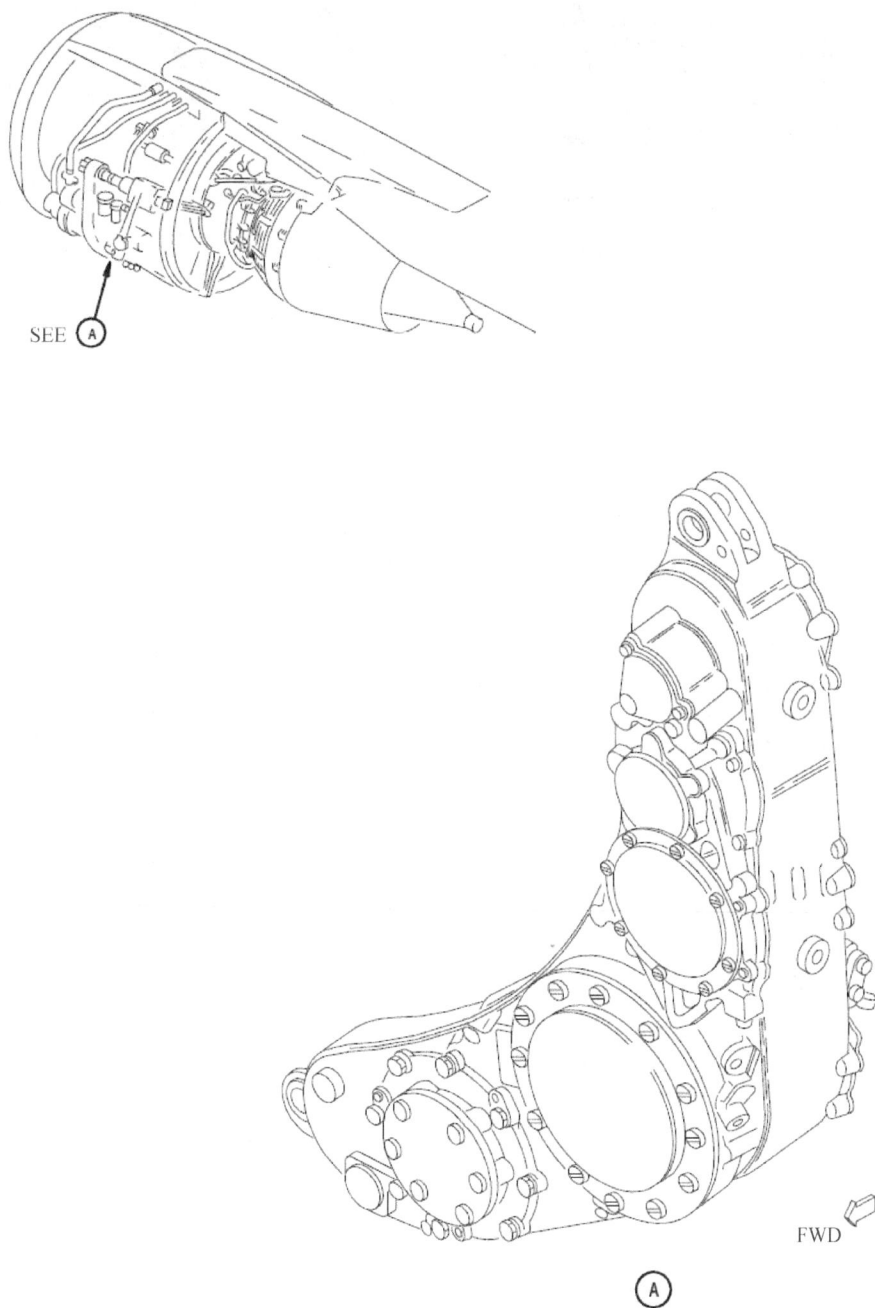

图 3 - 23　附件齿轮箱的外观级安装位置图

［注］　附件齿轮箱的壳体为铝合金制造,在附件齿轮箱的不同位置处安装有部件安装盘,这些安装盘
与附件齿轮箱通过螺栓相连接,而各部件与各自的配对安装盘则通过卡箍相连接,这样方便附件的拆装。

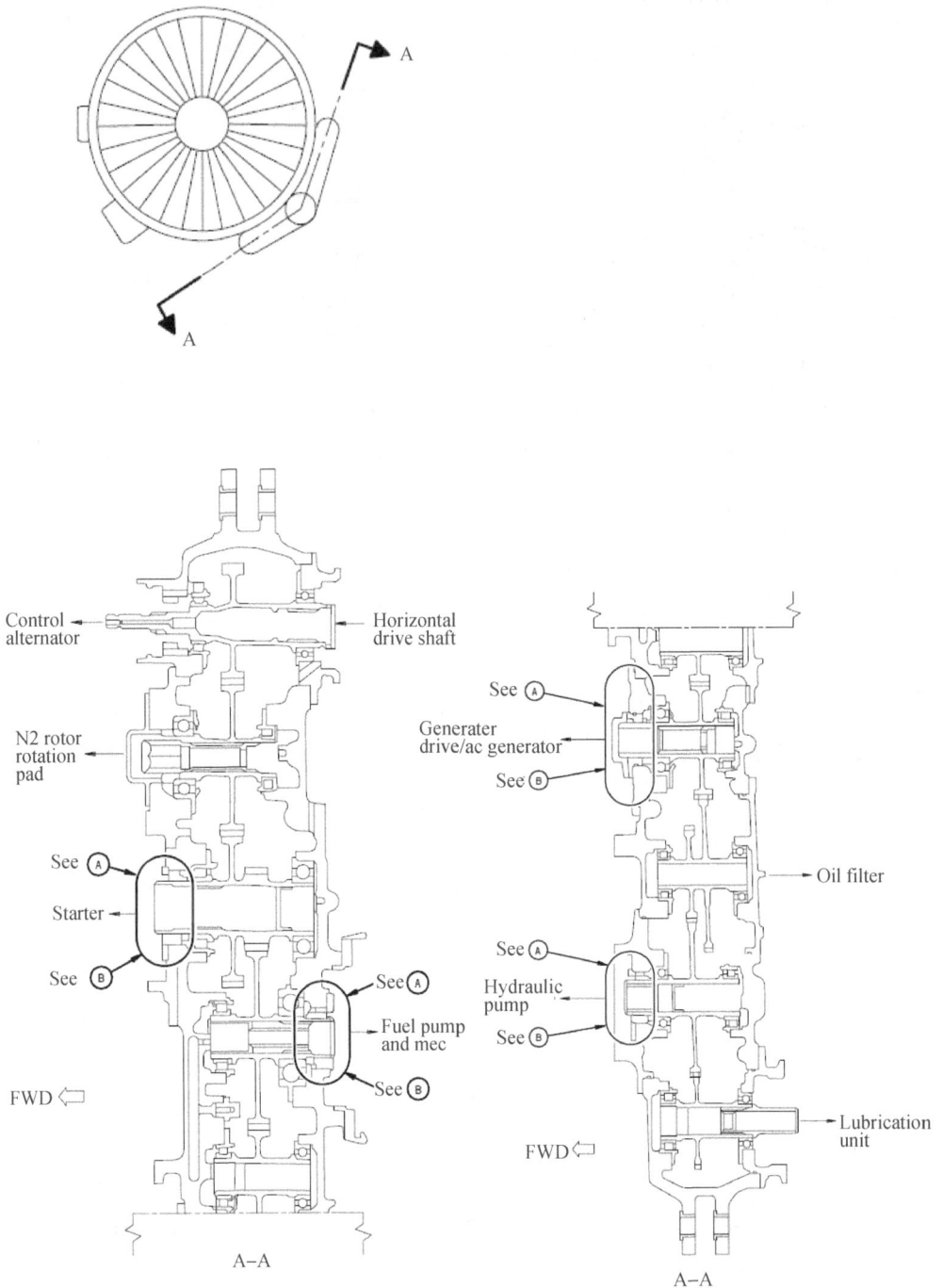

图 3-24　各附件在齿轮箱上的安装位置及关系图

　〔注〕　Starter—起动机；N2 rotor rotation pad—N2 转子转动盘；Control alternator—N2 转速传感器；Horizontal drive shaft—水平驱动轴；Fuel pump and mec—燃油泵和 MEC；Hydraulic pump—液压泵；Generater drive/ac generator—发电机驱动/交流发电机；Oil filter—滑油滤；Lubrication unit—润滑组件。

复习思考题

1.发动机共有几个单元体？每个单元体有几个维修单元组件？

2.介绍核心机的组成结构。

3.发动机各单元体上的重要部件都由哪些材料制造？

4.发动机共有几个转子、几个转子轴承？

实操训练项目

1.手动转动高压转子 N2(见表 3-1)。

2.发动机风扇叶片拆装(见表 3-2)。

表 3-1　手动转动高压转子 N2 工作单

训练类型	综合技能训练	维修训练工作单 手动转动高压转子 N2		工作单号	FDJ-MX-001
机　　型	波音 737			工作区域	发动机模型
工　　时	4 学时				

	工作单内容	工作者	Q C
训练目标	了解该项工作的目的,主要是为了孔探检查燃烧室及涡轮叶片而进行的辅助工作基本技能训练,练习拆装,打保险及英制工具的使用。		
拆卸	一、转动前工作 　　(1)准备好工具和消耗器材。(Equipment and consumable materials.) 　　(2)确保发动机点火开关处于关断位置。(Make sure the engine fire switch for the applicable engine has not been pulled.) 　　(3)打开左侧的风扇盖板。(Open the left fan cowl panel.) 　　(4)在附件齿轮箱 9 点钟位置处,拆掉附图 1 所示的盖子。(At the 9 o'clock position on the AGB, remove the cover as the follows fig 1.) 　　(5)拆掉保险丝,之后拆掉 5 个安装盖子的螺栓。(Remove the lockwire and remove the 5 bolts that attach the cover to the drive pad.) 　　(6)拆下安装在驱动座上的盖子,注意不要拆掉将盖子连接到 AGB 上的绳子。(Remove the cover until it is away from the drive pad,Note：do not remove the lanyard that attach the cover to the AGB.) 　　(7)报废 2 个"O"型封圈。(Discard the two O-ring.) 　　(8)手动转动 N2 转子。(Turn the N2 rotor manually.) 　　(9)用连接了 24 in 长加长杆的 3/4 in 的方头驱动工具安装到驱动座上。(Attach a 3/4 in square drive tool with a two-foot extension to the drive pad.) 　　(10)从后往前看,顺时针转动驱动工具手柄。(Turn the handle of the tool in the counterclockwise direction as seen from rear.)		

续表

训练类型	综合技能训练	维修训练工作单 手动转动高压转子 N2	工作单号	FDJ－MX－001
机　型	波音 737		工作区域	发动机模型
工　时	4 学时			

	工作单内容	工作者	QC
安装	二、转动后恢复 （1）从驱动座上拆下驱动工具和加长杆。（Remove the 3/4-in square drive tool form the drive pad and the two foot extension.） （2）更换新的 2 个 O 形封圈。（Replace the new two O－rings.） （3）用 5 个螺栓,将堵盖安装到驱动座上。（Install the cover on to the drive pad with five bolts.） （4）给 5 个螺栓对称打 9～12 N·m 的力矩。（Tighten the bolts to the 9～12 N·m with torque wrench.） （5）关上左侧风扇包皮盖板。（Close the fan cowl panel.） 备注:在 CFM56－7B 发动机相同位置处安装的是 EEC 专用发电机。		

续表

训练类型	综合技能训练	维修训练工作单 手动转动高压转子 N2	工作单号	FDJ-MX-001
机　　型	波音 737		工作区域	发动机模型
工　　时	4 学时			

工作单内容	工作者	QC

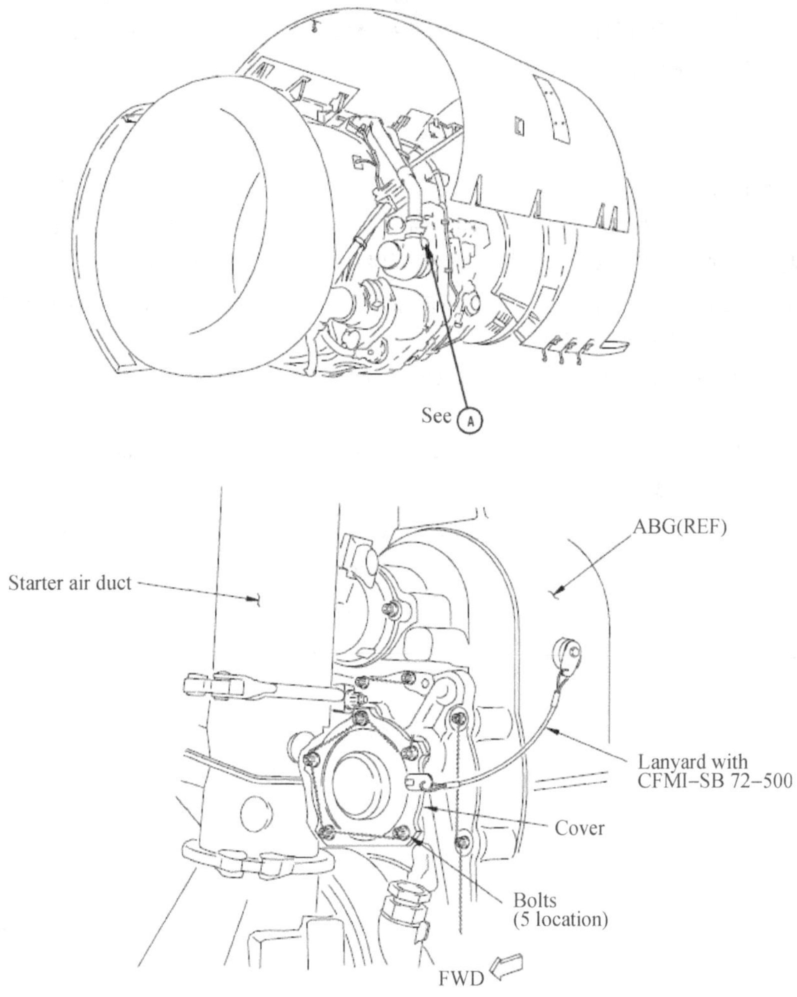

附图 3-1　驱动盖安装位置图

［注］　Starter air duct—起动机引气管；Lanyard—连接绳；Cover—盖子；
Bolts(5 location)—5 个位置螺栓。

表 3 - 2　发动机风扇叶片的拆装工作单

训练类型	综合技能训练	维修训练工作单 发动机风扇叶片的拆装		工作单号	FDJ - MX - 001
机　　型	波音 737			工作区域	发动机模型
工　　时	4 学时				

	工作单内容	工作者	QC
训练目标	了解该项工作的训练目的,主要是训练团队配合以及多项部件拆装时的注意事项,如标记等拆装时的习惯程序。		
拆卸	一、叶片拆卸 　　(1)给风扇叶片标注编号。(Give a number to each fan blade and fan disk slot.)——必须先找到 1 号叶片,之后顺时针标号,并按照顺序从 1 到 38 拆卸,见附图 3 - 2。 　　(2)拆掉前后两个整流锥。(Remove the front and rear spinner cone.)——注意在拆后锥时,需按照要求次序拆卸(模型特定)。 　　(3)把风扇叶片下部的垫片往前移动,以便拆叶片保持块。(Move the space forward until you can release the retainer.) 　　(4)将叶片往上提起并从风扇盘上拆下保持块。(Lift the fan blade retainer out of the fan disk.) 　　(5)将叶片往下移动后,再将其从前方取出。(Low the blade toward the center of the disk to disengage, then move the blade forward and out of the dovetail slot blade.) 　　(6)按顺序取出其他剩余叶片,并将其整齐摆放。(Do these steps to remove the remaining blades.)		

续表

训练类型	综合技能训练	维修训练工作单 发动机风扇叶片的拆装	工作单号	FDJ - MX - 001
机　　型	波音 737		工作区域	发动机模型
工　　时	4 学时			

	工作单内容	工作者	Q C
安装	二、叶片安装 　　拆卸风扇叶片的目的主要是进行叶片及叶片根部风扇盘的润滑维护,叶片的清洁检查等维护工作,在完成这些工作之后,需要从 1 号叶片开始,按顺序重新装回这些叶片。 　　(1)转动风扇盘,直到风扇盘的 1 号叶片安装槽到达 6 点钟位置处。(Turn the fan disk until the number one blade slot is at 6 o'clock position.) 　　(2)将 1 号叶片叶根插入 1 号风扇盘安装槽中并推到底。(Put the number one blade in the dovetail slot and move it fully aft.) 　　(3)安装一个叶片保持块。(Install a retainer in the slot.) 　　(4)在风扇叶片的下面安装一个垫片并与保持块配合装好。(Install the spacer below the fan blade and at the same time engage the retainer.) 　　(5)把垫片推到底。(Move the spacer fully aft.) 　　(6)按照以上步骤继续顺序安装剩余叶片。(Do these steps again until you install all remaining blades.) 　　(7)按照模型安装次序,安装后整流锥,紧固力矩为 100 lb-in(1 lb-in＝0.113 N·m)。(Install the aft spinner cone according to the model and tighten the bolts is 100 lb-in.) 　　(8)安装前整流锥,紧固力矩为 11.3 N·m。(Install the forward spinner cone and tighten bolts is 11.3 N·m.)		

续表

训练类型	综合技能训练	维修训练工作单	工作单号	FDJ - MX - 001
机　　型	波音 737	发动机风扇叶片的拆装	工作区域	发动机模型
工　　时	4 学时			

工作单内容	工作者	QC

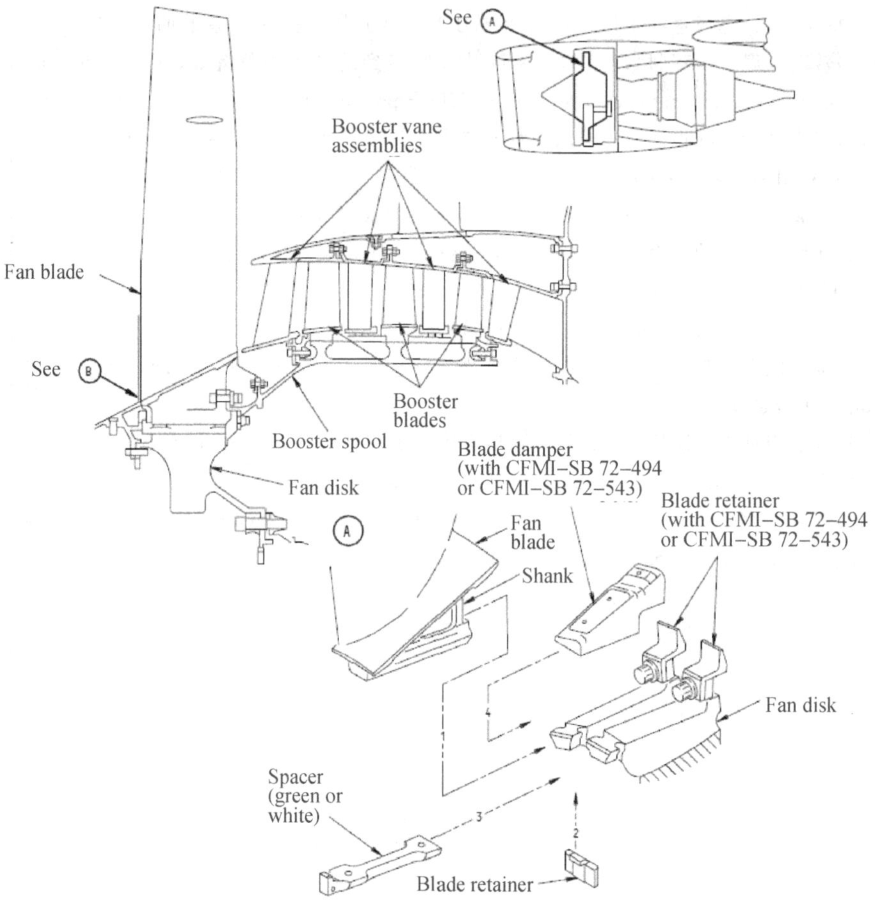

附图 3-2　风扇叶片安装结构图

[注]　Fan blade—风扇叶片；Booster vane assemblies—低压压气机导流叶片组件；Fan disk—风扇盘；Booster spool—低压压气机中心轴；Blade damper—叶片阻尼块；Spacer—垫片；Blade retainer—叶片保持块。

第4章　发动机燃油控制系统

小提示

　　波音 737 系列飞机已经从波音 737 - 300,波音 737 - 400 发展到目前的波音 737 - 800 和波音 737 - 900 系列,飞机所配装的发动机也已经从 CFM56 - 3C 发展到现在的 CFM56 - 7B 了。虽然发动机核心部分的结构组成变化不大,但是发动机控制部分的变化还是相当大的,所以,为适应需要,我们以最新的 CFM56 - 7B 系列发动机的燃油控制系统作为本章的介绍内容,后面发动机系统部分内容都采用该型号发动机为主。

4.1　发动机燃油控制系统概述

发动机燃油控制系统包括以下三个子系统:

(1)燃油分配系统(Fuel distribution system)。

(2)燃油控制系统(Fuel control system)。

(3)燃油指示系统(Fuel indicating system)。

4.2　燃油分配系统

　　燃油分配系统的最主要功能是将过滤过的压力燃油送往发动机燃烧室的燃油喷嘴,燃油喷嘴喷出雾化燃油,与高压压气机排出的高压空气在燃烧室充分混合后燃烧,从而产生动力。

　　该系统的主要组成部件有:燃油泵组件、燃油滤、伺服燃油加热器、滑油/燃油热交换器、燃油流量传感器,燃油总以及和燃油喷嘴等部件,其组成原理如图 4 - 1 所示。

　　图 4 - 1 说明了从飞机燃油系统来的燃油,分别途径过的部件,为更清楚地说明燃油的整个流路过程,可参考原理图 4 - 2,该图更清楚的表明了燃油的分配过程。

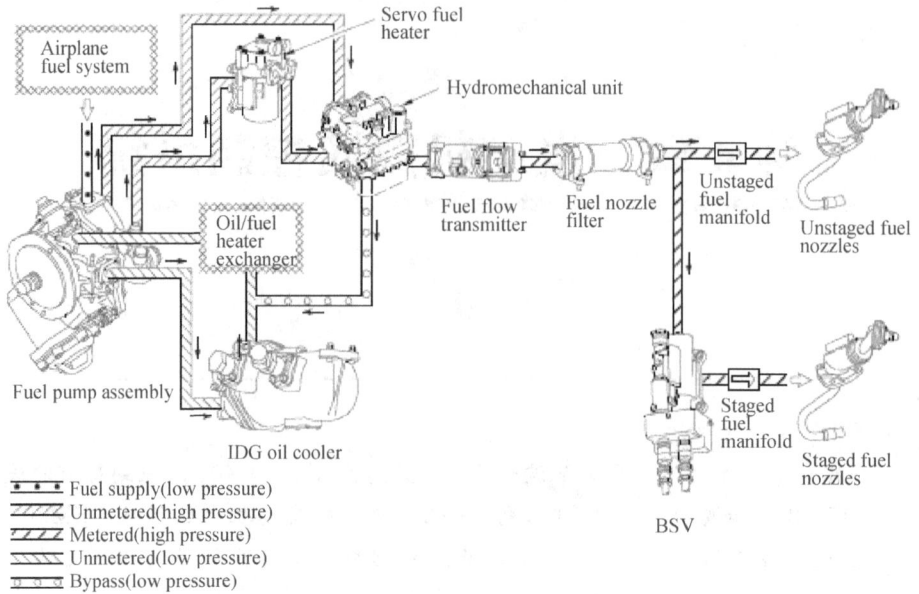

图 4-1　燃油分配系统主供油路原理图

［注］　Airplane fuel system—飞机燃油系统；Fuel pump assembly—燃油泵组件；Servo fuel heater—伺服燃油加热器；Oil/fuel heater exchanger—滑油/燃油热交换器；Hydromechanical unit—控制组件；Fuel flow transmitter—燃油流量传感器；Fuel nozzle filter—燃油喷嘴油滤；Fuel nozzles—喷嘴组；Staged/unstaged fuel manifold—分级/不分级燃油总管。

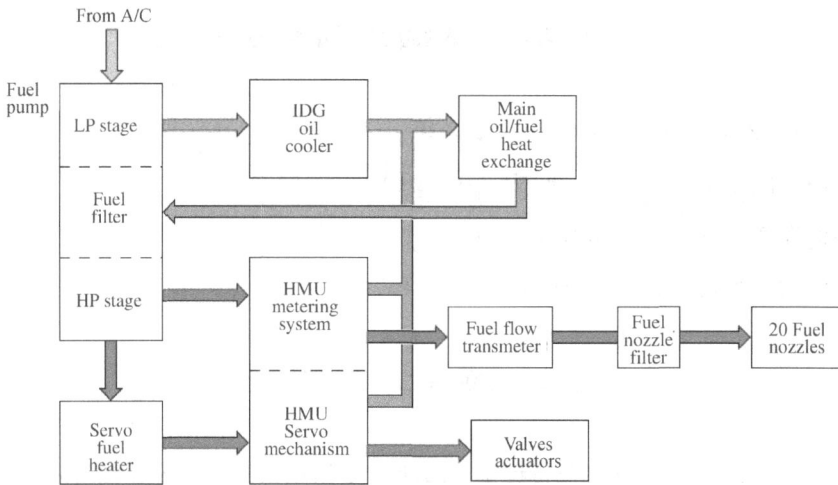

图 4-2　燃油分配路径原理图

［注］　从 HMU 出来的燃油实际上分成两路，一路为主供油路，去燃油喷嘴供燃烧用，另一路燃油为伺服系统提供操作动力（图 4-1 上没有标出该路燃油）。LP stage—低压级；Fuel filter—燃油滤；HP stage—高压级；Servo fuel heater—伺服燃油加热器；IDG oil cooler—IDG 滑油冷却器；HMU metering system—HMU 计量系统；Servo mechanism—伺服机构；Main oil/fuel heat exchange—主滑油/燃油热交换器；Fuel flow transmeter—燃油流量传感器；Fuel nozzle filter—燃油喷嘴油滤；Fuel bump assembly—燃油泵组件；Fuel manifold—燃油总管。

燃油分配系统的主要部件在发动机上的安装位置如图 4-3 所示。

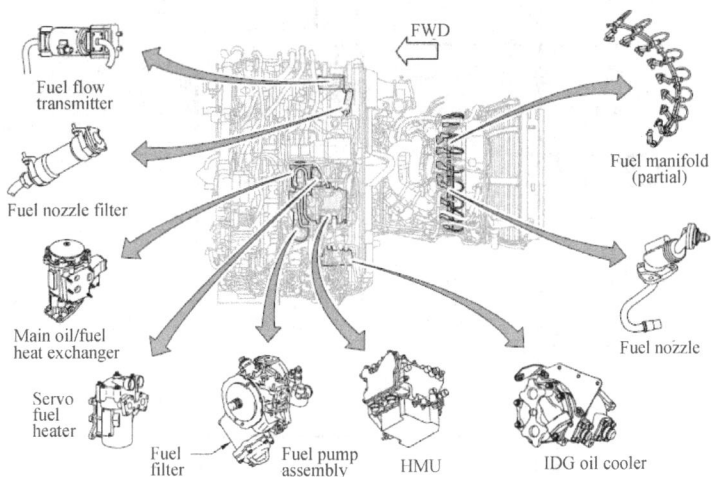

图 4-3　燃油分配系统部件安装位置图

燃油分配系统的 5 个主要部件分别是燃油泵组件、液压机械组件 HMU、IDG 滑油冷却器、流量传感器以及燃油喷嘴,下面分别介绍这 5 个主要部件。

4.2.1　燃油泵组件(Pump assembly)

CFM56 系列发动机的燃油泵是一个组合泵,在整个泵壳体内组合了低压燃油泵、油滤和高压燃油泵,其中低压燃油泵为离心泵,高压燃油泵为齿轮泵。泵组件安装在附件齿轮箱后端面约 8 点钟位置处,由附件齿轮箱驱动,其外观结构及安装位置如图 4-4 所示,工作原理如图 4-5 所示。

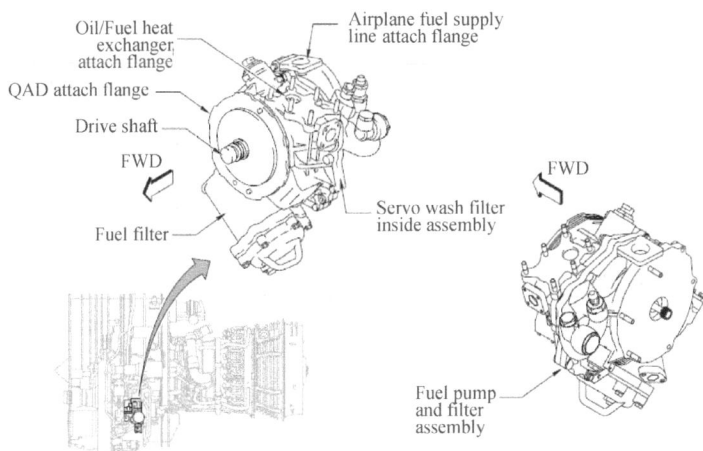

图 4-4　燃油泵安装位置图

[注]　Fuel filter—燃油滤;Drive shaft—驱动轴;QAD attach flange—快卸盘连接法兰;Oil/Fuel heat exchanger attach flange—滑油燃油热交换器安装法兰;Airplane fuel supply line attach flange—飞机燃油供给管安装法兰;Servo wash filter inside assembly—伺服油滤组件。

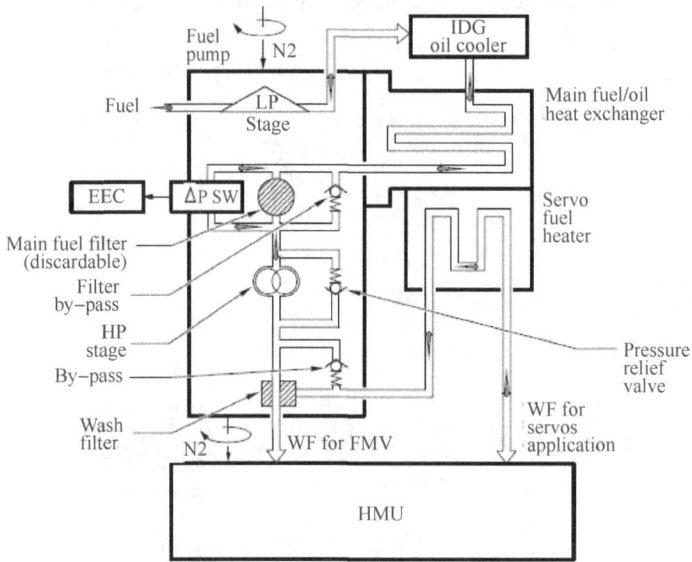

图 4-5　燃油泵组件工作原理图

[注]　以上部件的英文描述翻译版在前文都已出现过,故此处没有再做翻译。

4.2.2　HMU(Hydro Mechanical Unit)

HMU 是燃油控制系统的关键控制组件。其通过 EEC 发出的控制电信号,操纵相应的作动器,一方面可以控制供往燃油喷嘴的燃油供应量,另一方面也可以操纵伺服系统的自动工作(VBV、VSV、TBV 等),以适应发动机各种不同的工作状态。

HMU 的外观结构及安装位置如图 4-6 所示,HMU 的工作原理如图 4-7、图 4-8 所示。

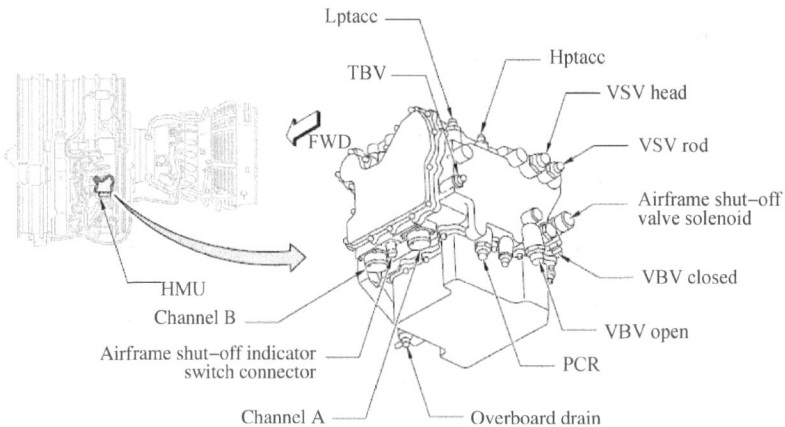

图 4-6　HMU 安装位置图

[注]　HMU 安装在燃油泵组件后端。Airframe shut-off indicator switch connector—飞机关断指示器开关接头;Channel A,Channel B—A 通道,B 通道;Solenoid—电磁阀;Overboard drain—机外排放口。

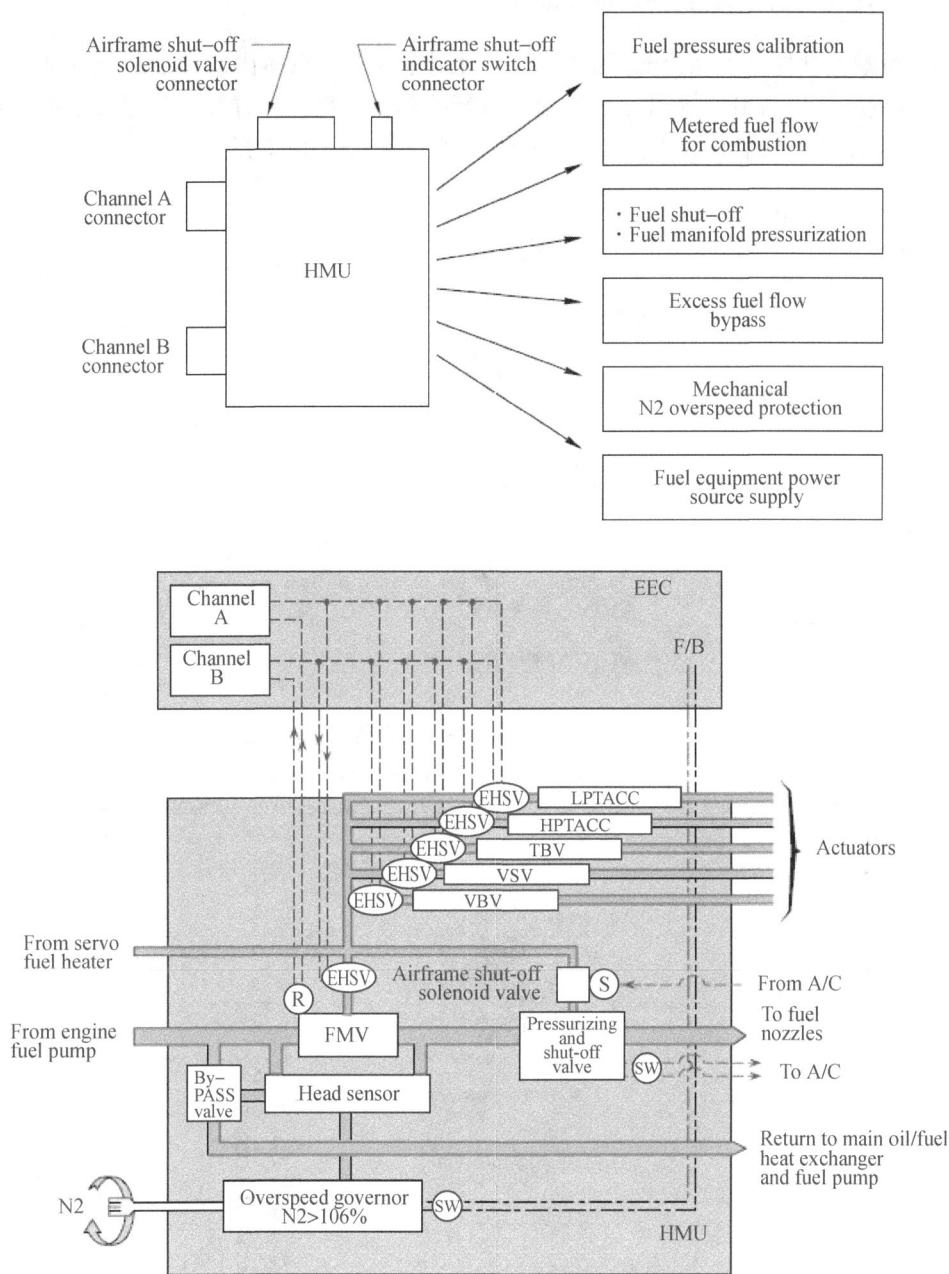

图 4-7　HMU 工作原理图

[注]　本原理图介绍 HMU 的 6 大功能,以及 HMU 的控制部件在内部的安装位置及流路关系,英文翻译参考前述说明。Fuel pressures calibration—燃油压力计算;Metered fuel flow for combustion—为燃烧室提供计量燃油;Fuel shut—off/fuel manifold pressurization—燃油关断/燃油增压;Excess fuel flow bypass—燃油旁通;Mechanical N2 overspeed protection—N2 转速超转控制;Fuel equipment power source supply—燃油操作部件动力源供应。

4.2.3 IDG 滑油冷却器(IDG oil cooler)

IDG 滑油冷却器是燃油分配系统中,用来对刚进入燃油泵体内的燃油进行加热的其中一个部件(同时可以为 IDG 滑油系统的滑油进行冷却),该部件布置在低压燃油泵的出口管路上,其外观结构及安装位置如图 4-8 所示,工作原理如图 4-9 所示。

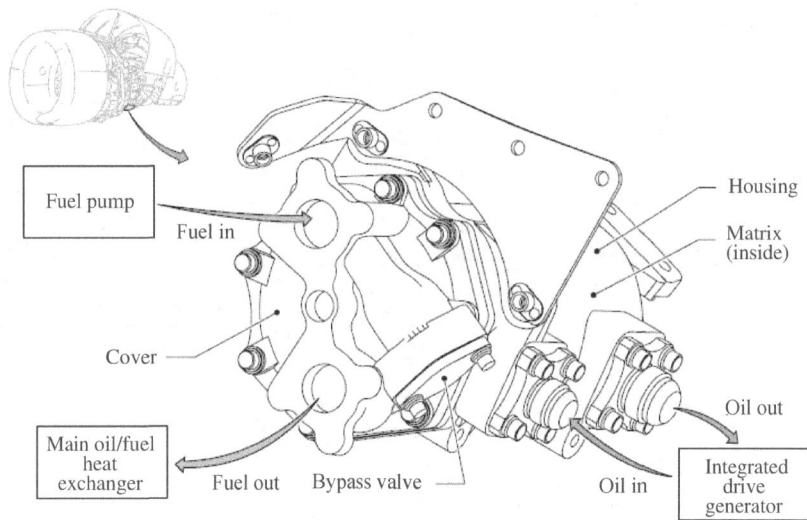

图 4-8　IDG 滑油冷却器外观及安装位置示意图

［注］　该部件安装在风扇机匣 7 点钟位置处。Cover—盖子;Fuel pump—燃油泵;Main oil/fuel heat exchanger—主滑油/燃油热交换器;Housing—壳体;Matrix(inside)— ;Integrated drive generator—IDG(内驱发电机)。

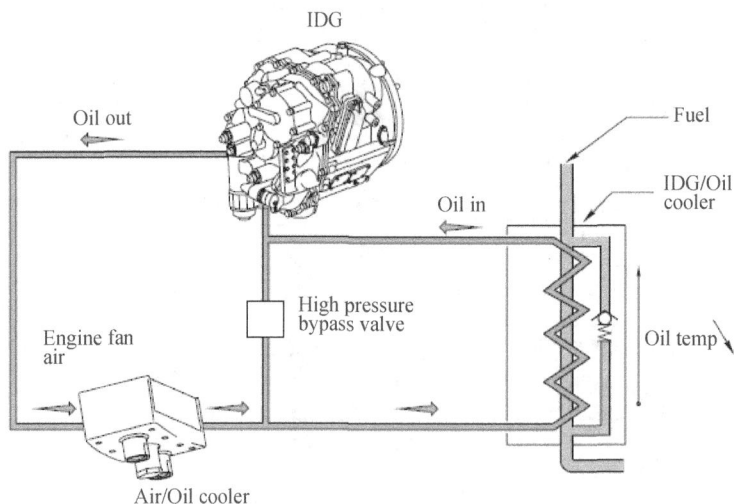

图 4-9　IDG 滑油冷却系统工作原理图

［注］　Air/Oil cooler—空气/滑油冷却器;Engine fan air—发动机风扇排气;Oil out—滑油出;Oil cooler—滑油冷却器;High pressure bypass valve—高压旁通活门。

4.2.4　燃油流量传感器(Fuel flow transmitter)

燃油流量传感器的功能是为 EEC 提供信息,用来计算燃油消耗量并为驾驶舱机组成员提供燃油显示数据。该部件安装在风扇机匣 10 点钟位置处,燃油分配系统主供油路上,其安装位置及外观示意如图 4-10 所示,其内部结构及工作原理如图 4-11 所示。

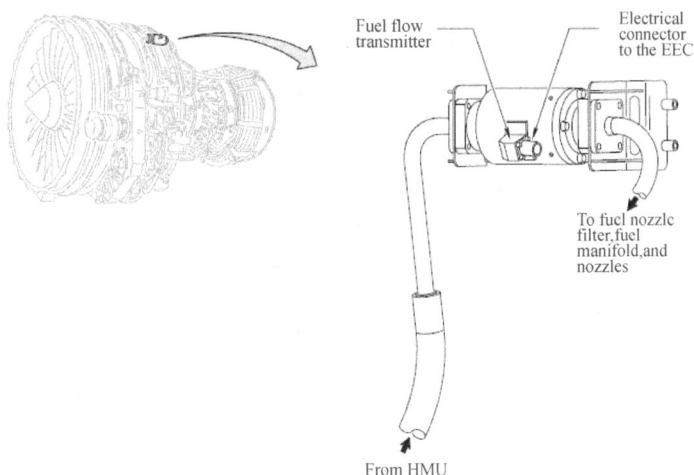

图 4-10　燃油流量传感器外观及安装位置图

[注]　From HMU—从 HMU 来(燃油);Fuel flow transmitter—燃油流量传感器;Electrical connector to the EEC—联往 EEC 的电器接头;To fuel nozzle filter,fuel manifold,and nozzles—去往喷嘴油滤,燃油总管和喷嘴组(的燃油)。

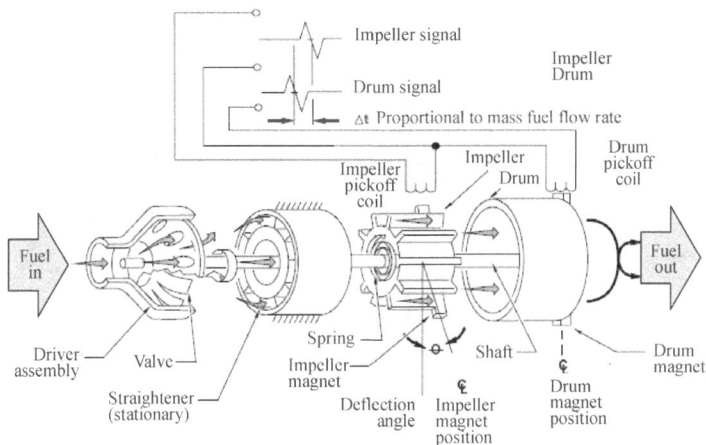

图 4-11　燃油流量传感器结构原理图

[注]　Impeller signal—转子信号;Drum signal—定子信号;Proportional to mass fuel flow rate—燃油流量;Impeller pickoff coil—转子信号提取线圈;Drum pickoff coil—定子信号提取线圈;Driver assembly—驱动组件;Valve—活门;Straightener(stationary)—导向定子;Impeller magnet—转子磁块;Deflection angle—反射角;Impeller magnet position—转子磁块位置;Shaft—轴;Drum magnet position—定子磁块位。

4.2.5　燃油喷嘴（Fuel nozzle）

CFM56 系列发动机在燃烧室外壳上安装了 20 个燃油喷嘴。燃油喷嘴的功能就是将燃油呈雾状喷进燃烧室，与高压压气机排出的高压空气雾化混合形成混合燃气，再由点火电嘴点燃燃烧，从而做功输出动力。燃油喷嘴的结构及安装示意如图 4-12 所示，其工作原理如图 4-13 所示。

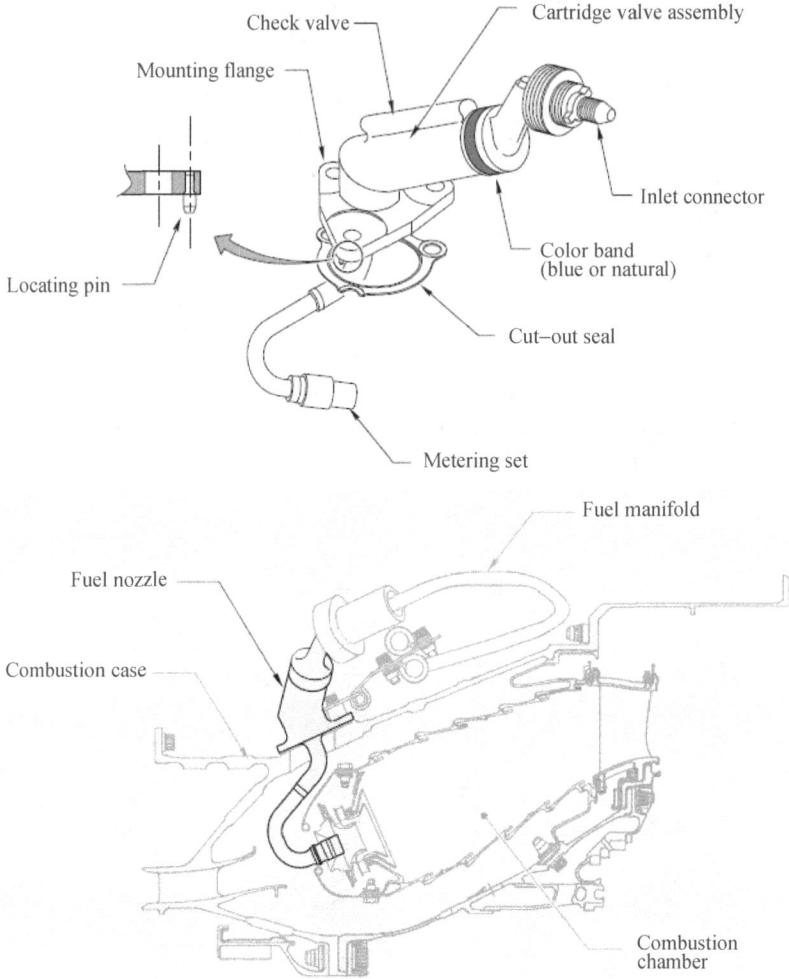

图 4-12　燃油喷嘴外观结构及安装示意图

　[注]　Locating pin—定位销；Mounting flange—安装法兰；Check valve—单向活门；Cartridge valve assembly—活门组件；Inlet connector—进口接头；Color band(blue or natural)—色带(蓝色或无色)；Seal—封严圈；Metering set—计量装置；Fuel nozzle—喷嘴；Combustion case—燃烧室机匣；Combustion chamber—燃烧室。

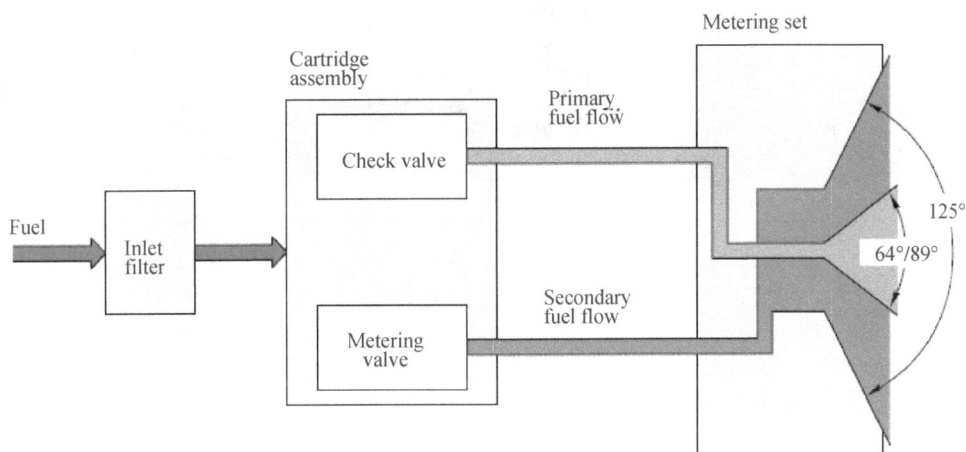

图 4 - 13　燃油喷嘴工作原理图

［注］　Fuel—燃油；Inlet filter—进口油滤；Cartridge assembly—腔体组件；Check valve—单向活门；Metering valve—计量活门；Primary fuel flow—主燃油流路；Secondary fuel flow—次级燃油流路；Metering set—计量装置。

4.3　燃油控制系统

燃油控制系统属于全权数字控制系统（Full Authority Digital Engine Control，FADEC)的其中一个组成部分，为了说明燃油控制系统，下面将对 FADEC 进行介绍。

FADEC 从飞机上获得操作指令，完成发动机各系统的操作控制，同时它还可以为飞机驾驶舱提供发动机的状态监控信息、维修报告信息以及排故方案等信息，FADEC 的具体功能如下：

（1）执行燃油控制，并对发动机的两个转子（N1，N2）进行超转限制；

（2）发动机地面启动时，控制发动机参数，防止发动机排气温度（EGT)超温；

（3）管理发动机推力，包括自动油门和手动油门；

（4）进行发动机的气流控制，包括压气机气流控制和涡轮间隙控制；

（5）控制反推工作过程。

具体的 FADEC 系统功能如图 4 - 14 所示。

其主要组成部件包括以下 4 类：

（1）飞机飞行数据接口（Airplane Data Interface)

（2）各种传感器（Sensors)

（3）电子发动机控制器（Electronic Engine Control，EEC)

（4）液压机械组件（Hydro Mechanical Unit，HMU)

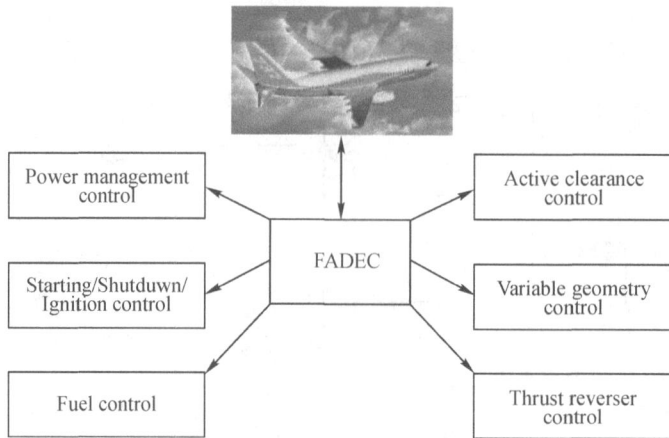

图 4-14 FADEC 系统功能

［注］ Power management control—动力管理控制；Starting/Shutduwn/Ignition control—起动/关车/点火控制；
Fuel control—燃油控制；Active clearance control—间隙控制；Variable geometry control—可变进气控制；Thrust rever-
ser control—反推控制。

EEC 是 FADEC 系统最主要的控制部件。EEC 控制组件与发动机上的数据和飞机上的数据进行数据交互，从而为发动机燃油流量的控制提供输出依据；HMU 是燃油控制系统中的主要执行部件，HMU 通过接收来自 EEC 的控制信号，操纵 HMU 内部计量活门开度的大小，为燃油喷嘴提供经过计量的最佳燃油供应量，以便发动机处于最佳的工作状态。

EEC 与飞机上的飞行数据计算机进行数据交换的部件是驾驶舱内的通用显示器/电子显示器组件（CDS/DEU）。

EEC 与飞行数据计算机之间的数据传递关系以及部件如图 4-15 所示，FADEC 系统部件的组成及相互关系如图 4-16 所示。

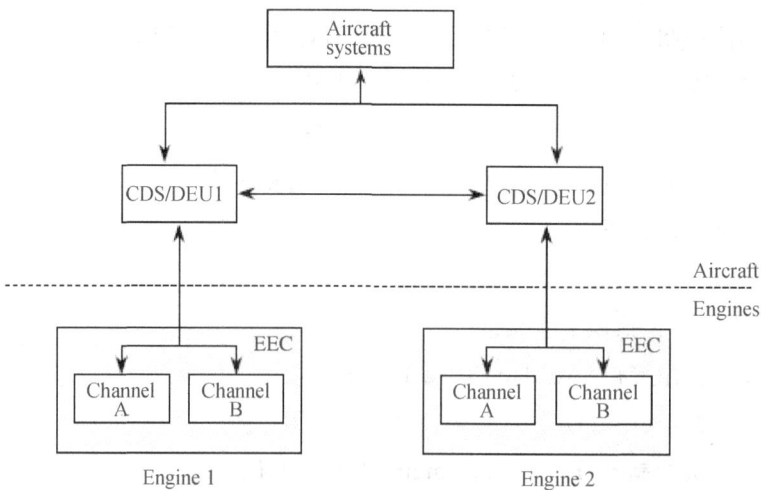

图 4-15 飞行数据计算机和发动机 EEC 之间的数据传递关系图

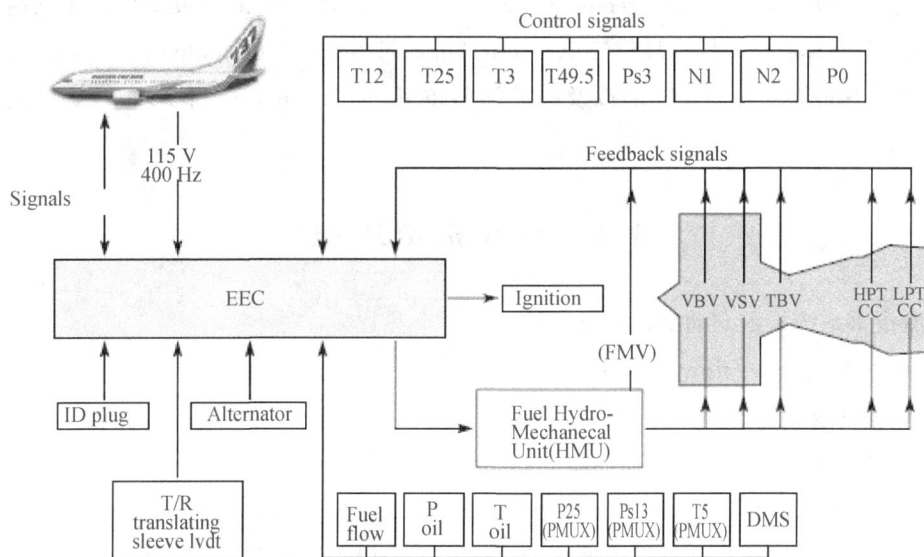

图 4 - 16　FADEC 组成部件关系图

［注］　Control signals—控制信号；Feedback signals—反馈信号；Ignition—点火；Fuel Hydro - Mechanecal Unit(HMU)—燃油液机组件；Alternator—发电机；ID plug—功率识别堵头；T/R translating sleeve lvdt—反推平移罩位置。

4.3.1　EEC 与发动机的数据交互

EEC 通过数据接头与发动机上的发动机识别堵头(Engine identification plug)、液压机械组件(HMU)、发动机空气控制系统(Engine air control system)、发动机各类传感器(Engine sensors)、燃油流量传感器(Fuel flow transmitter)、EEC 发电机(EEC alternator)、点火系统(Ignition system)、进行数据交互,其中,发动机的各类传感器包括如下 4 个温度传感器和 3 个压力传感器:

(1)T12 进气总温传感器(Inlet total temperature);

(2)PT25 高压压气机进口温度(High pressure compressor inlet temperature);

(3)T3 高压压气机排气温度(High pressure compressor discharge temperature);

(4)高压涡轮间隙控制(HPTACC sensor);

(5)T49.5 二级低压涡轮排气温度(Second stage LPT nozzle temperature);

(6)P0 进气口静压力(Inlet static pressure);

(7)PS3 高压压气机排气压力(High pressure compressor discharge pressure)。

4.3.2　EEC 与飞机的数据交互

EEC 通过 CDS/EDU 上的数据接头与飞机的外界大气总温(Total air temperature)、校正后静压(Corrected static pressure)、总压(Total pressure)、计算马赫数(Calculated mach number)、格林威治标准时间(Greenwich mean time)、时钟数(Clock data)、发动机高压转子限速值(N1 target)、飞行马赫数(Flight number)、起落架位置(Landing gear position)、起动活门位置(Start valve position)以及隔离活门位置(Isolation valve position)等系统数据进行交互。

4.4 燃油指示系统

燃油指示系统指示发动机燃油系统的以下 4 个参数为：

(1)燃油流量(Fuel flow rate)；

(2)已消耗燃油量(Fuel used)；

(3)高压关断阀位置(High pressure shutoff valve position)；

(4)燃油滤旁通警告(Fuel filter impending bypass warning)。

以上 4 个燃油系统参数通过下面 4 个部件将信号传递给 EEC,EEC 再将这些数据传递到 EDUS,从而让驾驶员看到这些数据：

(1)燃油流量计(Fuel flow transmitter)；

(2)燃油流量控制指示开关(Fuel flow indication control switch)；

(3)燃油滤旁通开关(Fuel filterdifferential switch)；

(4)高压关断阀(High Pressure Shutoff Valve,HPSOV)。

图 4 - 17 为燃油显示系统中部件的连接关系图。

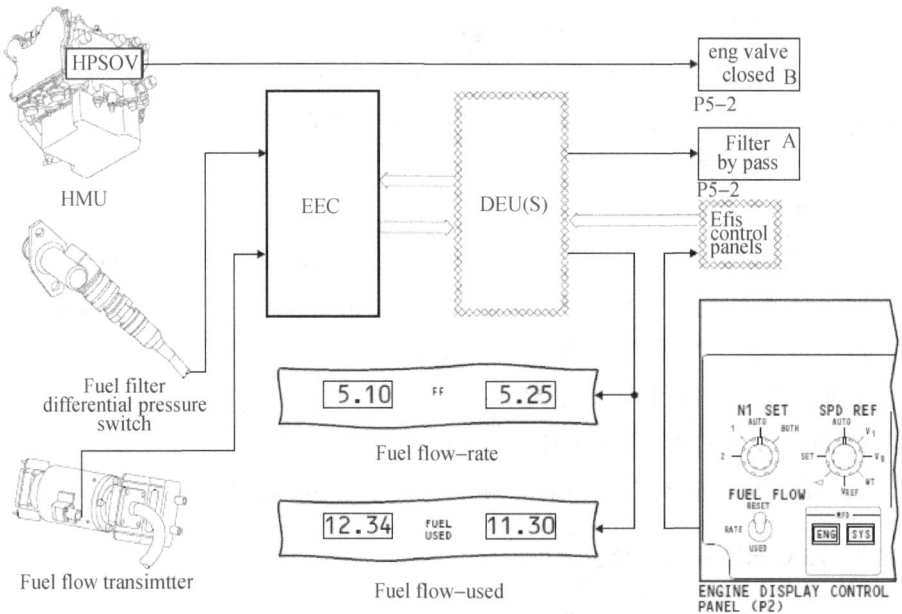

图 4 - 17 燃油显示系统部件关系图

复习思考题

1.发动机燃油控制系统分为哪些子系统？
2.发动机燃油分配系统有哪些主要部件？燃油流路是怎样的？
3.解释发动机燃油控制的原理。
4.解释发动机燃油指示系统所指示的参数及显示参数的位置。

实操训练项目

1.燃油系统油滤的更换(见表 4 - 1)。
2.发动机燃油喷嘴的拆装(见表 4 - 2)。

表 4 - 1　燃油滤更换工作单

训练类型	综合技能训练	维修训练工作单 燃油滤更换(模拟操作)	工作单号	FDJ - MX - 001
机　型	波音 737		工作区域	发动机模型
工　时	4 学时			

	工作单内容	工作者	QC
训练目标	(1)了解燃油泵(内含燃油滤)的工作原理及其在燃油控制系统中的作用； (2)通过拆装练习基本操作技能。		
	一、拆卸 (1)供给电能。(Supply the electrical power.) (2)确保对应发动机起动手柄处于关断位置。(Make sure the applicable engine start lever is in the CUTOFF position.) (3)确保 P5 燃油控制面板上的燃油关断阀指示灯熄灭。(Make sure the FUEL VALVE CLOSED indicator light on fuel control panel on the P5 is illuminated dim.) (4)在对应发动机起动手柄上挂上"不许操纵"警告牌。(Attach a DO - NOT - OP-ERATE tag on the applicable engine start lever.) (5)关闭电源。(Remove the electrical power.) (6)打开左侧风扇包皮。(Open the left fan cowl panel.) (7)放置一个合适的容器在下部用于接放出的燃油。(Put a suitable container under the engine to collect any residual fuel that may drain out.) (8)拆掉排放口堵头上的保险丝。(Cut and remove the lockwire from the drain plug.) (9)拆下堵头并排出燃油。(Remove drain plug and let the fuel drain.)		

续表

训练类型	综合技能训练	维修训练工作单 燃油滤更换（模拟操作）	工作单号	FDJ－MX－001
机　　型	波音 737		工作区域	发动机模型
工　　时	4 学时			

工作单内容	工作者	Q C
（10）拆掉并报废堵头上的 O 型封圈。（Remove and discard the O－ring from the drain plug.） （11）按要求次序拆下 6 个安装油滤盖子的螺栓。（Remove the 6 bolts according to the demand from the filter cover.） （12）取下油滤盖子并更换油滤芯。（Remove the fuel filter cover and replace the filter.） 对于模型发动机来说，除最后两项工作内容之外，其他步骤只用于参考。 二、安装 （1）给新滤芯上的新 O 形封圈涂上发动机燃油。（Soak the four new O－ring engine fuel.） （2）给燃油滤盖子的中心凹槽上装上新的 90 号封圈。（Install the new O－ring, in the groove of the fuel filter cover.） 注意：装盖子时，不要沿轴线转动盖子，这样会损坏 O 形封圈。（Caution：do not turn the filter cover on its axis after you have installed the fuel filter cartridge. This will damage the O－rings on the fuel filter cartridge.） （3）把新的油滤滤芯装到油滤壳体里。（Install the new fuel filter cartridge in the filter housing.） （4）把油滤盖子装到油滤芯底端，小心将盖子和壳体配合装好。（Install the filter cover on the filter cartridge, carefully engage the filter cover with the filter housing.） （5）给安装螺栓的螺牙上涂上润滑脂。（Apply graphite grease to the threads of the bolts.） （6）按顺序要求用手装上垫片和螺栓并上紧。（With your hand, install the washers and bolts, tighten the bolts with your hand according the demand.） （7）按照顺序要求给这些螺栓打上 8～9 N·m 的力矩。（Tighten the bolts to 8－9 N·m.）		

续表

训练类型	综合技能训练	维修训练工作单	工作单号	FDJ - MX - 001
机　　型	波音 737	燃油滤更换（模拟操作）	工作区域	发动机模型
工　　时	4 学时			

工作单内容	工作者	QC
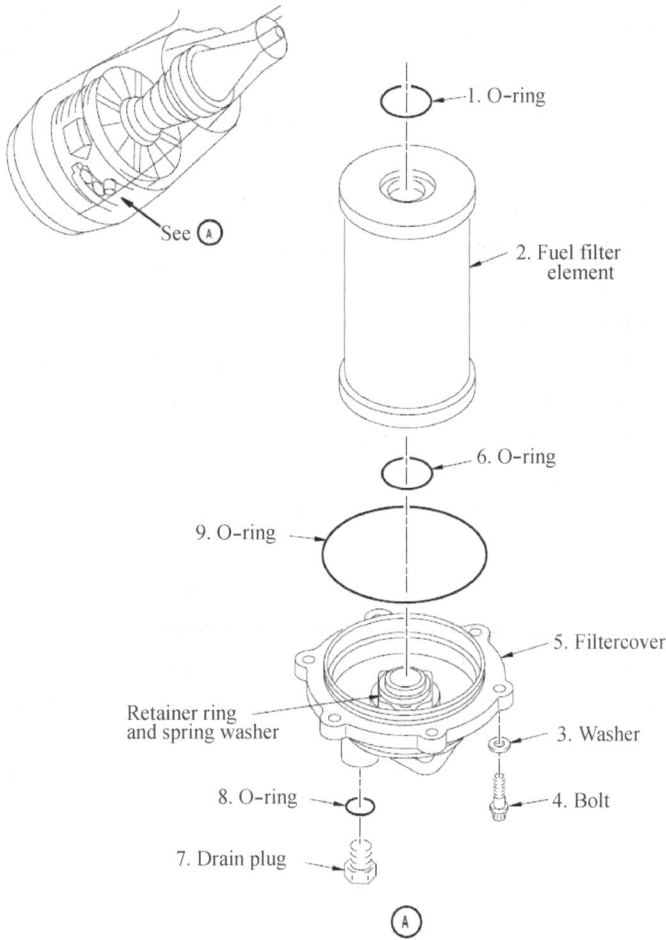 附图 4-1　燃油滤更换图		

[注]　O-ring—O 形封圈；Fuel filter element—燃油滤组件；Filter cover—油滤盖子；Retainer ring and spring washer—保持环和弹簧垫圈；Drain plug—排放堵头；Washer—垫圈；Bolt—螺栓。

表 4-2 燃油喷嘴更换工作单

训练类型	综合技能训练	维修训练工作单 燃油喷嘴更换(模拟操作)	工作单号	FDJ-MX-001
机 型	波音 737		工作区域	发动机模型
工 时	4 学时			

	工作单内容	工作者	QC
训练目标	(1)了解燃油喷嘴的工作原理及在燃油控制系统中的作用; (2)通过拆装练习基本操作技能,如多个安装位置的拆装习惯,保险丝保险以及英制工具的使用等。		
	一、拆卸 (1)关闭电源并在电源开关上挂上"不要操作"标牌。(Remove the electrical power and install a "DO-NOT-OPERATE" tag on the BAT switch.) (2)打开风扇包皮。(Open the fan cowl panel.) (3)打开反推包皮。(Open the thrust reverser.) (4)用喷枪给要拆卸的燃油喷嘴固定螺栓上喷上渗透油。(Apply the penetrating oil with a spray gun on all the fuel nozzle bolts at the fuel nozzle flange.) (5)在要拆的喷嘴下方放置一个承接露出燃油的容器。(Put a container below the removed fuel nozzle to catch the fuel leakage.) (6)从燃油喷嘴上拆下燃油总管支撑座固定接头。(Remove the connector of the manifold from the fuel nozzle.) (7)往后移动支撑座,直到露出供油管固定螺帽。(Move the shroud connect rearward until you can get access to the coupling nut of the fuel supply line.) (8)从燃油喷嘴上拆下固定螺帽。(Remove the coupling nut from the fuel nozzle.) (9)从燃油喷嘴固定法兰上拆下 3 个固定螺栓。(Remove the three bolts from the fuel nozzle flange.) (10)将燃油喷嘴旋转 90° 后取出。(Turn the fuel nozzle clockwise about 90 degree and then remove it from the combustion case.)		

续表

训练类型	综合技能训练	维修训练工作单	工作单号	FDJ－MX－001
机　　型	波音 737	燃油喷嘴更换(模拟操作)	工作区域	发动机模型
工　　时	4 学时			

工作单内容	工作者	QC
二、安装		

二、安装

(1)更换喷嘴上的 O 形封圈和 C 型垫片。(Install the new O－ring on the fuel nozzle and new C-ring seal into gasket.)

(2)把垫片装到喷嘴底座法兰上。(Put the gasket on the fuel nozzle flange.)

(3)目视检查燃油喷嘴看是否有损伤和污渍。(Visually examine the nozzle for contamination and damage.)

(4)对准把燃油喷嘴安装到燃烧室机匣上。(Point the fuel nozzle tip forward to install the fuel nozzle into the combustion case.)

(5)按照次序安装 3 个固定螺栓。(Install the three bolts according to the demand.)

(6)给这三个螺栓打上 12～14 N·m 的力矩。(Tighten the bolts to 12－14 N·m.)

(7)安装供油管接头螺帽。(Install the coupling nut for fuel supply line.)

(8)给供油管接头螺帽打 14～16 N·m 力矩。(Tighten the nut to 14－16 N·m.)

(9)给 3 个固定螺栓打上保险丝。(Install the lockwire to three bolts.)

以上有关燃油喷嘴的拆卸过程都是以发动机模型为实操样本的,故其中一些操作步骤只能做参考,实际操作时不需做。

续表

训练类型	综合技能训练	维修训练工作单 燃油喷嘴更换（模拟操作）	工作单号	FDJ－MX－001
机　　型	波音737		工作区域	发动机模型
工　　时	4学时			

工作单内容	工作者	QC

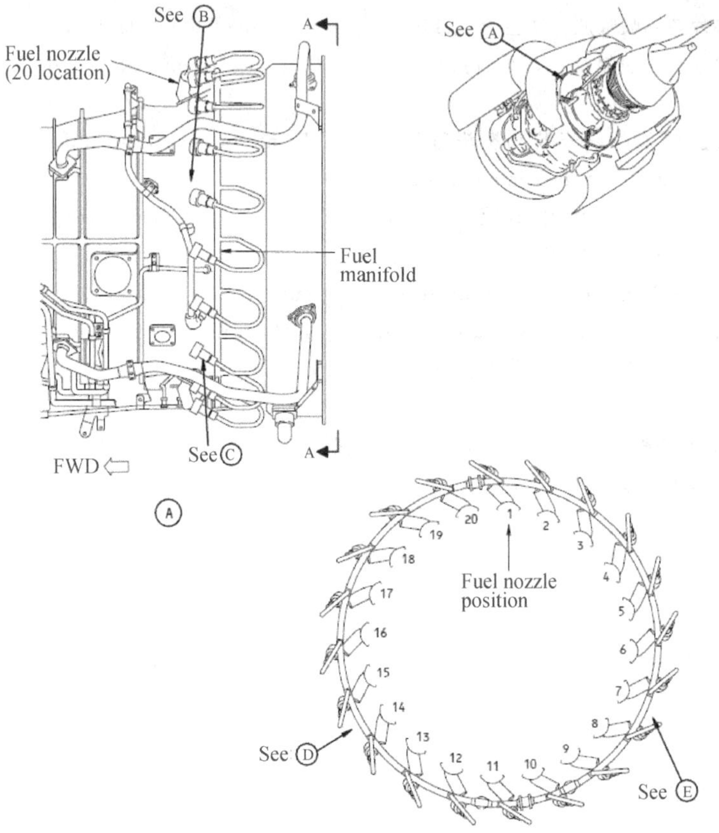

附图4-2　燃油喷嘴拆装

［注］ Fuel nozzle(20 location)—20个位置的燃油喷嘴；Fuel manifold—燃油总管，View in forward direction—往前面的方向看。

第5章　发动机点火系统

5.1　点火系统概述

　　每台发动机有两套相互独立的点火系统,点火系统为发动机燃烧室提供点火电火花。在通常情况下,点火系统是由驾驶员手动操作的,但是,当发动机 EEC 探测到有可能出现熄火的条件时,点火系统也会自动驱动系统工作。在以下 4 种情况下,点火系统会自动工作,以便维持发动机正常运转,其工作情况如图 5-1 所示:

　　(1)地面起动(Ground start);

　　(2)起飞/降落时(Take-off and landing);

　　(3)坏天气飞行过程中(In-flight:During heavy turbulence or bad weather);

　　(4)空中起动(In-flight start)。

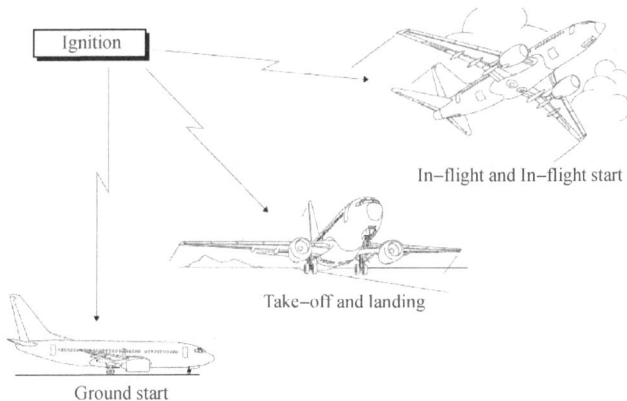

图 5-1　点火系统工作情况示意图

5.2 发动机点火系统组成及工作原理

发动机点火系统由 7 种部件组成：①点火电嘴（Spark igniter）；②点火激励器（Ignition exciter）；③点火电缆（Ignition lead）；④EEC（Engine electrical control）；⑤起动手柄（Start level）；⑥起动开关（Start switch）；⑦点火选择开关（Ignition selector switch）。这些部件的相互连接关系如图 5-2 所示。

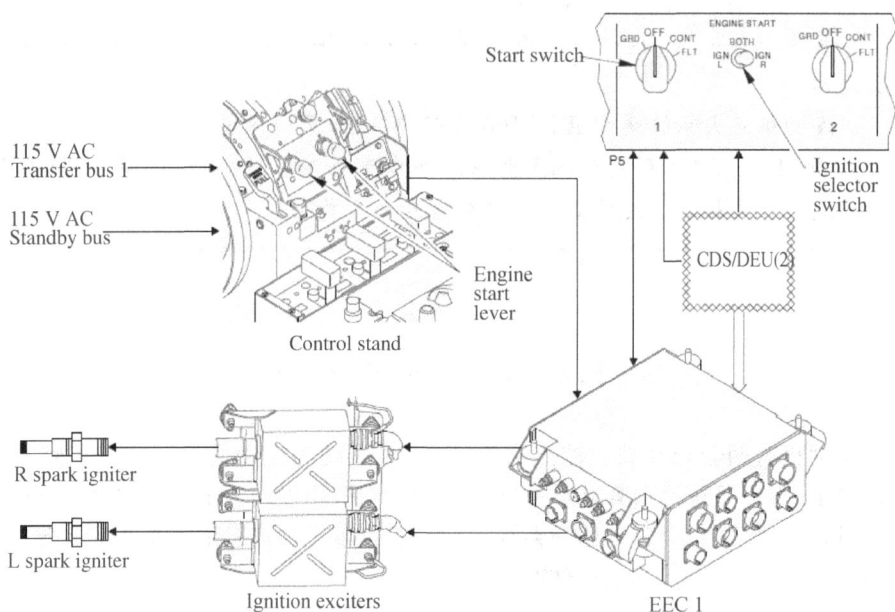

图 5-2 发动机点火系统组成部件关系图

[注] Transfer bus—转换汇流条；Standby bus—备用汇流条；Spark igniter—点火电嘴；Start lever—起动手柄；Control stand—操纵台；Start switch—起动开关；Ignition selector switch—点火选择开关。

5.2.1 点火系统部件安装位置

构成点火系统的 7 类部件的安装位置如下：

(1)点火电嘴。每台发动机有两个点火电嘴，分别安装在发动机核心机 4 点钟和 8 点钟位置，如图 5-3 所示。

(2)点火激励器。每台发动机有两个点火激励器，并列安装在发动机风扇机匣右侧约 5 点钟位置，如图 5-3 所示。

(3)点火电缆。每台发动机有两根点火电缆，分别从点火激励器到左、右两边的点火电嘴，在风扇机匣 6 点钟位置汇合通过冷却管路，该冷却管路将风扇外涵道排出的冷却气引入该组电缆，从而冷却放电热量，如图 5-3 所示。

(4)EEC。EEC 被安装在风扇机匣的右侧约 2 点钟位置处，如图 5-3 所示。

（5）起动手柄。起动手柄被安装在驾驶舱发动机操纵台的推力杆下方，如图 5-3 所示。

（6）起动开关。起动开关被安装在驾驶舱 P5 面板的前部位置附近，如图 5-3 所示。

（7）点火选择开关。点火选择开关被安装在驾驶舱 P5 面板的前部位置附近，如图 5-3 所示。

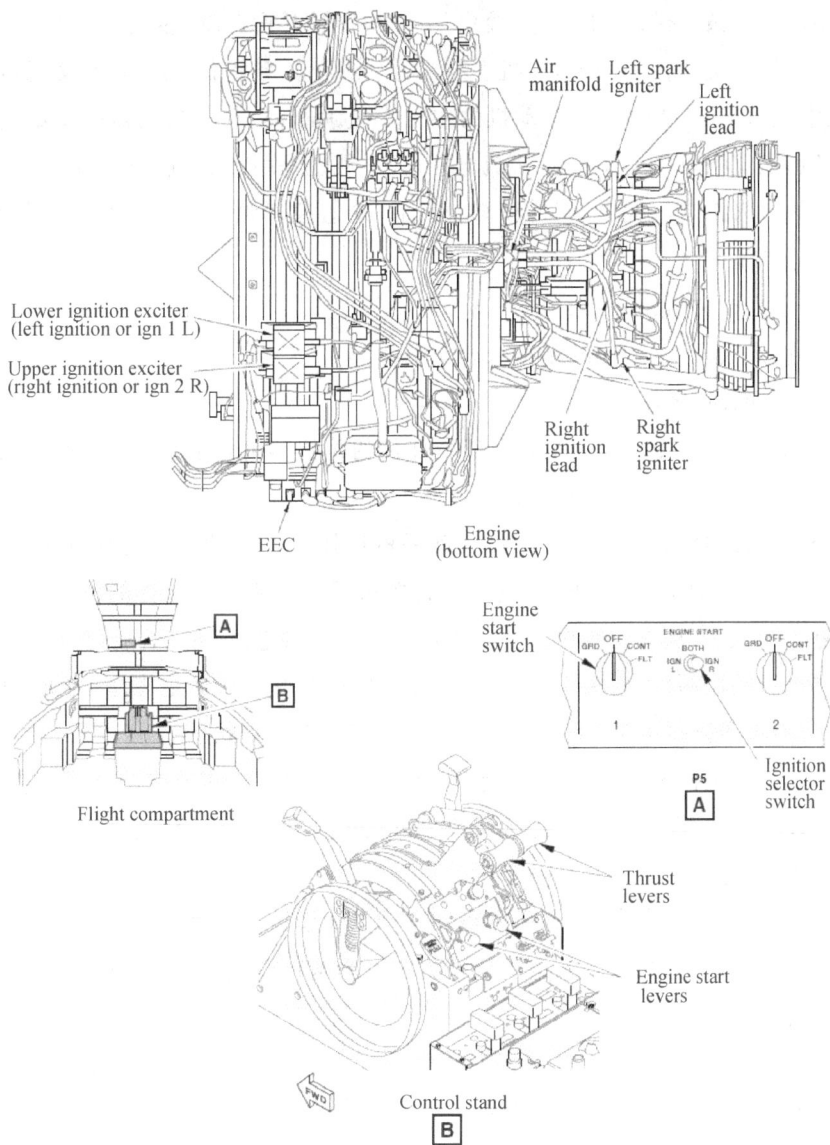

图 5-3　点火系统部件安装位置图

［注］　Lower ignition exciter(left ignition or ign 1 L)—下部点火激励器（左点火激励器）；Upper ignition exciter (right ignition or ign 2 R)—上部点火激励器（右点火激励器）；Air manifold—冷却空气管；Left spark igniter—左点火电嘴；Left ignition lead—左点火电缆；Right spark igniter—右点火电嘴；Right ignition lead—右点火电缆；Engine bottom view—从下部网上看的发动机；Flight compartment—驾驶舱；Engine start switch—发动机起动开关；Ignition selector switch—点火选择开关；Thrust levers—推力手柄；Start levers—起动手柄；Control stand—操纵台。

5.2.2 点火系统工作原理

对于1号发动机(左发)来说,飞机上的1号转换汇流条提供115 V的交流电能给1号EEC,而该电能由EEC再供给该发动机的左点火激励器,右点火激励器的供给电能则来自飞机上的备用汇流条所供的115 V交流电能,该电能也是由EEC转送给右点火激励器的。

对于2号发动机(右发)来说,飞机上的2号转换汇流条提供115 V的交流电能给2号EEC,而该电能由EEC再供给该发动机的左点火激励器,右点火激励器的供给电能则来自飞机上的备用汇流条所供的115 V交流电能,该电能也是由EEC转送给右点火激励器的。

发动机的点火控制过程由EEC和CDS/CDUS监控驾驶舱内的3个部件位置决定的,这3个部件分别是:

(1)点火选择开关(Ignition select switch);

(2)发动机点火开关(Engine start switches);

(3)起动手柄(Start levers)。

EEC通过CDS/CDUS给出的以上三个部件的位置信息,判断如何给点火激励器供给电能,从而完成相应形式的点火过程。

当起动手柄推到怠速位置(IDLE)时,该手柄连接的开关就会接通供往EEC的115 V的交流电能。EEC内部有4个开关,这4个开关再根据上述3个部件的位置信息决定其处于接通还是关闭状态,从而控制对应的点火激励器是否供电。EEC的通道A或通道B分别控制一个点火激励器的供电,由于EEC在某段时间内都是一个通道工作,因此,在某段时间内,只有一套点火激励器可以得到点火电能,另一套处于备用状态。

点火激励器得到的是115 V的交流电能,它会将115 V的交流电能转换为15 000～20 000 V的直流电能供给点火电嘴,从而产生电火花点燃油气混合气。

点火系统部件连接关系如图5-4所示。

发动机的点火过程分为手动点火操纵和自动点火操纵两种方式。

(1)手动点火操纵方式。手动点火操作方式分为两种情况,此时发动机的起动手柄处于"IDLE"位置。

1)起动开关处于"GRD",起动选择开关"L"或"R",对应点火激励器点火。

2)起动开关处于"CONT",起动选择开关"L"或"R",对应点火激励器持续点火。

(2)自动点火操纵方式。自动点火操作方式只有一种情况,此时发动机的起动手柄处于"IDLE"位置,起动开关处于"OFF"或"AUTO",此种情况飞机处于空中飞行阶段,当出现坏天气或剧烈气流涡旋情况下,为防止发动机熄火,EEC会根据情况启动自动点火。

1)起动开关在"FLT"位置,两个点火激励器都点火。

2)起动开关在"GRD"或"CONT"位置,N2转速低于怠速或飞机在空中飞行中。

3)发动机转速无指令下降,或N2转速低于57%,高于50%,此种情况下,两套点火系统同时点火 30 s。

4）飞机在空中飞行中，起动开关位于"OFF"或"AUTO"，N2 转速低于怠速，高于 5％。

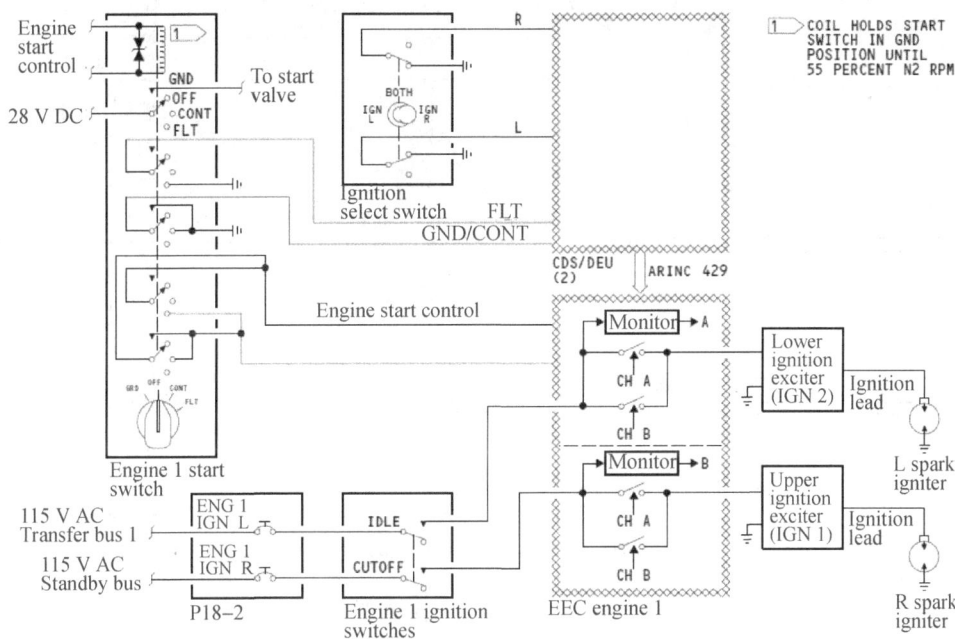

图 5 - 4　点火系统部件连接关系图

［注］　Engine start control—发动机起动操纵；To start valve—到起动活门；Ignition select switch—点火选择开关；Monitor—监控器；Engine start switch—发动机起动开关；Engine 1 ignition switches—1 号发动机点火开关；Spark igniter—点火电嘴；Ignition lead—点火电缆。

当发动机处于下列五种情况中时，EEC 会停止点火操作：

（1）发动机起动开关位置与指令点火操作位置不一致。

（2）地面热起动。

（3）地面湿起动。

（4）发动机起动手柄在"IDLE"位置，飞机在地面，且发动机已完成一次起动，但 N2 转子转速仍然低于 50％，EGT 温度高于起动极限值。

（5）虽然点火系统接通，但是由于 N2 转子转速低于怠速或 N2 转速不受控的降低，导致发动机转速回到正常值。

驾驶舱内三个开关位置的组合不同，点火系统对应不同的点火方式，具体参考图 5 - 5。同时注意以下说明：

（1）1 号和 2 号发动机起动开关的"AUTO"位置与"OFF"位置作用相同。

（2）图中的各种状态，前提是发动机起动手柄都处于"IDLE"位置，也就是 EEC 都通电。

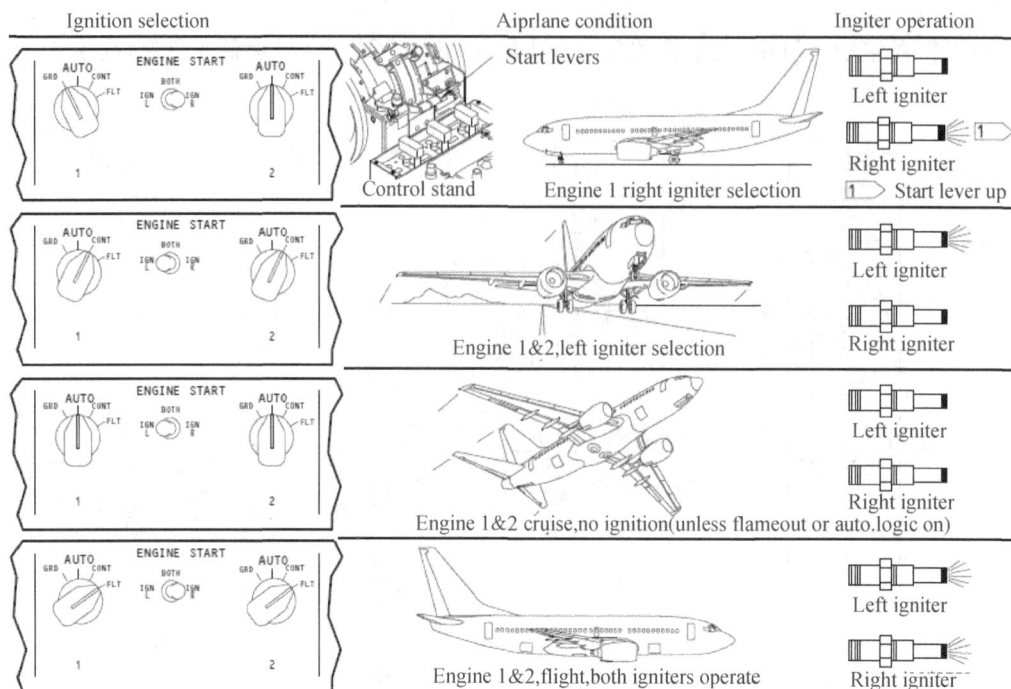

图 5-5 点火方式示意图

复习思考题

1.发动机点火系统共有几个部件？

2.发动机点火系统各部件如何参与作用？

3.解释发动机点火系统的应用场景。

4.手动操作时,点火开关处于"GRD"或"CONT"位置,则选择的点火激励器供电点火,但是,一般点火持续时间到底是多少呢？什么时候需要将点火开关放置到"OFF"位置？不关闭点火开关有没有关系？

5.以上点火方式中,只有自动点火方式中提到,在飞行过程中,当 N2 转速处于 50％～57％时,点火系统自动启动两套点火系统都工作,同时点火 30 s,这是否说明,每次启动点火的时间都是 30 s？

实操训练项目

1.点火系统点火声音功能检查(见表 5-1)。

2.点火电嘴的拆装(见表 5-2)。

表 5 - 1　点火系统点火声音检查工作单

训练类型	综合技能训练	维修训练工作单 点火系统点火声音功能检查		工作单号	FDJ - MX - 001
机　型	波音 737			工作区域	发动机模型
工　时	4 学时				

	工作单内容	工作者	QC
训练目标	熟悉发动机点火系统的常规检查内容以及检查方法。		
	(1)给系统供电。(Supply the electrical power.) (2)干运转发动机排掉发动机内部的剩余燃油。(Do the procedure to dry motor theengine to remove the remaining fuel from the gas path.) (3)打开起动活门断路器并挂上警告牌。(Open the engine start valve circuit breakers and attach a DO - NOT - CLOSE tag.) (4)关闭双发的点火开关断路器。(Make sure close all these circuit breakers：ENG 1 L IGN，ENG 1 R IGN，ENG 2 L IGN，ENG 2 R IGN.) (5)打开风扇包皮。(Open the fan cowl panel.) (6)打开反推包皮。(Open the thrust reverser.) (7)用点火选择开关放到"双发"点火位置做声音测试。(Do the audible test of the ignition system with the igniter selector switch is in the BOTH position.) 1)将发动机的起动手柄推到怠速位置。(Move the start level for the applicable engine to the IDLE position.) 2)将发动机的起动起动开关放到地面起动位置（GRD）。(Move and hold the applicable ENGINE START switch to the "GRD" position.) 3)将发动机起动选择开关放到"双发"起动位置。(Move the selector switch on the ENGINE START module to the"BOTH" position.) 4)确保听到点火电嘴的点火声音。(Make sure you hear the two engine spark igniter fire.) 备注:可以用点火试验台进行点火系统声音测试,并观察点火火花。		

表 2　点火电嘴的拆装工作单

训练类型	综合技能训练	维修训练工作单 点火电嘴的拆装	工作单号	FDJ－MX－001
机　　型	波音 737		工作区域	发动机模型
工　　时	4 学时			

	工作单内容	工作者	QC
训练目标	了解发动机点火系统的结构组成和部件拆装注意事项,熟练掌握基本拆装技能以及英制工具使用。		
	一、拆卸 　(1)打开对应点火电嘴断路器开关,并挂上警告牌。(Open the circuit breaker and attach a DO－NOT－CLOSE tag for the applicable igniter that will be removed.) 　(2)打开左右风扇包皮。(Open the left and right fan cowl panel.) 　(3)放掉点火激励器内的高压电。(Do these steps to release the high voltage from the ignition exciter.) 　1)把起动开关板到关闭(OFF)位置。(Set the start switch to the OFF position.) 　2)停止操作,等待 2 分钟以上时间。(Stop and wait for a minimum of 2 minutes.) 　3)从点火电嘴接头上断开点火电缆端头。(Disconnect the exciter－to－igniter cable terminal from the igniter plug.) 　(4)对于型号 3 类型的点火电嘴,请按照下列次序拆卸。(Do these steps to remove the type 3 spark igniter.) 　1)打开第一个环的卡箍。(Open the thirst loop clamp.) 　2)从卡箍处拆掉点火电缆。(Remove the lead from the clamp.) 　3)用专用工具 856A2007P01 拧松接头。(Loosen the connector that is threaded with a removal tool 856A2007P01.) 　4)拆掉接头并从燃烧室壳体中垂直拔出点火电嘴和点火电缆。(Remove the connect and pull the ignition lead and spark igniterstraight out from the combustion case.) 　5)拆下时,要确保点火电嘴不从点火电缆上掉落。(Make sure the spark igniter does not fall out of the ignition lead when you remove it.) 　6)小心地从点火电缆中拔出点火电嘴。(Carefully pull the spark igniter free from the ignition lead.) 　7)给拆下的点火电缆和点火电嘴端头盖上防尘盖。(Install a dust caps on the ignition lead and spark igniter boss.) 　备注:不同类型的点火电嘴拆卸方法不同,需参照对应类型电嘴拆卸程序。		

续表

训练类型	综合技能训练	维修训练工作单 点火电嘴的拆装		工作单号	FDJ - MX - 001
机　　型	波音 737			工作区域	发动机模型
工　　时	4 学时				

工作单内容	工作者	QC
二、安装 （1）给点火电嘴安装座螺纹涂上一薄层润滑脂（CP2101）。（Lightly apply a layer of grease CP 2101 to the thread of the spark igniter boss.） （2）小心的将点火电嘴装到点火电缆的一端。（Carefully put the spark igniter in the end of the ignition lead.） （3）把点火电缆和电嘴一起装到电嘴安装座上。（Put the ignition lead in the spark igniter boss.） 1）上紧接头并施加 39～33 N·m 的力矩。（Tighten the connect to 29 - 33 N · m.） 2）安装并上紧电缆上的第一个卡箍。（Install and tighten the first clamp on the lead when it is necessary.） 备注：不同类型的点火电嘴安装方法不同，需参照对应类型电嘴安装程序。		

续表

训练类型	综合技能训练	维修训练工作单 点火电嘴的拆装	工作单号	FDJ-MX-001
机　型	波音737		工作区域	发动机模型
工　时	4 学时			

工作单内容	工作者	QC

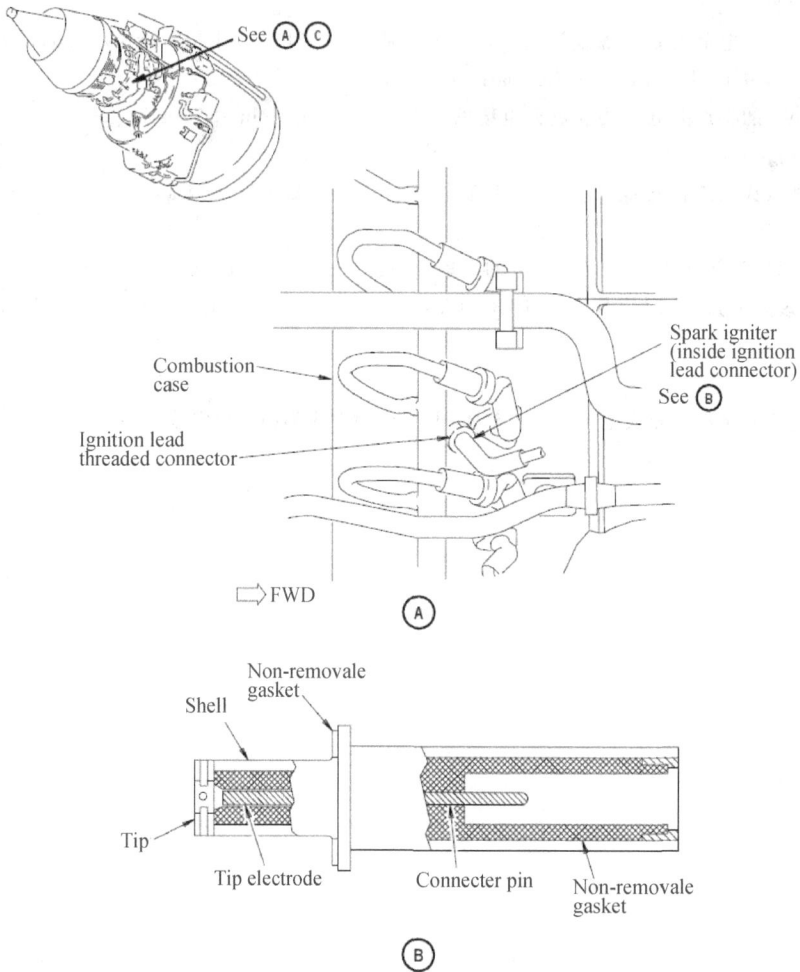

附图 5-1　点火电嘴拆装示意图

[注]　Combustion case—燃烧室机匣；Ignition lead threaded connector—点火电缆螺纹接头；Spark igniter（inside ignition lead connector）—点火电嘴（装在点火电缆街头内）；Non-removale gasket—不可拆垫片；Shell—护罩；Tip electrode—头部电枢；Connecter pin—接头插针。

第6章 发动机空气系统

6.1 发动机空气系统概述

　　发动机空气系统包括发动机涡轮间隙控制(Engine turbine clearance control)和发动机压气机气流控制(Engine compressor airflow control)两大方面的功能,发动机涡轮间隙控制又包括高压涡轮间隙控制(HPTACC)和低压涡轮间隙控制(LPTACC)。涡轮间隙控制是指空气系统自动调节涡轮转子叶片尖端与涡轮机匣壳体支撑座之间的间隙,一般情况下,需要将该间隙调节控制到最小,从而达到节省功率损耗,节省燃油的目的。但在某些动力状态下,空气系统需要调节高压涡轮间隙,使之适当增加,以防止高压涡轮叶片叶尖碰到机匣壳体。

　　压气机气流控制的目的是防止发动机失速喘振,发动机失速喘振包括低转速状态和高转速状态的气流控制两部分。压气机气流控制包括低压压气机气流控制和高压压气机气流控制,低压压气机气流控制由低压压气机可变放气活门(VBV)组成,高压压气机气流控制由和高压压气机瞬时引气活门(TBV)和高压压气机静子叶片偏转活门(VSV)组成。

　　(1)VBV 的作用是:发动机起动时,若 VBV 处于打开状态,则可以将低压压气机的排出气体少部分的排出,以防止气流堵塞而发生喘振,随着发动机转速的提高,VBV 逐步关闭;另外,当发动机急减速时,VBV 也要自动打开,排出部分低压压气机出口排气,以防喘振。

　　(2)TBV 的作用是发动机启动和加速时,将高压压气机第 9 级的出口空气直接引出一部分送到低压涡轮的进口,以防止高压压气机在起动和加速过程中出现喘振情况。

（3）VSV 的作用是随着发动机转速的不断提高，在 N2 转速达到一定值后（接近 5 000 rpm），HPC 的前三级静子叶片由 VSV 驱动偏转一个角度，从而适应高转速时的气流方向，以防止高压压气机（HPC）出现失速喘振情况。

6.2　发动机空气系统组成及原理

从发动机空气系统的概述中我们已经知道，空气系统包括 2 大类：涡轮间隙控制和压气机气流控制。细分下来看，涡轮间隙控制又包括 HPTACC 和 LPTACC，而压气机气流控制又包括 VBV、TBV 和 VSV，两大类合计共有 5 个子系统，这 5 个子系统的控制都由 EEC 和 HMU 配合完成，其控制过程参考图 6-1 所示。

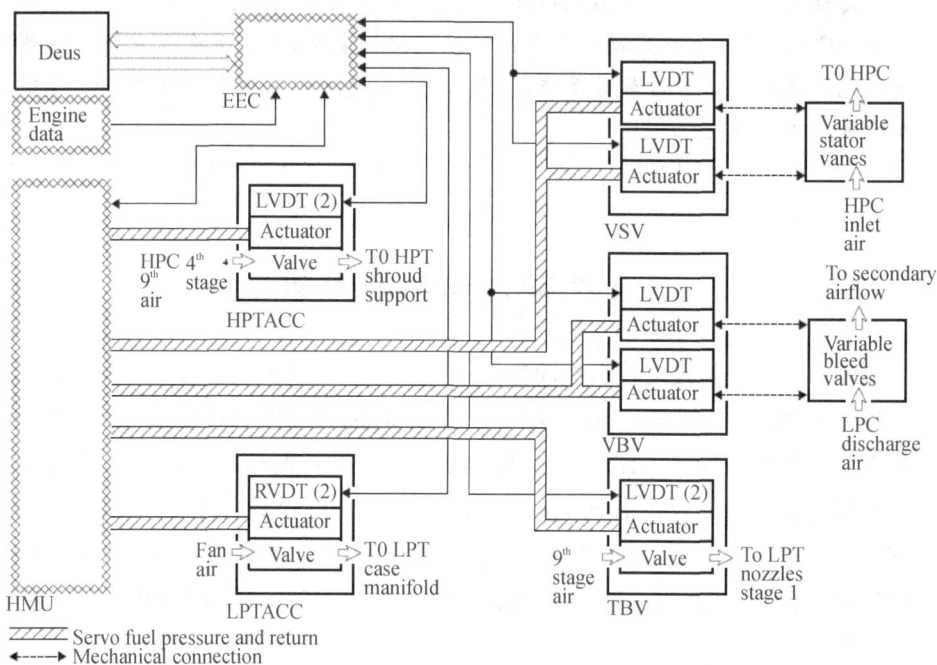

图 6-1　空气系统控制过程原理图

　［注］　Actuator—作动筒（器）；Variable stator vanes—可变静子导流叶片；Variable bleed valves—可变引气活门；HPC inlet air—高压压气机引气；Secondary airflow—次级空气流；LPC discharge air—低压压气机排气；LPT nozzles stage 1—1 级低压涡轮进气口；LPT case manifold—低压涡轮机匣总管；HPT shroud support—高压涡轮支撑座；Servo fuel pressure and return—伺服压力燃油及回油路；Mechanical connection—机械电插头。

EEC 根据从 EDUS 和发动机获得的数据参数，通过计算获得对应的控制参数，并将这些控制参数发给 HMU 内部相应控制活门，活门打开适当的开度供给压力燃油，压力燃油作为工作介质，推动 HPTACC、LPTACC、VSV、VBV 或 TBV 内的作动筒动作，从而完成对应的控制工作。

6.2.1　高压涡轮间隙控制(HPTACC)

HPTACC 的目的是将高压压气机(HPC)中 9 级和 4 级的空气在 EEC 控制之下,以合适的比例引入到高压涡轮机匣支撑座内部,通过冷却该支撑座达到控制该支撑座和涡轮叶片叶尖之间的间隙的目的。一般情况下,该间隙需要控制到最小才能达到提高发动机效率、节省燃油消耗的目的,但是在发动机高功率状态或不稳定状态下,该间隙需要控制稍微大一些,以达到防止涡轮叶片叶尖碰触到支撑座的目的。

HPTACC 由 HPTACC 活门(包含 4 级引气管路、9 级引气管路以及 HPTACC 总管)三类部件组成,如图 6-2 所示。

将 HPTACC 安装在发动机右侧高压压气机段约 3 点钟位置,参见图 6-3。

该活门将高压压气机 9 级和 4 级的引气通过合适的比例引出,然后通过总管将这股冷却空气送到高压涡轮机匣 6 点钟位置和 12 点钟位置——高压涡轮机匣支撑座内部。

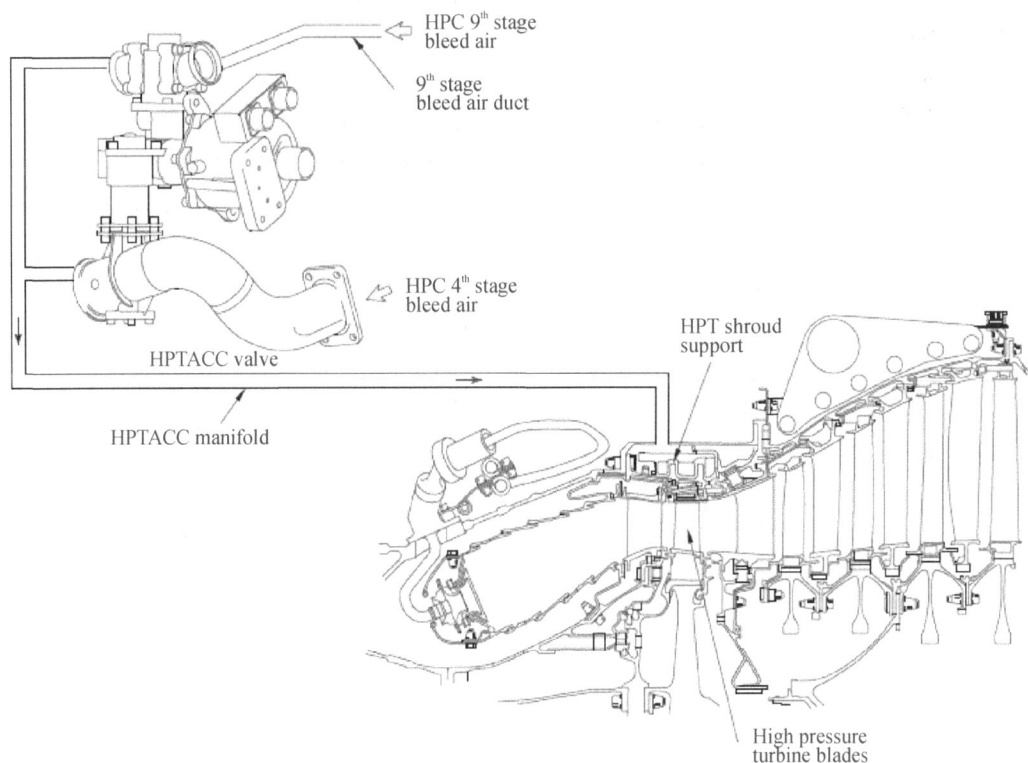

图 6-2　部件位置关系图

[注]　HPC 9th stage bleed air—高压压气机 9 级引气;Duct—管道;HPTACC valve—HPTACC 活门;Manifold—总管;HPT shroud support—高压涡轮支撑座;High pressure turbine blades—高压涡轮叶片。

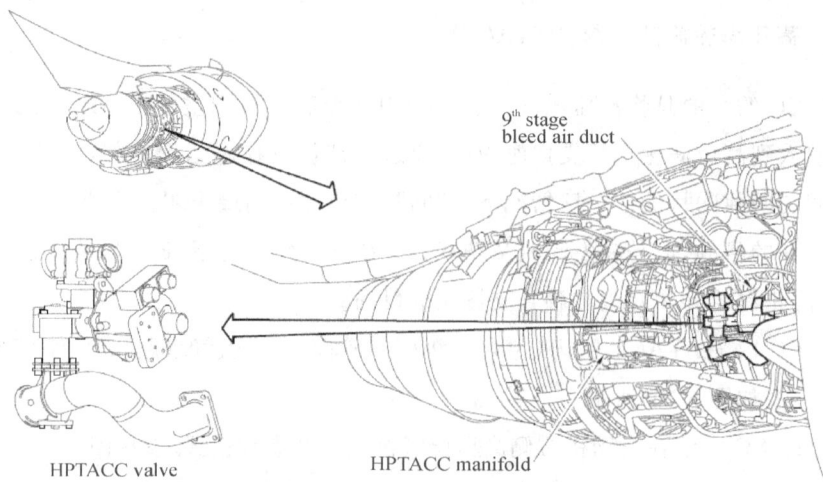

图 6-3 部件安装位置图

HPTACC 的引气活门由发动机 EEC 和 HMU 配合控制,控制原理如图 6-4 所示。EEC 根据下面 4 个数据控制 HPTACC 活门的开度,从而通过控制冷却气流的量,达到控制高压涡轮间隙的目的。

(1)大气压力(Ambient pressure,用 P0 表示)。

(2)发动机高压转子转速(High compressor speed,用 N2 表示)。

(3)压气机排气温度(Compressor discharge air temperature,用 T3 表示)。

(4)高压涡轮支撑座温度(HPT shroud support temperature,用 TCC 表示)。

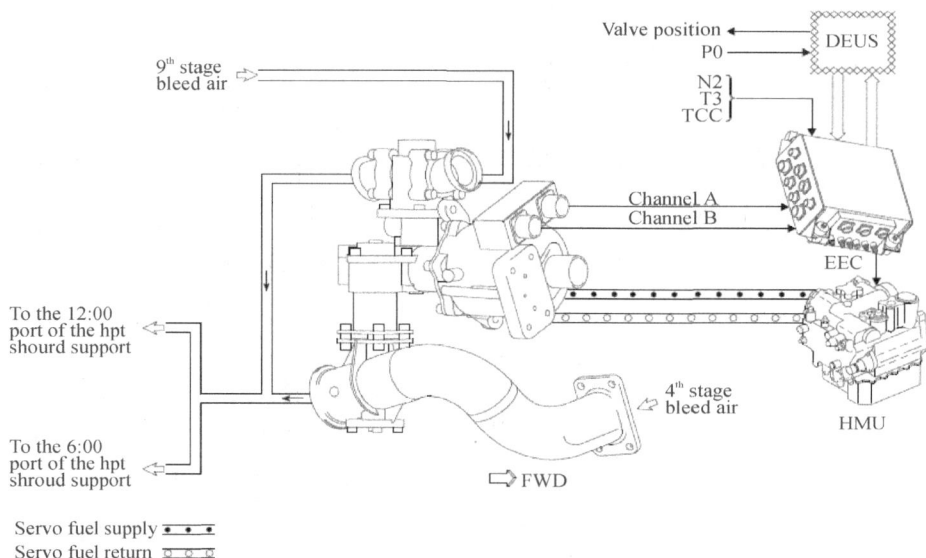

图 6-4 HPTACC 控制原理

[注] To the 12:00 port of the hpt shourd support—到 12 点钟高压涡轮支撑座进气口;To the 6:00 port of the hpt shroud support—到 6 点钟高压涡轮支撑座进气口;Servo fuel supply—伺服燃油供油;Servo fuel return—伺服燃油回油;Valve position—活门位置。

根据 P0、N2、T3、TCC 数据,EEC 给 HMU 发出指令,HMU 根据该指令将伺服压力燃油送给 HPTACC 活门,该活门在压力燃油的作用下适当打开,从而控制高压压气机 9 级和 4 级的冷却空气引气量,进而达到控制高压涡轮间隙的目的。

HPTACC 活门的开度共有 5 种类型,分别对应不同的引气比例:

(1)无引气。此时作动筒全部收回,高压压气机 4 级和 9 级活门全部关闭,发动机处于关车状态,这种状态下,高压涡轮间隙处于最大状态。

(2)低流量 9 级引气。EEC 控制作动筒伸出约 8% 状态,此时 9 级引气活门打开一小部分,4 级引气活门任然处于关闭状态,将少量的 9 级高压压气机冷却空气引入高压涡轮机匣支撑座内部,用于冷却该支撑座。

(3)高流量 9 级引气。EEC 控制作动筒伸出 37% 状态,此时 9 级引气活门全部打开,4 级引气活门任然处于关闭状态,该状态可以冷却高压涡轮机匣支撑座多一点。

(4)混合引气。EEC 控制作动筒伸出 38%～99% 状态,此时 9 级引气和 4 级引气都打开,但是需要按照 EEC 计算的打开量打开这两个活门,从而完成高压涡轮机匣支撑座的冷却任务。

(5)4 级引气活门引气。此时的作动筒处于全部 100% 伸出状态,9 级引气活门关闭,4 级引气活门全部打开,该引气的温度更低些,所以可以达到更好地冷却效果,此时的高压涡轮间隙最小。

6.2.2　低压涡轮间隙控制(LPTACC)

低压涡轮间隙控制是将发动机风扇排出的冷却气流引入到低压涡轮机匣外壳体表面,通过冷却该表面达到降低热胀程度,进而减小低压涡轮转子叶片和涡轮机匣壳体之间的间隙,达到提高发动机功率,降低燃油消耗的目的。

LPTACC 主要由低压涡轮间隙控制活门(LPTACC VALVE);低压涡轮间隙控制空气导管(LPTACC AIR DUCT);以及低压涡轮间隙控制总管(LPTACC MANIFOLD)组成,具体如图 6-5 所示

LPTACC 活门和引气导管都安装在发动机右侧高压压气机段约 4 点钟位置附近,LP-TACC 总管则安装在低压涡轮机匣外部,其中共有 6 根环形冷却管路,管路靠近涡轮机匣那一面,有连续的排气小孔来将冷却气流吹向发动机低压涡轮机匣表面。

部件的安装位置如图 6-6 所示。

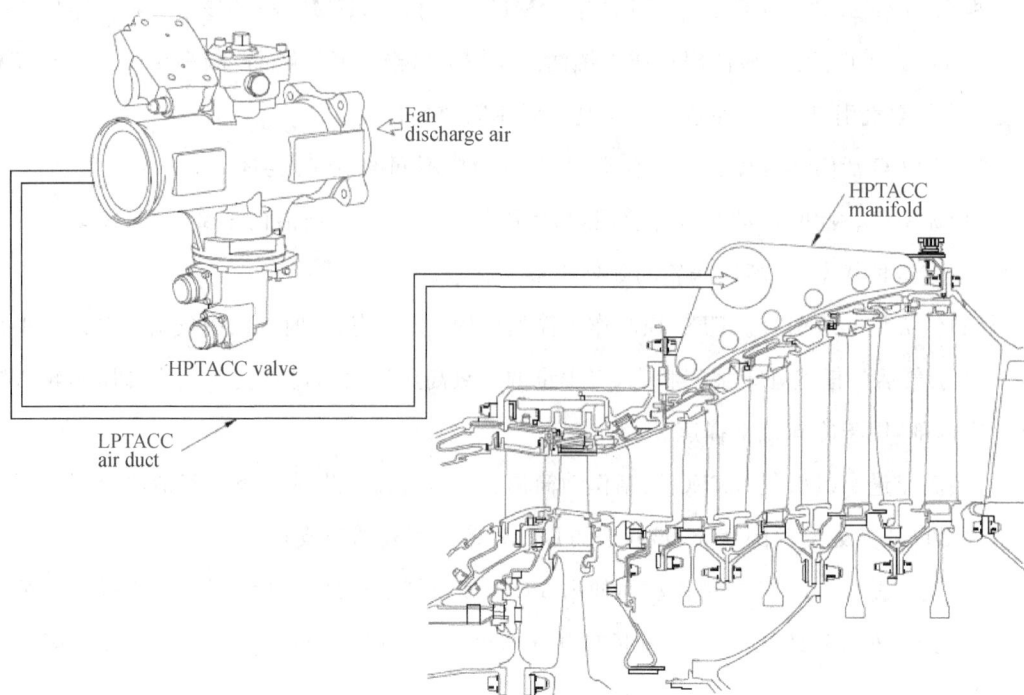

图 6-5 LPTACC 部件组成及位置关系

［注］ Fan discharge air—风扇排气。

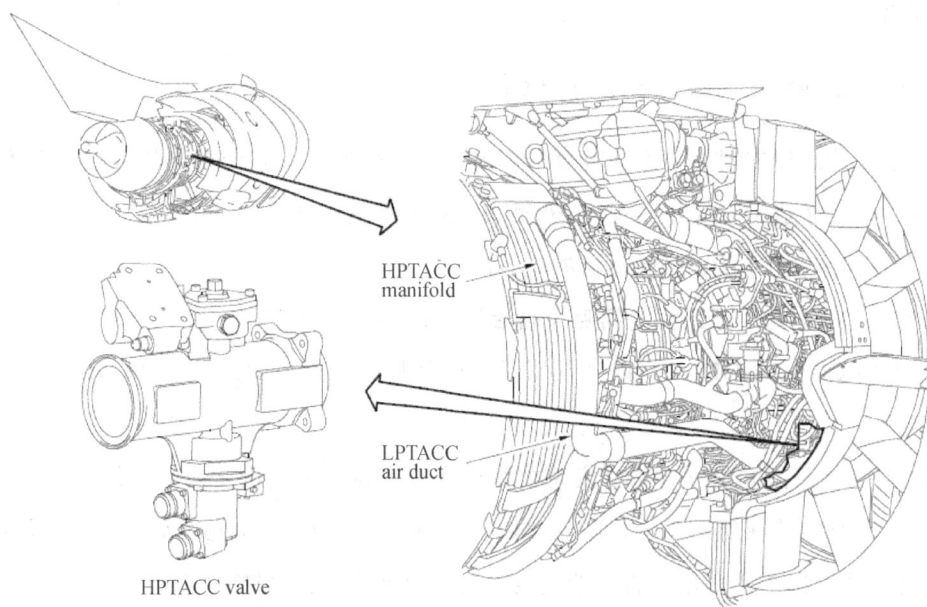

图 6-6 部件安装位置示意图

［注］ valve—活门;air duct—空气导管;manifold—空气总管。

低压涡轮间隙控制原理

LPTACC 的控制由 EEC 和 HMU 配合完成,控制过程参见图 6-7 所示

EEC 根据 5 个参数控制 LPTACC 活门的开度:PT、P0、TAT、N1、EGT。

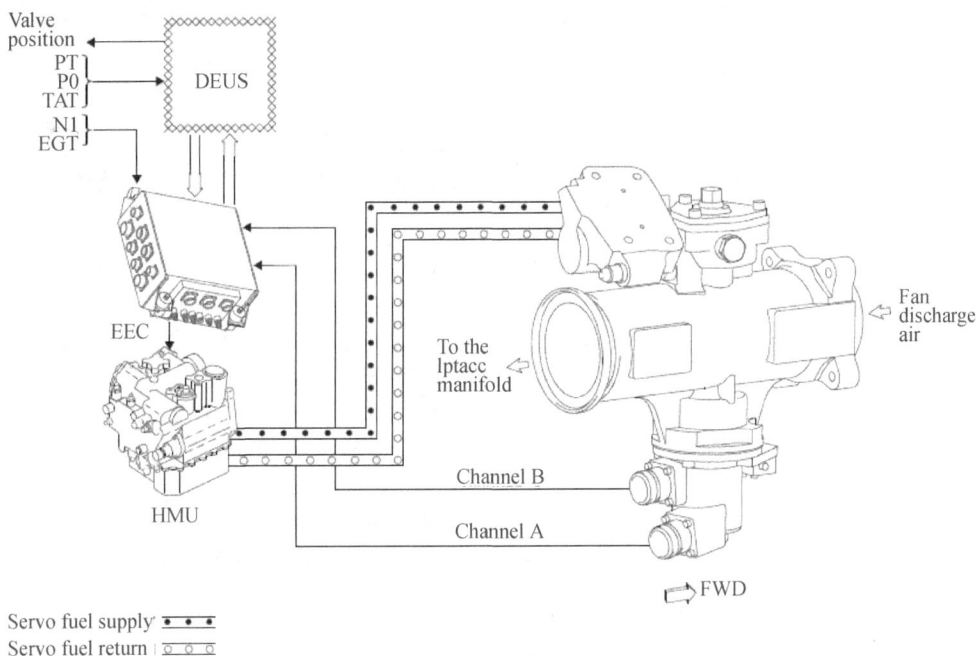

图 6-7　LPTACC 控制原理图

〔注〕　Valve position—活门位置;Fan discharge air—风扇排气;To the lptacc manifold—到低压涡轮间隙控制总管;Servo fuel supply—伺服压力油供油;Servo fuel return—伺服压力油回油。

　　EEC 根据 PT(外界空气总压)、PO(外界大气压力)、TAT(空气总温)、N1(低压转子转速)、EGT(排气温度)5 个参数,计算出需要引出发动机风扇排气的量,通过发出指令给HMU,HMU 则根据该指令将一定量的伺服压力燃油供给 LPTACC 作动筒,作动筒将LPTACC活门打开一定的大小,将一定量的发动机风扇排气引出,经过引气导管将冷却空气通到总管并排向低压涡轮机匣表面,接着到达冷却低压涡轮机匣,从而完成 LPTACC 控制的目的。

6.2.3　瞬时引气活门(TBV)

　　瞬时引气活门(Transient bleed valve)是在发动机起动或急加速阶段,将高压压气机 9级的部分空气直接跨过燃烧室引入到低压压气机的进口,以提高发动机的喘振余度。该活门只有全打开和全关闭两个位置。

　　TBV 系统由 TBV 活门和 TBV 引气总管构成,其外观示意图如图 6-8 所示。

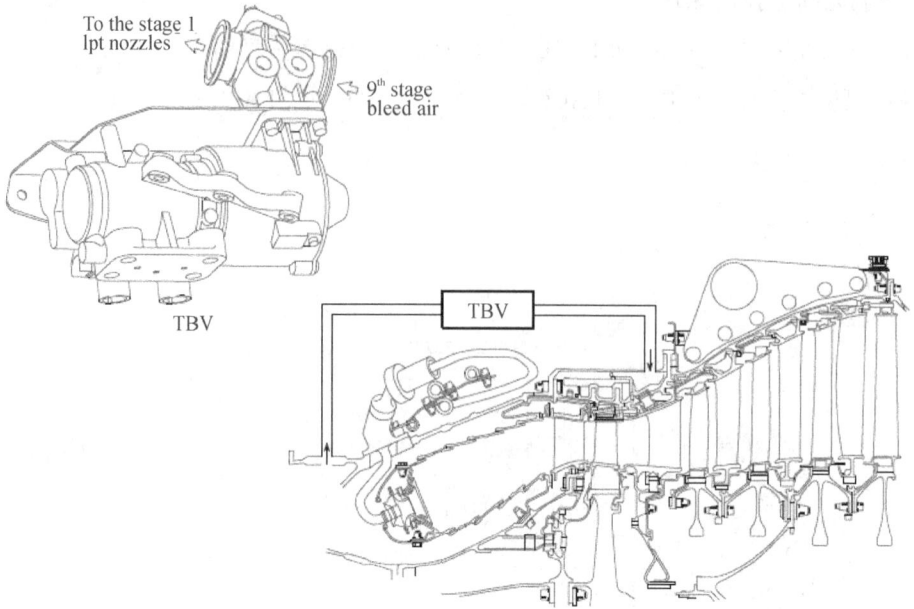

图 6-8　TBV 活门外观示意图

［注］　9th stage bleed air—9 级引气；To the stage 1 lpt nozzles—到低压涡轮 1 级进气口。

TBV 活门安装在高压涡轮机匣 6 点钟位置；TBV 引气总管安装在高压涡轮机匣 5 点钟位置左右，安装位置示意图如图 6-9 所示。

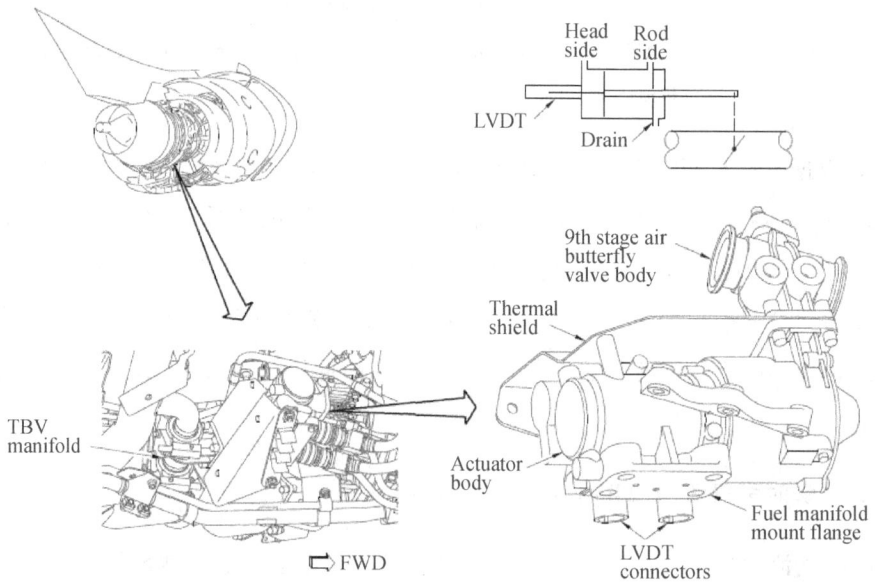

图 6-9　TBV 活门安装位置示意图

［注］　Actuator body—作动筒壳体；Thermal shield—安装边；Butterfly valve body—蝶形活门壳体；Fuel manifold mount flange—燃油管路安装法兰边；LVDT connectors—位置传感器接头；Head side—头端；Rod side—推杆端。

TBV 活门的动作,由 EEC 根据 N2 和 T25 的数据,结合 HMU 综合控制,TBV 控制过程如图 6 - 10 所示。

(1)在发动机起动过程中,N2 转速在到达急速之前,TBV 活门打开,达到引气防喘目的;

(2)在发动机加速过程中,N2 转速在急速和 76% 转速之间时,TBV 活门也打开,引气防喘;

(3)在发动机加速过程中,N2 介于 76%~80% 时,TBV 活门是否打开,取决于 T25 的值;

(4)在发动机加速过程中,当 N2 转速大于 80% 时,TBV 活门全部关闭。

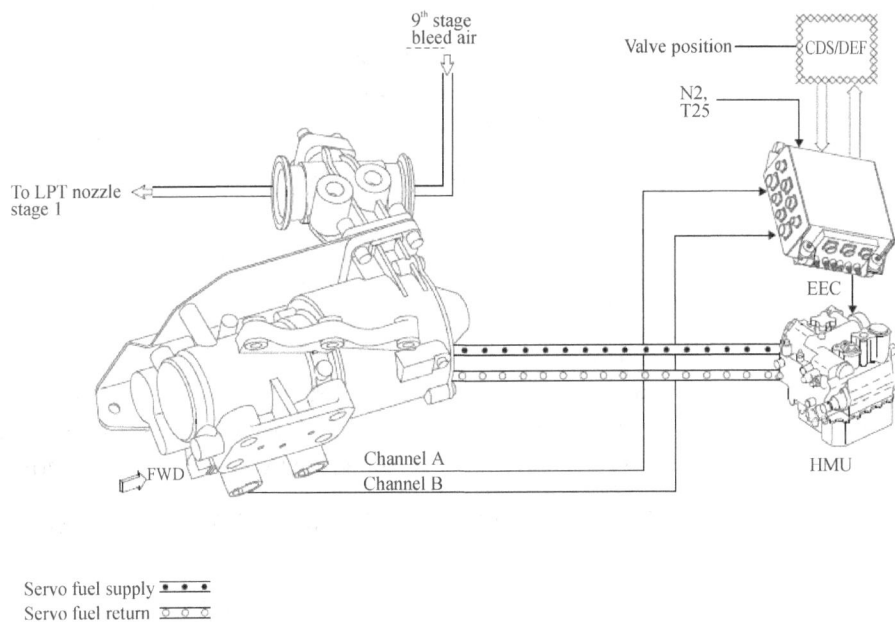

图 6 - 10　TBV 系统控制原理图

［注］　Servo fuel supply—伺服燃油供给;Servo fuel return—伺服燃油回油;To LPT nozzle stage 1—到低压涡轮一级进口;9th stage bleed air—9 级引气。

EEC 根据 N2 转速和 T25 温度值,确定给出控制信号给 HMU,HMU 则根据该信号确定给 TBV 作动筒供给压力燃油,从而控制 TBV 活门,TBV 活动要么处于打开位置,引气防喘,要么关闭 TBV 活门,让发动机处于最佳工作状态,减少动力损失。

6.2.4　可变静子导流叶片(Variable stators vanes,VSV)

VSV 系统的高压压气机进口导流叶片和前三级静子导流叶片,在 N2 转速达到一定值时,通过偏转一个角度,以适应更高转速下高压压气机的工作,防止出现高速喘振的情况发生。

VSV 系统(见图 6 - 11)由以下 4 类部件组成:

(1)2 个 VSV 作动筒(Two VSV actuators);

(2)2 个摇臂组件(Two bell—crank assembles);

(3)4 个作动环组件(Four actuation rings);

(4)可变静子导流叶片(Variable stator vanes)。

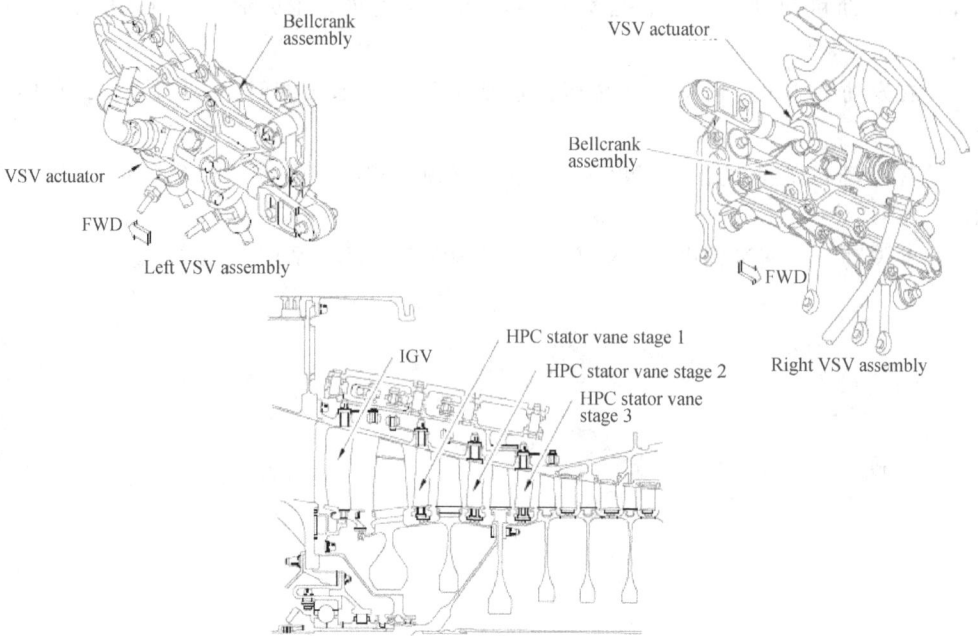

图 6-11　VSV 系统组成部件外观示意图

[注]　VSV actuator—VSV 作动筒;Left VSV assembly—左侧 VSV 组件;Bellcrank assembly—摇臂组件;HPC stator vane stage 1—高压压气机 1 级静子叶片;IGV—进口导流叶片;Right VSV assembly—右侧 VSV 组件。

VSV 作动筒和摇臂组件共同组成了作动部件,共有两个,分别安装在高压压气机机匣外侧约 2 点钟位置处和 8 点钟位置处,安装位置示意图如图 6-12 所示。

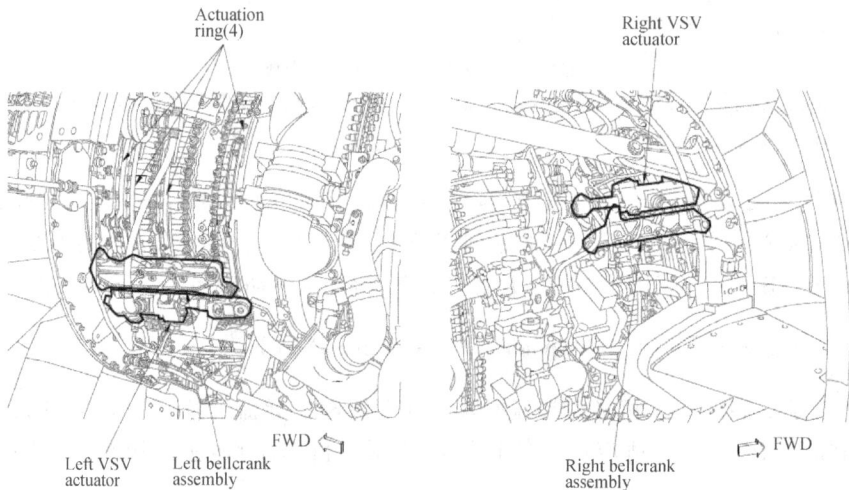

图 6-12　VSV 系统部件安装位置图

[注]　Actuation ring(4)—4 个作动环;Right VSV actuator—右侧 VSV 作动筒;Right bellcrank assembly—右侧摇臂组件;Left VSV actuator—左侧 VSV 作动筒;Left bellcrank assembly—左侧摇臂组件。

EEC 采集并分析空气总温（TAT）、外界空气总压（PT）、大气压力（P0）、低压转子转速（N1）、高压转子转速（N2）、高压压气机进口空气温度（T25）这 6 个参数,再通过计算得出控制信号给 HMU,HMU 根据该信号给出控制压力燃油给 VSV 作动筒,作动筒带动摇臂组件再推动作动环移动,作动环带动 4 组静子偏转一个角度,从而完成整个操作过程,其控制原理如图 6 - 13 所示。

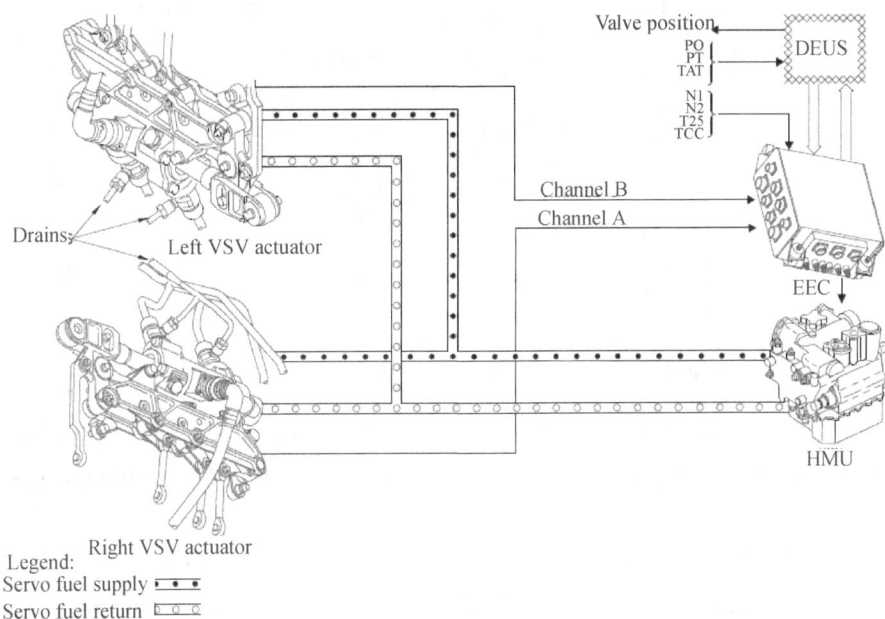

图 6 - 13　VSV 系统控制原理图

　　［注］　Drains—余油排放口；Left VSV actuator—左侧 VSV 作动筒；Right VSV actuator—右侧 VSV 作动筒；VSV position—VSV 位置；Servo fuel supply—伺服燃油供油；Servo fuel return—伺服燃油回油。

当 N2 转速在急速时,4 级可变静子叶片处于关闭状态；随着 N2 转速的逐步增加,4 级可变静子叶片随之逐步打开；当 N2 转速达到 95% 并进一步增大时,4 级可变静子叶片处于全部打开状态；当发动机处于低高度、低总空气温度或结冰情况时,4 级可变静子叶片处于关闭状态；当发动机 N1、N2 转速均小于急速时,4 级可变静子叶片处于关闭状态。

6.2.5　可变引气活门（Variable Bleed Valve,VBV）

VBV 系统的目的是将低压压气机的出口气流排出一部分到外涵道,以达到防喘目的。只有当发动机处于以下三种情况时,VBV 系统才工作：①当发动机处于起动阶段时；②当发动机处于急减速阶段时；③当发动机反推打开阶段时,VBV 活门会打开,排出部分阻塞空气到外涵道,防止发动机出现喘振情况。

VBV 系统主要由 VBV 作动筒（VBV Actuator）、VBV 作动环（VBV Actuation ring）和引气门三大部件组成,部件外观示意图如图 6 - 14 所示。

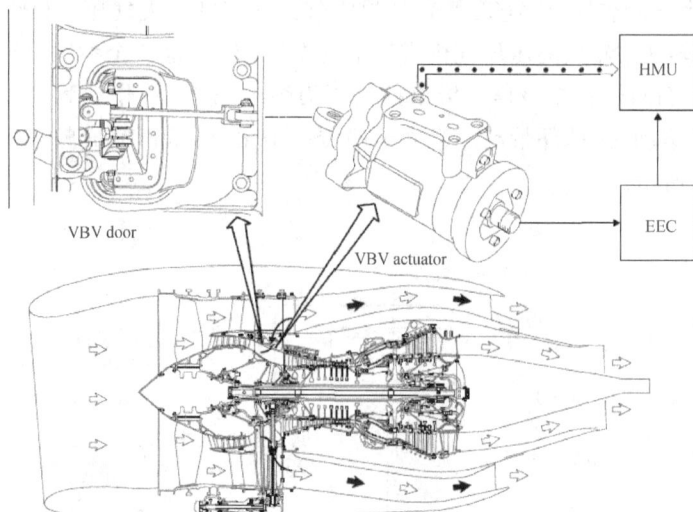

图 6-14　VBV 组成部件外观示意图

[注]　VBV door—VBV 排气门；VBV actuator—VBV 作动筒。

　　CFM56-7B 发动机共有 2 个 VBV 作动马达，分别安装在内侧风扇机匣后端面右侧 4 点钟位置处和左侧 10 点钟位置处，作动环和 VBV 排气门则均布在内侧风扇机匣的后部区域。

　　VBV 共有 2 个作动马达连接到 2 个主排气门，这 2 个主排气门通过作动环和曲柄机构与另外 10 个排气门相连接。当作动马达动作时，主排气门通过推杆打开，该排气门再带动作动环动作，作动环带动另外 10 个曲柄动作，将另外 10 个排气门都打开，从而达到排气的目的。部件之间的关系如图 6-15 所示。

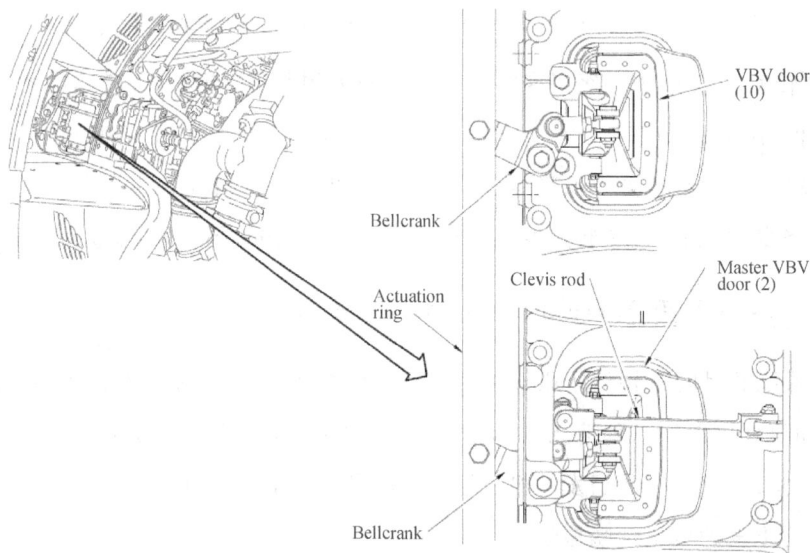

图 6-15　VBV 机械部件原理图

[注]　Bellcrank—曲柄；Actuation ring—作动环；Clevis rod—推杆；Master VBV door—主 VBV 排气门。

VBV 作为发动机伺服系统,也是由 EEC 配合 HMU 完成整个控制过程的。

EEC 需根据飞机或发动机上提供的 8 个参数,通过计算后发出控制指令给 HMU,HMU 再将控制指令转换成伺服压力燃油供给 VBV 作动马达,作动马达工作,打开排气门,放出可能的堵塞空气,从而完成防喘的目的,EEC 需要的 8 个参数如下:

(1)外界大气压力(P0);

(2)外界空气总压(PT);

(3)外界大气总温(TAT);

(4)高压压气机进口空气温度(T25);

(5) VSV 位置(VSV position);

(6)低压转子转速(N1 speed);

(7)高压转子转速(N2 speed);

(8)反推手柄角度。

控制原理图如图 6 - 16 所示。

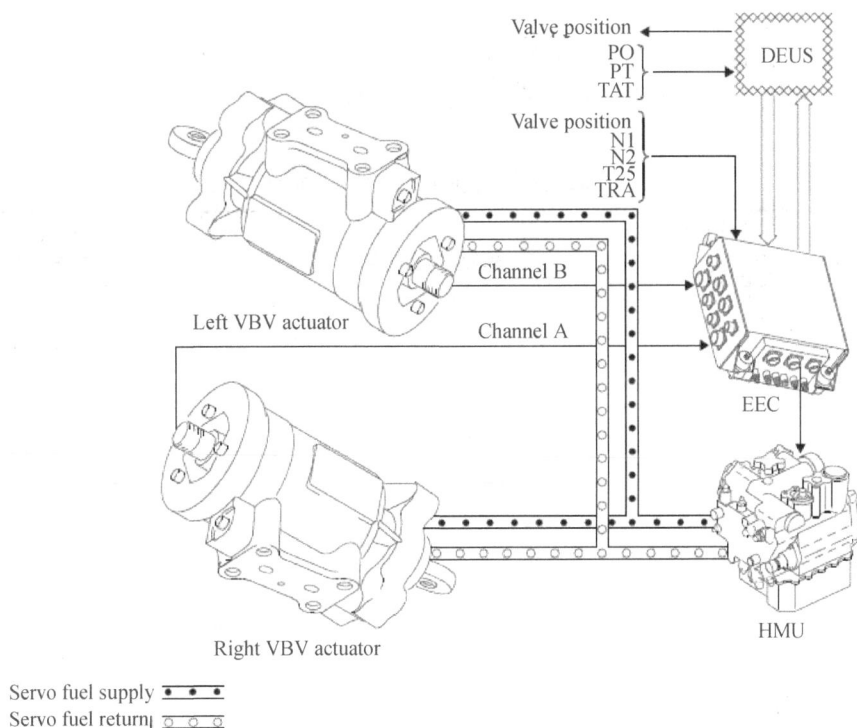

图 6 - 16 VBV 控制系统原理图

[注] Left VBV actuator—左侧 VBV 作动筒;Right VBV actuator—右侧 VBV 作动筒;VSV position—VSV 位置; Servo fuel supply—伺服压力燃油;Servo fuel return—伺服燃油回油。

一般情况下,在发动机启动后,随着发动机转速的提高,VBV 活门逐步关闭,当 N1 转速达到 80% 以上时,VBV 活门完全关闭。在特殊情况下,EEC 会发出指令,让 VBV 活门打开,所谓特殊情况是指下列 3 种情况:

（2）发动机急减速情况下（Rapid engine deceleration）；

（2）发动机反推打开情况下（Thrust reverser operation）；

（3）可能出现结冰的情况下（Potential icing conditions）；

复习思考题

1.发动机涡轮间隙控制和压气机气流控制分别包括哪些内容？

2.发动机空气系统共有几个子系统，分成几类？

3.涡轮间隙控制的目的是什么？压气机气流控制的目的又是什么？

4.防喘控制都有哪些内容，其原理是什么？

5.请介绍空气控制系统的原理。

实操训练项目

1.高压涡轮间隙控制活门的拆装（见表6-1）。

2.VSV作动筒的外部操作功能检查（见表6-2）。

表6-1 高压涡轮间隙活门的拆装工作单

训练类型	综合技能训练	维修训练工作单 高压涡轮间隙控制活门的拆装	工作单号	FDJ-MX-001
机　型	波音737		工作区域	发动机模型
工　时	4学时			

	工作单内容	工作者	QC
训练目标			
	一、拆卸 （1）打开右侧一边反推。（Open the right thrust reverser half.） （2）拆掉连接涡轮间隙控制活门后法兰边与空气总管上的保险丝及螺栓垫片。（Remove the lockwire, bolts and washers that attach the air manifold to the aft flange of the clearance control valve.） （3）拆掉连接支架上的螺栓螺帽。（Remove the nuts and bolts that attach the support bracket to the engine flange bracket.） （4）从发动机上拆掉支架。（Remove the bracket from the engine.）		

续表

训练类型	综合技能训练	维修训练工作单 高压涡轮间隙控制活门的拆装	工作单号	FDJ-MX-001
机　型	波音 737		工作区域	发动机模型
工　时	4 学时			

工作单内容	工作者	Q C
（5）松开连接空气总管到燃烧室机匣的管子卡箍。（Loosen the tube clamps that attach the air manifold to the combustion case.） （6）松开连接空气总管到燃烧室机匣两个法兰边上的螺栓。（Loosen the bolts at the two flanges where the air manifold connects to the combustion case.） （7）从涡轮间隙控制活门后法兰边上移开空气总管，拆掉法兰边垫圈。（Move the air manifold away from the aft flange of the clearance control valve and remove the flange gasket.） （8）报废垫圈上的 C 形封圈。（Discard the C-ring seal part of the gasket.） （9）拆掉连接 9 级引气管和活门上部法兰边的连接螺帽和螺栓。（Remove the nuts and bolts that attach the 9th-stage HPC bleed tube to the top flange of the valve.） （10）松开连接 9 级引气管和后端压气机静子机匣管路上的卡箍。（Loosen the tube clamps that attach the 9th-stage bleed air tube to the rear stator case of the compressor.） （11）松开连接到燃烧室机匣座上的引气管螺栓。（Loosen the bolts that attach the bleed air tube to the combustion case pad.） （12）把引气管从涡轮间隙控制活门上部法兰边上移开并拆下垫圈。（Move the tube away from the top flange of the clearance control valve and remove the gasket.） （13）报废垫圈上的 C 形封圈。（Discard the C-ring seal part of the gasket.） （14）拆掉连接燃油总管到涡轮间隙控制活门前端法兰边上的螺栓垫片。（Remove the bolts and washers that attach the fuel manifold to the forward flange ofthe clearance control valve.） （15）抓住活门拆掉连接 5 级引气管进气口到前静子机匣座上的螺栓。（Hold the valve and remove the bolts that attach the inlet port for the 5th-stage HPC bleed air to the front stator case pad.） （16）小心拆下活门。（Carefully remove the valve from the compressor stator.） （17）拿下活门和燃油总管之间的垫圈。（Remove the gasket from between the valve and the fuel manifold.） 拆卸过程参考附图 6-1。 二、安装 （1）更换所有的封圈。（Replace all gasket and seal.） （2）将活门小心放置到位。（Carefully put the clearance control valve on the stator case pad.）		

续表

训练类型	综合技能训练	维修训练工作单 高压涡轮间隙控制活门的拆装	工作单号	FDJ－MX－001
机　型	波音 737		工作区域	发动机模型
工　时	4 学时			

工作单内容	工作者	Q C
（3）安装 9 级引气管和活门之间的垫圈和连接螺栓螺帽，并用手带紧。（Install the flange gasket at the 9th stage air tube and valve and bolts, nuts, tighten the nuts with your hand.） （4）安装空气总管和活门后法兰边，包括垫圈和螺栓，并用手带紧。（Install the flange gasket at the air manifold and aft valve flange and bolts, tighten the bolts with your hand.） （5）安装燃油总管和活门之间的垫圈，用螺栓连接并用手带紧。（Install the manifold on the valve, gasket, and attach it with the bolts, tighten the bolts with your hand.） （6）上紧燃油总管与活门的 4 个连接螺栓，并打上 11～15 N·m 的力矩。（Tighten the bolts 4 locations that attach the fuel manifold to the valve to the 11-15 N·m.） （7）上紧空气总管和活门后法兰边的连接螺栓，并打 6～8 N·m 的力矩，之后打上保险丝。（Tighten the bolts that attach the air manifold tothe aft valve flange to the 6-8 N·m, and then, safety the bolts with lockwire.） （8）上紧连接空气总管到燃烧室机匣的 4 个螺栓，打 6～8 N·m 的力矩，之后打上保险丝。（Tighten the four bolts at the 2 flange where the air manifold is connect to the combustion case to 6-8 N·m, then safety the bolts with the lockwire.） （9）上紧 9 级引气管连接到活门上的螺帽，打 6～8 N·m 的力矩。（Tighten the nuts that attach the 9th—stage bleed tube to the valve to the 6-8 N·m.） （10）上紧 9 级引气管连接到压气机机匣上的螺栓，打 6～8 N·m 的力矩，之后打上保险丝。（Tighten the bolts that attach the 9th stage bleed tube to the compressor case to 6-8 N·m and then, safety the bolts with the lockwire.） （11）给连接 9 级引气管的两个卡箍螺栓上紧并打 6～8 N·m 的力矩，之后打上保险丝。（Tighten the bolts that attach the clamps（2 locations）on the 9th stage bleed tube to the 6-8 N·m and then, safety the bolts with lockwire.） （12）上紧 5 级引气管到活门法兰边上的螺栓，打 6～8 N·m 的力矩，之后打上保险丝。（Tighten the bolts that hold the valve flange to the 5th stage bleed port on the compressor case to 6-8 N·m and then, safety the bolts with lockwire.） （13）给空气管装上隔热罩。（Install the heat shield to cover the air manifold tube.） 安装过程参考附图 6-1。		

续表

训练类型	综合技能训练	维修训练工作单	工作单号	FDJ‐MX‐001
机　　型	波音 737	高压涡轮间隙控制活门的拆装	工作区域	发动机模型
工　　时	4 学时			

工作单内容	工作者	QC

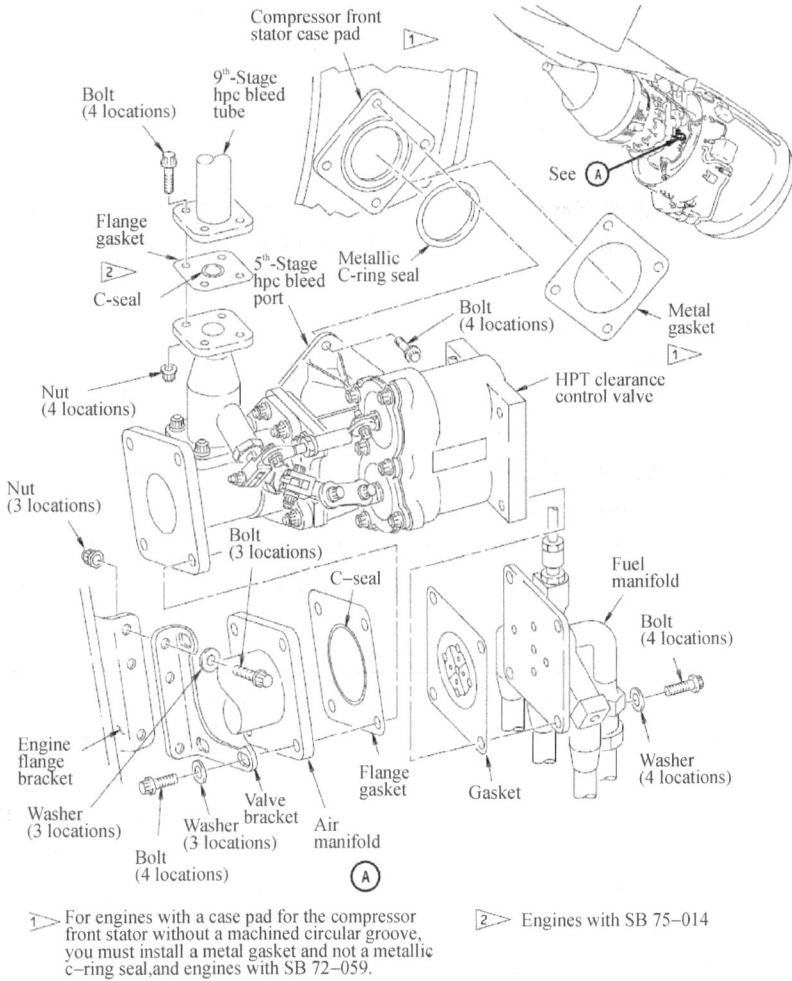

附图 6-1　高压涡轮间隙控制活门拆、装示意图

［注］ Compressor front stator case pad—压气机前静子机匣安装座；9th‐Stage hpc bleed tube—9 级高压压气机引气管；Flange gasket—法兰边垫圈；C‐seal—C 型封圈；Metallic C‐ring seal—金属 C 形封圈；HPT clearance control valve—高压涡轮间隙控制活门；Engine flange bracket—发动机法兰支架；Air manifold—空气管；Fuel manifold—燃油管。

表 6 - 2　VSV 作动筒的外部操作功能检查工作单

训练类型	综合技能训练	维修训练工作单 VSV 作动筒的外部操作功能检查	工作单号	FDJ - MX - 001
机　　型	波音 737		工作区域	发动机模型
工　　时	4 学时			

	工作单内容	工作者	QC
训练目标			
	在 VSV 更换静子导流叶片或系统排故后,需要在地面做检查,看看 VSV 静子导流叶片是否能够在"打开"和"关闭"之间运动自如。一般用手动泵作为动力源操作 VSV 作动筒。 (1)打开左侧风扇包皮。(Open the left fan cowl.) (2)打开左侧反推包皮。(Open the left thrust reverser.) (3)断开 HMU 上 VSV 的两根软管拧紧螺帽。(Disconnect the VSV head and rod end coupling nuts hose or tube at the HMU.) (4)把手动泵的供油管和回油管连接到对应 VSV 管路上。(Connect the hand pump supply and return hose to the VSV head and rod end tube.) (5)用手动泵操纵 VSV 系统到打开位置,检查 VSV 运动部件是否平滑不卡滞。(Using the hand pump to operate the VSV system to the open position and check the movement must be smooth without binding or jumping.) (6)用手动泵操纵 VSV 系统到关闭位置,检查 VSV 运动部件是否平滑不卡滞。(Using the hand pump to operate the VSV system to the close position and check the movement must be smooth without binding or jumping.)(备注:手动泵的施加和保持压力为 200~300 psi。) (7)检查完后,断开手动泵连接管路,并将 VSV 管路恢复与 HMU 连接,上紧连接螺帽,打上 15~17 N·m 的力矩。(After finished check job, disconnect the hand pump hose from the VSV head and rod end tubes, connect the VSV head and rod end coupling nuts to the HMU, tighten the nuts to the 15 - 17 N·m.) (8)关闭左侧反推包皮。(Close the left thrust reverser.) (9)关闭左侧风扇包皮。(Close the left fan cowl panel.) (10)对系统做一个渗漏检查。(Do a examine for leakage at VSV system.)		

续表

训练类型	综合技能训练	维修训练工作单	工作单号	FDJ - MX - 001
机　　型	波音 737	VSV 作动筒的外部操作功能检查	工作区域	发动机模型
工　　时	4 学时			

工作单内容	工作者	Q C

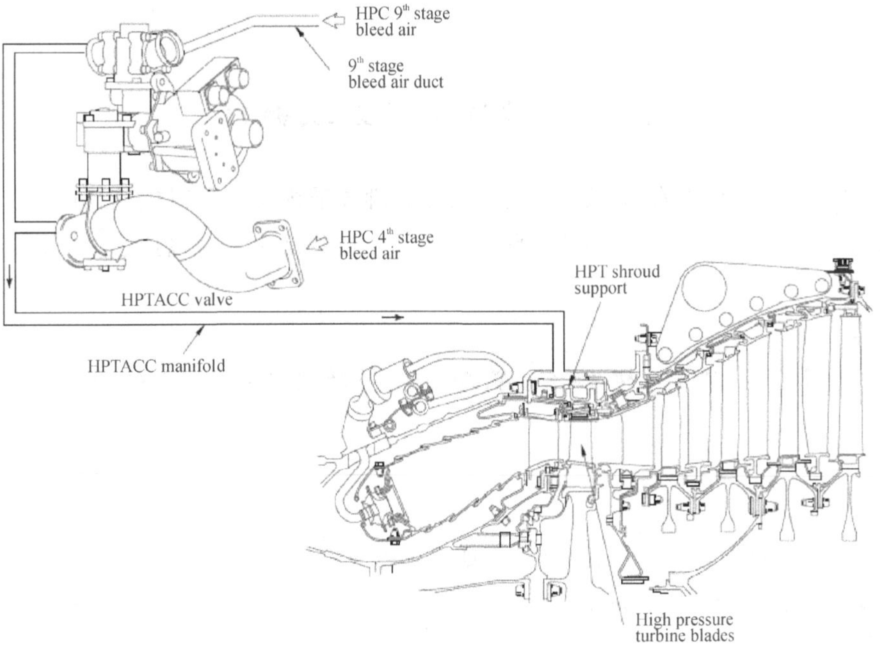

附图 6 - 2　VSV 系统功能检查示意图

　[注]　Fan frame strut bracket—风扇机匣支撑支架；VSV head end tube—VSV 头部管路；VSV rod end tube—VSV 尾部管路；Hose—软管；Supply and return hoses—供油和回油软管；Hand pump—手动泵；Hydraulic cart—液压油箱。

第7章 发动机操纵系统

7.1 发动机操纵系统概述

发动机操纵系统结构简单,其主要功能就是将驾驶舱内飞行员对发动机的操作指令传递到发动机,从而完成发动机各种功率状态的操纵。这些操作指令包括手动操作指令和自动操作指令两种。

7.2 发动机操纵系统组成及部件安装位置

7.2.1 系统组成

发动机操纵系统(见图7-1)包括以下四大类组成部件:

(1)推力手柄组件(Thrust lever assemblies)。推力手柄组件包含前推手柄和反推手柄;

(2)推力手柄解算组件(Thrust lever resolvers);

(3)发动机起动手柄(Engine start levers);

(4)推力手柄内部锁止电磁阀(Thrust lever interlock solenoid)。

7.2.1.1 推力手柄组件

推力手柄组件共有两个,分别作用于两台发动机,其作用是将飞行员的手动指令信号传递给发动机操作系统,以便操纵发动机的功率。如图7-1所示,每个推力手柄上还安装了反推手柄。对于每台发动机来说,推力手柄提供给发动机的操纵信号是通过解算器传递给发动机EEC的,而解算器和推力手柄之间是通过连杆相连接的。

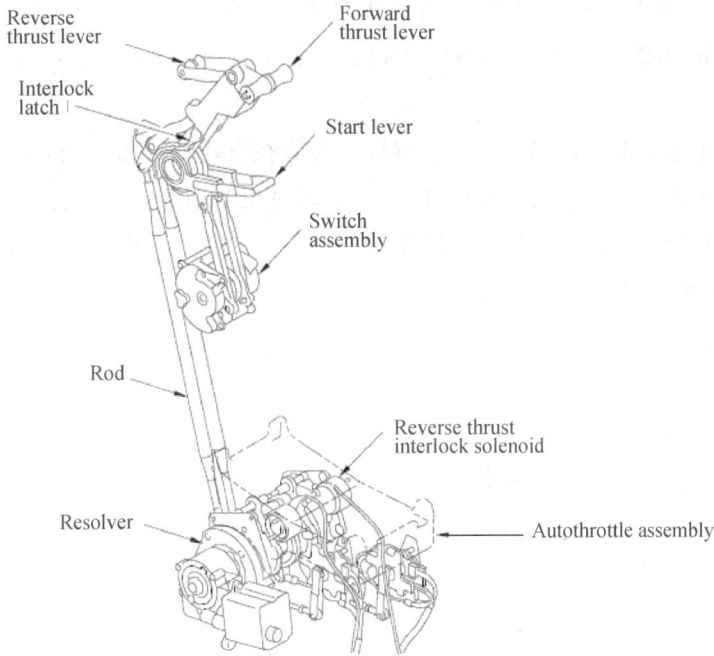

图 7-1　发动机操纵系统部件位置图

[注]　Reverse thrust lever—反推手柄；Forward thrust lever—前推手柄；Interlock latch—内部锁止机构；Start lever—起动手柄；Switch assembly—开关组件；Rod—连杆；Resolver—解算器；Reverse thrust interlock solenoid—反推内部锁止电磁阀；Autothrottle assembly—自动油门组件。

7.2.1.2　推力手柄解算器组件

推力手柄解算器组件共有两个,分别作用于两台发动机。每个推力手柄解算器又由两个解算器组成,分别连接 EEC 的通道 A 和通道 B。推力手柄解算器将推力手柄和反推手柄的位置信号转变成解算器的角度信号传递到 EEC,EEC 再根据这些信号操纵发动机。

7.2.1.3　发动机起动手柄组件

发动机起动手柄组件共有两个,分别作用于两台发动机。起动手柄可以用于发动机的起动和关车,也就是说,发动机起动手柄只存在于起动怠速位置和关车位置。

7.2.1.4　反推内部止动锁电磁阀

反推内部止动锁电磁阀共有两个,分别作用于两台发动机。反推内部止动锁电磁阀用于限制反推手柄的运动范围,每个反推手柄各对应有一个内部止动锁电磁阀。反推内部止动锁电磁阀被安装在自动油门组件下面,由 EEC 操作控制,拆下自动油门组件即可接近该电磁阀。

7.2.2　系统部件安装位置

在驾驶舱内可以看到安装在中央操纵台上的推力手柄和发动机起动手柄。在拆下中央操纵台上的面板之后,又可以接近起动手柄开关(Start lever switches);内部锁止器 (Interlock latch)和推力手柄曲柄和推杆(Thrust lever cranks and rods)这三个发动机操纵系统部件。

反推内部止动锁电磁阀和推力手柄解算器安装在自动油门组件内,而自动油门组件则安装在驾驶舱地板下面的前设备舱位置处,可以通过位于前起落架前方的设备舱盖板处接近这些部件。系统部件的安装位置及连接关系如图7-2所示,共8组,包括:

(1)推力手柄(两套);

(2)发动机起动手柄(两套);

(3)起动手柄开关(两套);

(4)内部锁止器(两套);

(5)推力手柄曲柄和推杆(两套);

(6)自动油门(一套);

(7)推力手柄解算器(两套);

(8)反推内部止动锁电磁阀(两套)。

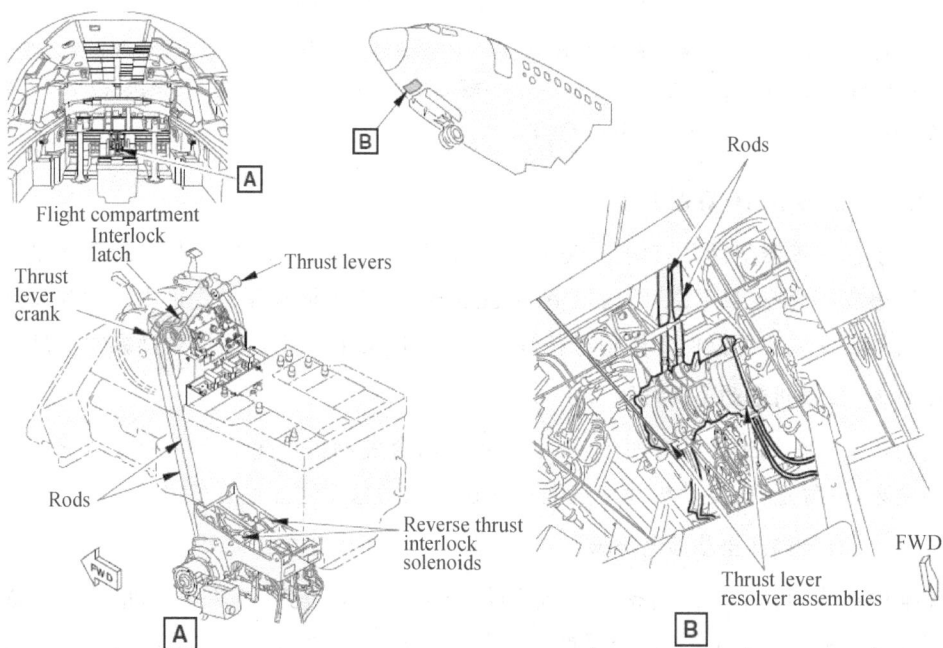

图7-2　发动机操纵系统主要部件安装位置图

　[注]　Thrust lever crank—推力手柄曲柄;Flight compartment—驾驶舱;Interlock latch—内部锁止器;Rods—连杆;Thrust levers—推力手柄;Reverse thrust interlock solenoids—反推内部锁止电磁阀;Thrust lever resolver assemblies—推力手柄解算器组件。

在前设备舱内还安装有几个与发动机操纵系统相关的部件,如图7-3所示。

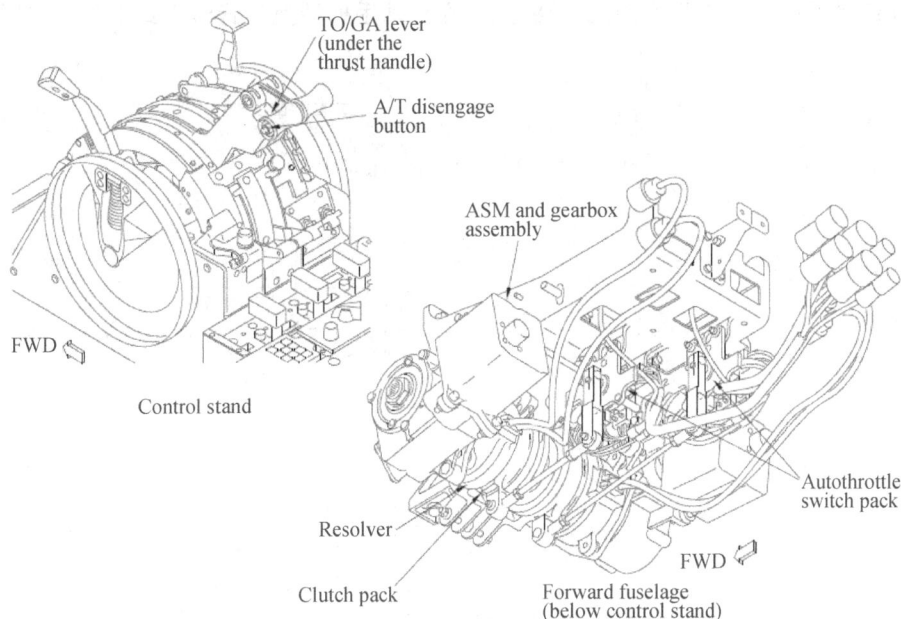

图 7 - 3　前设备舱中发动机操纵系统相关部件安装位置图

　　[注]　Control stand—操纵台；TO/GA lever(under the thrust handle)—位于推力手柄下面的起飞/地面手柄；A/T disengage button—自动油门断开按钮；ASM and gearbox assembly—自动油门伺服马达和齿轮箱组件；Autothrottle switch pack—自动油门开关组件；Resolver—解算器；Clutch pack—离合器组件；Forward fuselage(below control stand)—位于操纵台下面的前机身。

7.3　发动机操纵系统主要部件结构原理

7.3.1　推力手柄(Thrust levers)

　　推力手柄共有两套，分别作用于两台发动机，每套推力手柄实际上还由 5 个部件共同组成，包括：
　　(1)前推力手柄(Forward thrust lever)；
　　(2)反推力手柄(Reverse thrust lever)；
　　(3)操纵连杆(Control link)；
　　(4)曲柄(Crank)；
　　(5)推杆(Rod)。
　　其中，前推力手柄、反推力手柄和操纵连杆可以操纵曲柄组件，整个推力手柄操纵过程原理图如图 7 - 4 所示。

7.3.2　起动手柄(Start levers)

　　起动手柄共有两套，分别作用于两台发动机。起动手柄共有两个位置，分别是息速(Idle)和关车(Cutoff)，在这两个位置上都有止动锁，必须提起起动手柄后才能转换位置。

另外,在起动手柄上还连接有阻尼机构,用于在起动手柄转换位置时起到阻尼的作用。

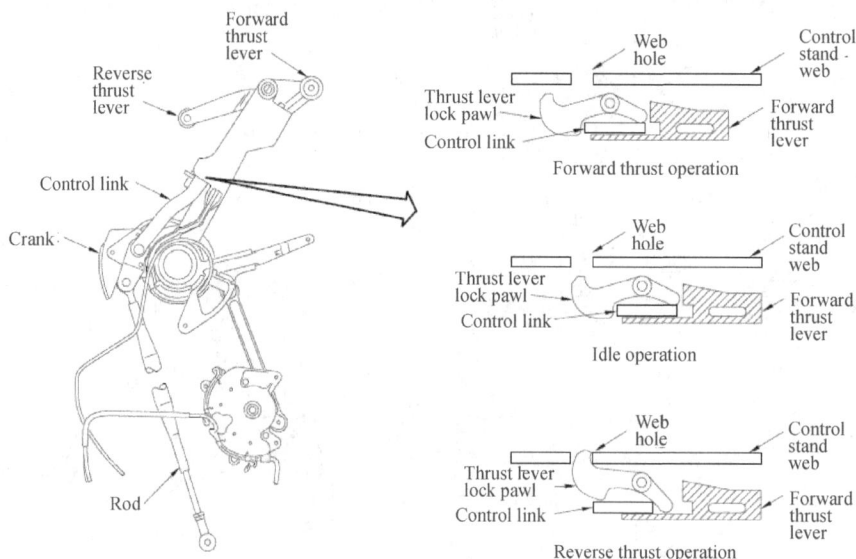

图 7-4　发动机推力手柄操纵原理图

〔注〕　Rod—推杆;Crank—曲柄;Control link—操纵连杆;Reverse thrust lever—反推手柄;Forward thrust lever—前推手柄;Thrust lever lock pawl—推力手柄锁钩;Control stand web—操纵台面;Forward thrust operation—前推操作;Idle operation—怠速(慢车)操作;Reverse thrust operation—反推操作。

　　每套起动手柄控制 6 个开关,其中 2 个开关用于发出信号给 EEC;2 个开关与发动机点火系统相连接;另外 2 个开关给发动机燃油控制系统提供控制信号。

　　起动手柄的外观示意图如图 7-5 所示,连接电路原理图如图 7-6 所示。

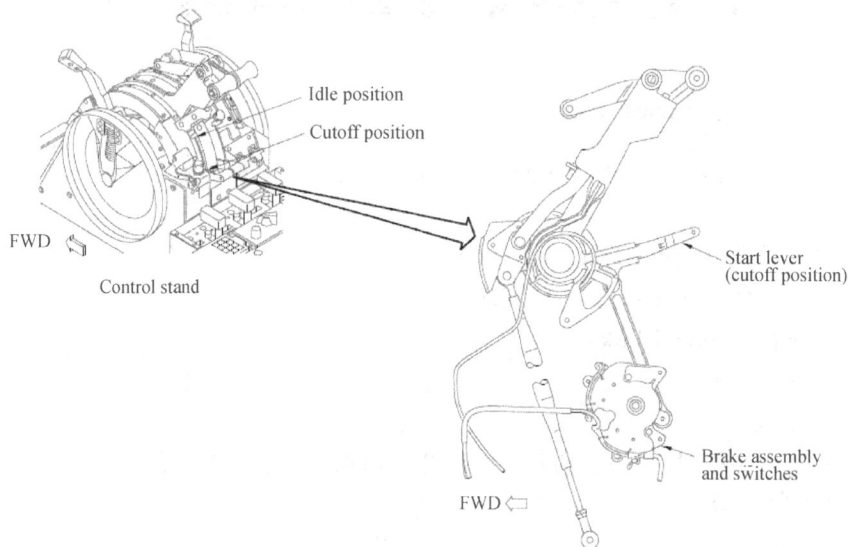

图 7-5　起动手柄外观示意图

〔注〕　Control stand—操纵台;Idle position—怠速位置;Cutoff position—关车位置;Start lever(cutoff position)—起动手柄(关车位置);Brake assembly and switches—刹车组件和开关。

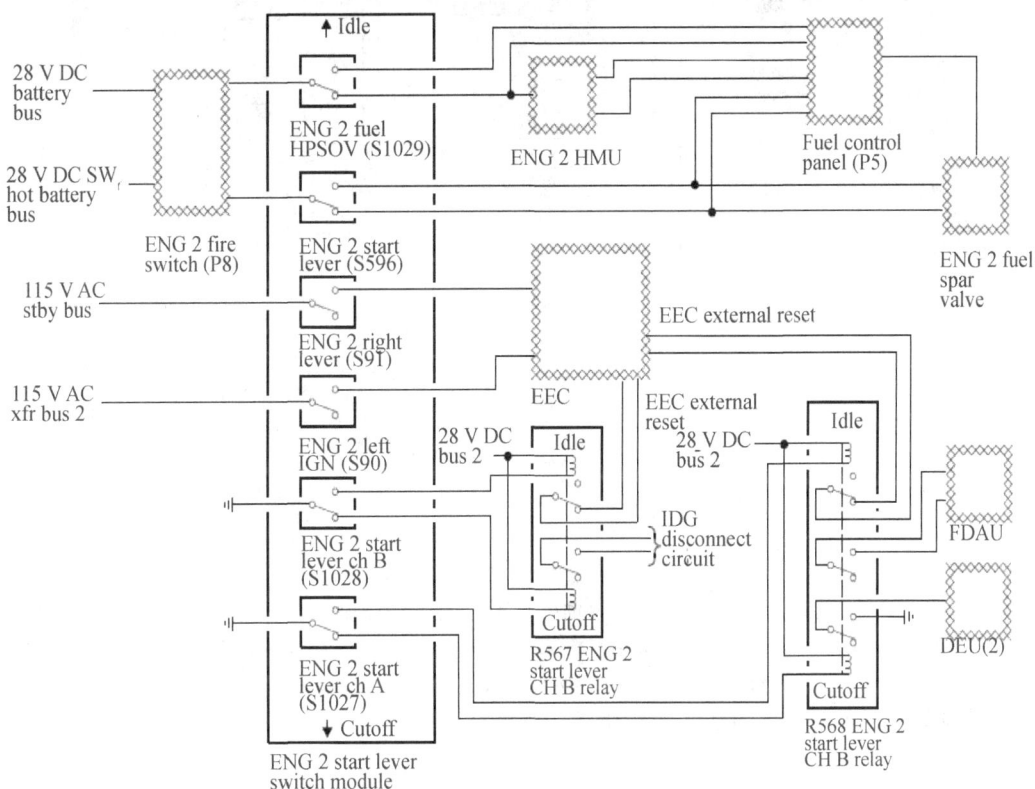

图 7 - 6　起动手柄连接电路示意图

［注］　28 V DC battery bus—28 伏直流电瓶汇流条；115 V AC stby bus—115 伏交流备用电源汇流条；ENG 2 fire switch—2 号发动机点火开关；Fuel hpsov—高压燃油关断阀；ENG 2 start lever—2 号发动机起动手柄；ENG 2 right ign—2 号发动机右侧点火；ENG 2 start lever ch B—2 号发动机起动手柄通道；ENG 2 start lever switch module—2 号发动机起动手柄开关模式；Relay—继电器；IDG disconnect circuit—IDG 断开电路；EEC external reset—EEC 外部重置；ENG 2 fuel spar valve—2 号发动机燃油喷射阀门。

7.3.3　反推内部锁止电磁阀(Reverse thrust interlock solenoid)

共有两个反推内部锁止电磁阀,分别作用于两台发动机。每个反推内部锁止电磁阀对应一个反推手柄,该电磁阀通过一个推杆操纵一个锁钩。当操纵反推手柄打开反推系统,反推平移罩打开到 60% 以上时,EEC 接通该电磁阀,操纵锁钩断开,从而允许反推平移罩完全打开,该电磁阀的结构组成及电器原理关系如图 7 - 7 所示。

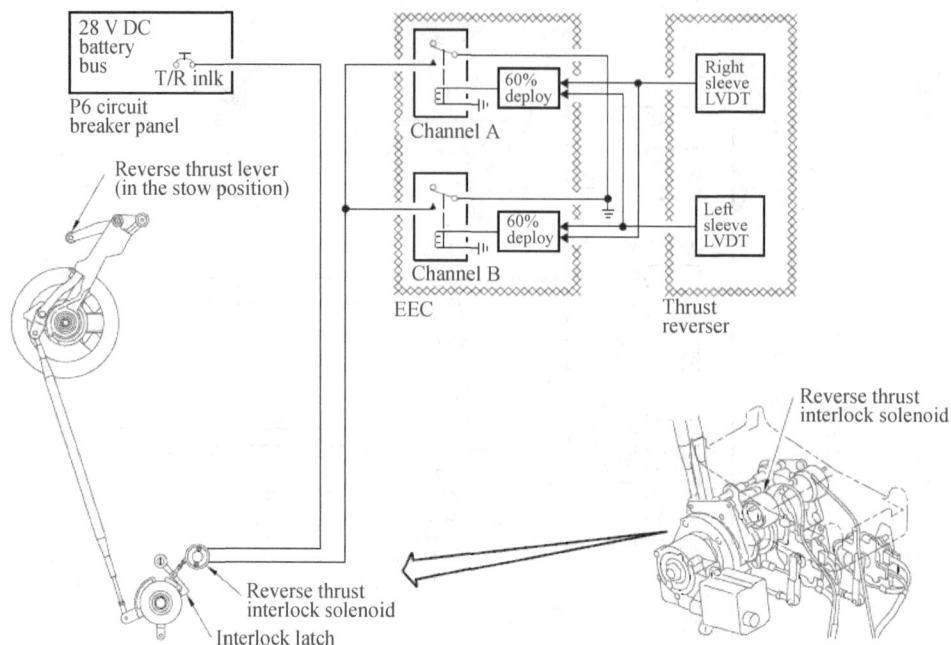

图 7-7　反推内部锁止电磁阀原理图

　[注]　28 V DC battery bus—28 伏直流电瓶汇流条；P6 circuit breaker panel—P6 断路器面板；Reverse thrust lever (in the stow position)—反推手柄（处于收起位置）；Reverse thrust interlock solenoid—反推内部止动锁电磁阀；Interlock latch—内部止动锁，Right sleeve LVDT—右侧平移罩位置传感器。

复习思考题

1.发动机操纵系统包括哪些主要组成部件？
2.发动机操纵系统的推力手柄有哪些作用？
3.发动机操纵系统起动手柄可以控制哪些部件？
4.反推内部锁止电磁阀如何工作？

实操训练项目

1.发动机操纵系统部件安装位置的识别（在飞机上进行）。

第8章 发动机指示系统

小提示

　　CFM56-7B 系列发动机指示系统结构相对简单,但其电气线路是比较复杂的,我们只关心系统结构即可。

8.1　发动机指示系统概述

　　发动机指示系统将发动机的重要运行参数送到通用显示器(Common Display System, CDS)上,方便飞行员监控发动机的工作状态。发动机指示系统包括低压转子转速、高压转子转速、排气温度(EGT)以及机体振动监视(AVM)4 个子系统。控制原理如下,其电气线路关系如图 8-1 所示。

　　EEC 接收来自 N1 转速传感器、N2 转速传感器、EGT 排气温度传感器的模拟信号,并将这些信号转换成数字信号后,再传递给电子显示组件(DEUs),DEUs 再将这些参数通过 CDS 系统显示出来。

　　振动指示信号的传递需通过数据调节器完成。数据调节器接收来自 N1、N2 和 1 号轴承振动传感器和风扇压气机机匣垂直振动传感器 4 个位置的数据信号,通过调节计算后,将振动指示数据传递给 DEUs,再通过 DEUs 将数据显示在 CDS 系统上。

　　发动机的重要运行数据分别显示在驾驶舱内 P2 面板上的两块显示器上,位于上面的显示器叫作主显示器(Primary display),位于下面的显示器叫作次级显示器(Secondary display)。两块显示器所显示的数据如图 8-2 所示。

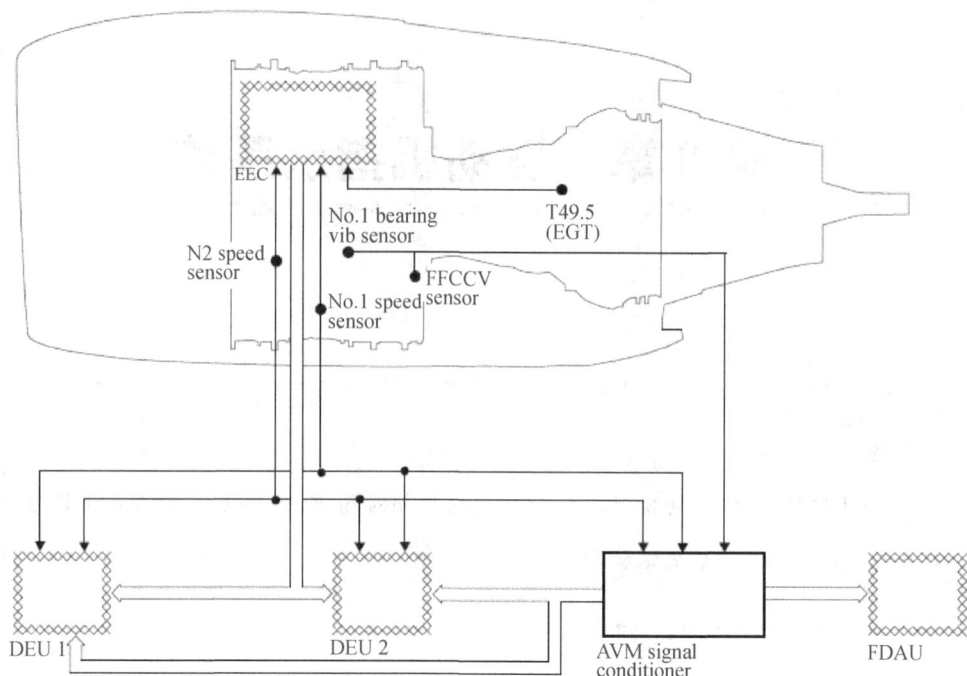

图 8-1　发动机指示系统线路关系图

[注]　N2 speed sensor—N2 转速传感器；No.1 bearing vib sensor—1 号轴承振动传感器；AVM signal con-
ditioner—振动指示监视器数据调节器。

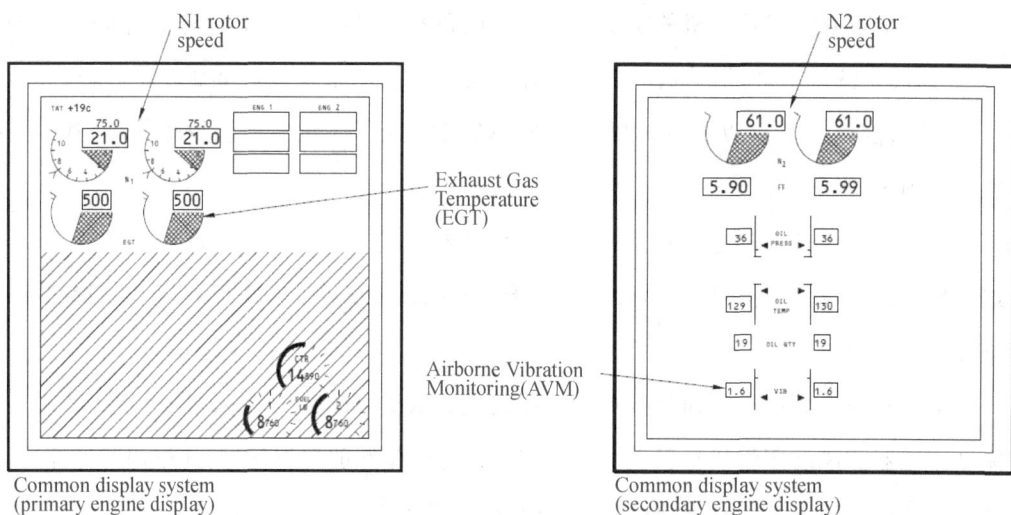

图 8-2　发动机显示系统显示器示意图

[注]　N1 rotor speed—N1 转子转速；Exhaust Gas Temperature(EGT)—排气温度；Common display system
(primary engine display)—通用显示系统主显示器；N2 rotor speed—N2 转子转速；Airborne Vibration Monitoring
(AVM)—机身振动监视器(AVM)；Common display system(secondary engine display)—通用显示系统次级显
示器。

从图 8-2 中可以看出,主显示器用来显示 N1 转子转速、发动机排气温度 EGT 以及燃油箱中剩余燃油量这些数据的,而次级显示器则用来显示 N2 转子转速和发动机振动指示数据,另外,发动机的燃油流量数据,以及滑油压力、滑油温度和滑油量数据也显示在了次级显示器上。由此可见,主显示器显示的数据代表了发动机的输出功率数据,而次级显示器上显示的数据则代表了发动机运行中的可靠性数据。

8.2　发动机转速显示系统

发动机转速显示系统(Engine tachometer system)包括发动机低压转子转速 N1 显示和发动机高压转子转速 N2 显示两部分。N1 和 N2 转速的传感器与电子发动机控制器、电子显示器组件及发动机振动监视数据调节器 3 个部件相连接,如图 8-3 所示。

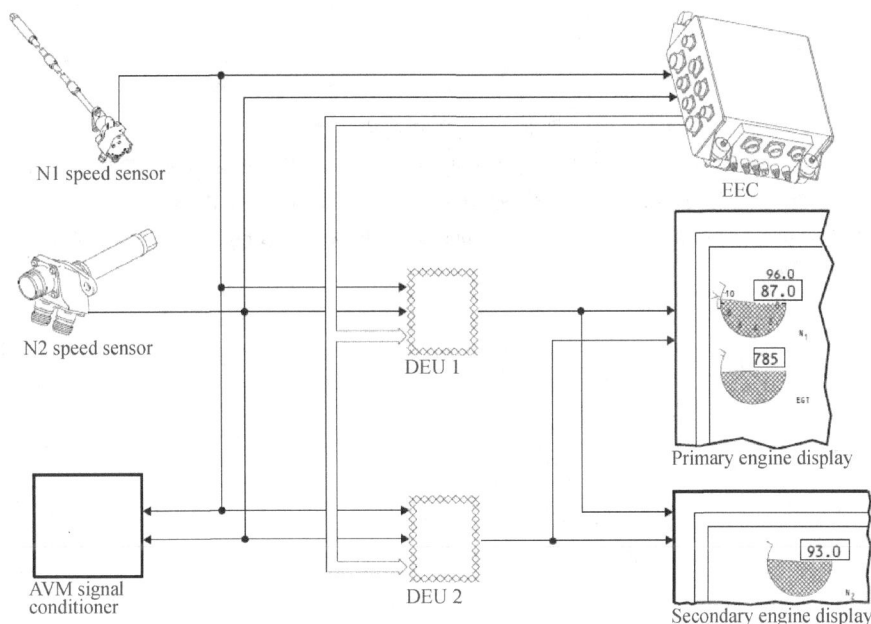

图 8-3　转速传感器连接线路图

8.2.1　N1 转速传感器

N1 转速传感器安装在发动机风扇机匣右侧、滑油箱的后面,如图 8-4 所示。N1 转速传感器共有 3 个信号采集磁头,分别连接 3 个电器插头,在该传感器的外端安装面上,还安装了阻尼器,用于防止传感器在发动机运转过程中的振动。该传感器的 3 个电器插头连接到 EEC、DEUs 和 AVM 数据调节器 3 个部件上。

8.2.2　N2 转速传感器

N2 转速传感器安装在发动机附件齿轮箱前端面上,位于起动机的上部,如图 8-5 所示。

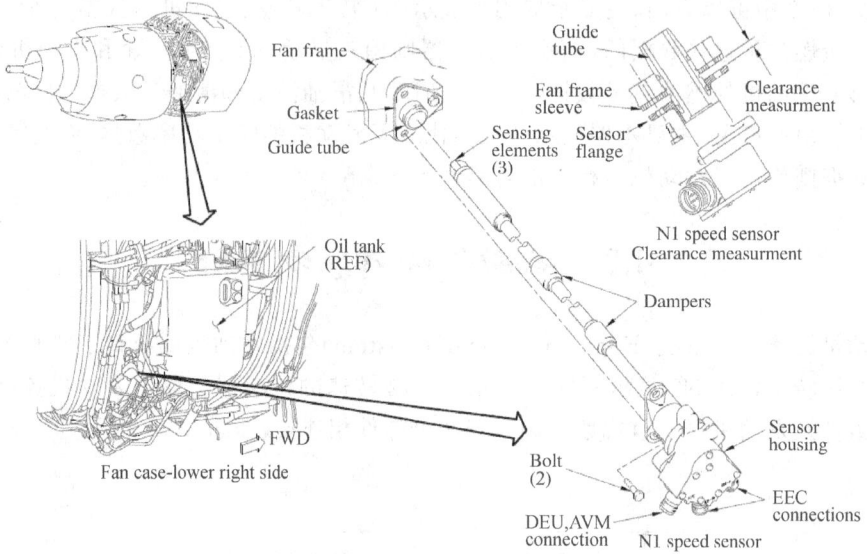

图 8-4　N1 转速传感器

［注］　Fan case-lower right side—风扇机匣右侧下部；Oil tank—滑油箱；Fan frame—风扇机匣壳；Gasket—垫圈；Guide tube—导向管；Sensing elements(3)—3 个传感头；Dampers—阻尼器；Bolt—螺栓；N1 speed sensor—N1 转速传感器；DEU,AVM connection—DEU,AVM 接头；Sensor housing—传感器壳体；Sensor flange—传感器法兰边；Clearance measurment—间隙值。

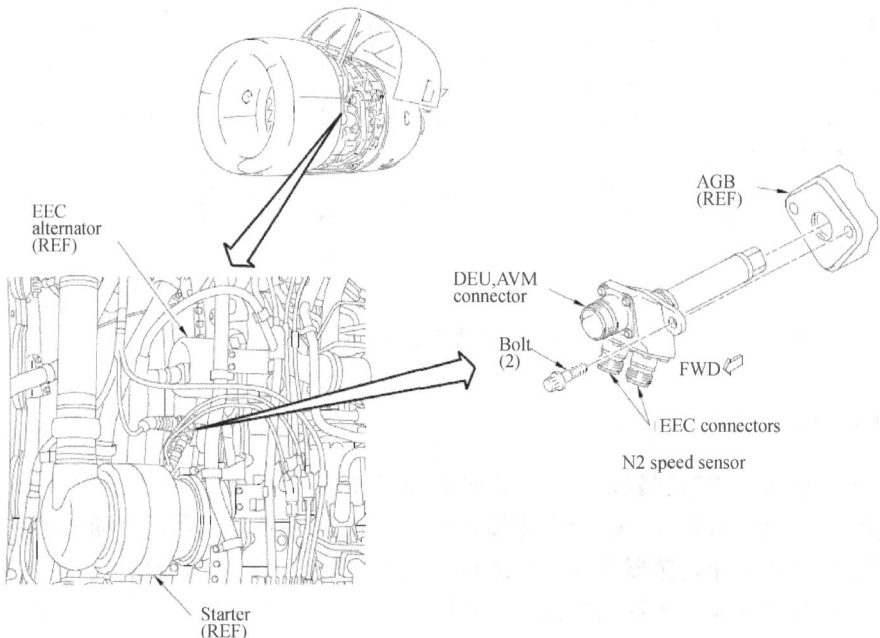

图 8-5　N2 转速传感器安装位置及结构图

［注］　EEC alternator—EEC 专用发电机；Starter—起动机；N2 speed sensor—N2 转速传感器；DEU,AVM connector—DEU,AVM 接头；Bolt—螺杆；EEC connectors—EEC 接头；AGB—附件齿轮箱。

N2 转速传感器共有三个信号采集磁头,分别连接 3 个电器插头,在该传感器的外端安装面上,还安装了阻尼器,用于防止传感器在发动机运转过程中的振动。该传感器的 3 个电器插头连接到 EEC、DEUs 和 AVM 数据调节器 3 个部件上。

8.2.3　转速传感器工作原理

发动机低压转子转速 N1 和高压转子转速 N2 所显示的都是百分比数值。

在通常情况下,DEUs 使用 EEC 上传来的信号显示低压转子转速 N1 和高压转子转速 N2,但是,当 EEC 断电的情况下,DEUs 也可以直接使用 N1 和 N2 传感器上采集的信号显示这两个转速值。

N1、N2 在各自的显示器上所显示的数值(见图 8 - 6)包括以下 4 个区域:

(1)digital readout,通常显示为白色

(2)box around N1 N2 digital readout,通常显示为白色

(3)pointer,通常显示为白色

(4)shaded area,通常显示为灰色

若 N1、N2 转速值大于红线值(Redline),则以上 4 个区域都显示为红色。

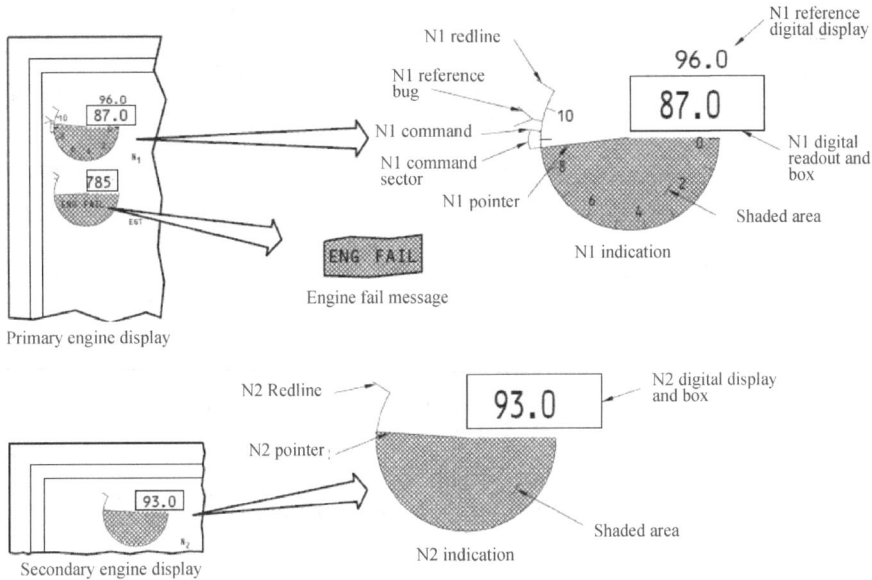

图 8 - 6　发动机转速显示详解图

[注]　Primary engine display—主发动机显示器;Secondary engine display—次级发动机显示器;Engine fail message—发动机错误信息;N1 command sector—N1 指令值;N1 pointer—N1 指针;Redline—红线;Reference bug—参考错误点;Reference digital display—参考数字显示;Digital readout and box—数字显示框;Shaded area—阴影区域。

8.3　发动机排气温度显示系统

发动机排气温度(EGT)显示系统显示的是发动机第二级低压涡轮进口的排气温度。

EGT 系统共有 8 个热电偶探头和 4 组 T49.5 热电偶集线盒,将 EGT 温度通过信号线以电信号方式传递到 EEC,EEC 利用该信号完成以下 3 个功能:

(1)在通用显示系统上显示 EGT 的数值(Show EGT on the CDS);

(2)用于发动机热启动和湿起动时的逻辑控制(Engine hot start and wet start logic);

(3)低压涡轮冷却系统的逻辑控制(Low pressure turbine cooling logic)。

EEC 将 EGT 数值信号送到 EDUs,EDUs 再将该数字型号通过主显示器显示出来。EGT 温度显示系统的主要部件关系如图 8-7 所示,部件的安装位置关系如图 8-8 所示。EGT 温度传感器是一种热电偶传感器,该传感器通过探头将热源信号转换成电信号,再将该信号通过安装在管子内的导线送往 EGT 温度连接盒,最后,再用线缆将连接盒上的温度数值送往发动机电子控制组件 EEC,EEC 再用这些数据用来显示和发动机的控制。

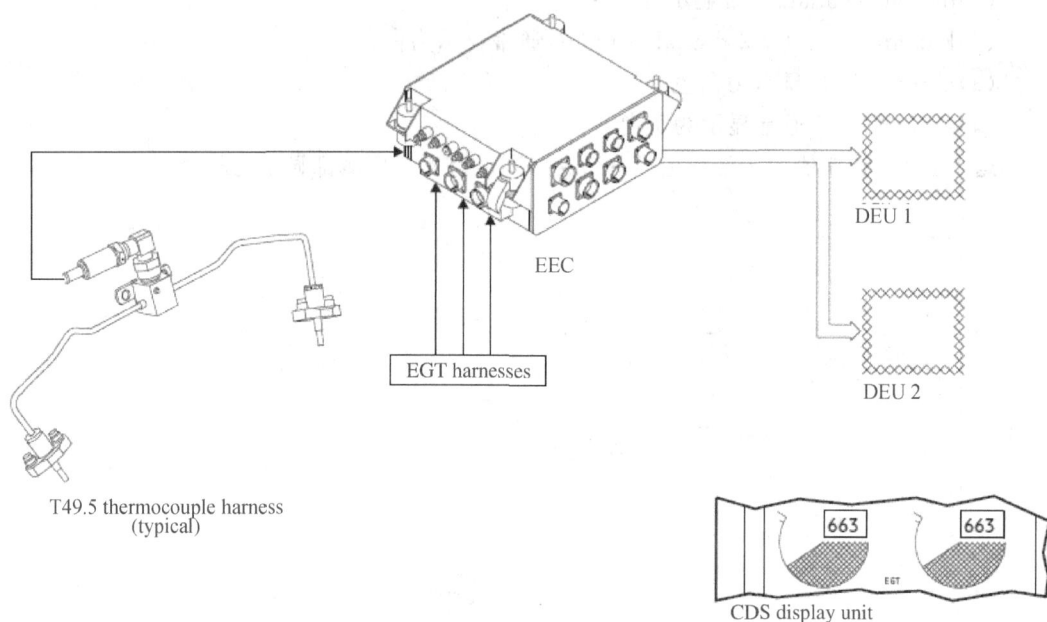

图 8-7 EGT 系统部件关系图

[注] T49.5 thermocouple harness—T49.5 探头;EGT harnesses—EGT 线缆;CDS display unit—通用显示器组件。

8.4 发动机振动监视系统

发动机机体振动监视系统(AVM)持续性的将发动机的振动数值送往 CDS,以便于驾驶员监控发动机的机体振动情况。发动机机体振动监视系统(AVM)由以下三个部件组成:

(1)AVM 信号调节器(AVM signal conditioner);

(2)1 号轴承振动传感器(No.1 bearing vibration sensor);

(3)风扇压气机机匣垂直振动(FFCCV)传感器(Fan frame compressor case vertical vibration sensor)。

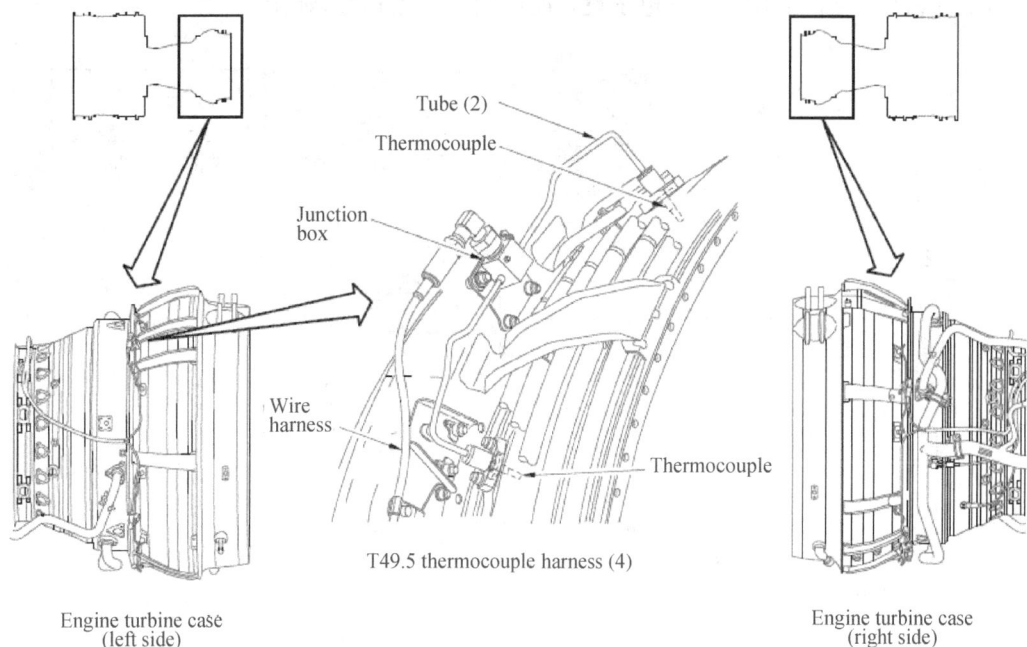

图 8 - 8　EGT 系统传感器安装位置图

［注］　Engine turbine case（left side）—左侧发动机涡轮机匣；Wire harness—线缆；Junction box—汇集盒；Thermocouple—探头；Tube—管；Engine turbine case（right side）—右侧发动机涡轮机匣。

AVM 信号调节器的作用是将发动机转速值和振动传感器的参数值通过计算之后，得出正确的发动机机体振动参数值再传递给 DEUs，然后显示在次级显示器上。也就是说，AVM 信号调节器需要采集下面 4 个传感器上的数据来计算发动机的实际振动水平：

（1）1 号轴承振动传感器（NO.1 bearing vibration sensor）；

（2）风扇压气机机匣垂直振动（FFCCV）传感器（Fan frame compressor case vertical vibration sensor）；

（3）N1 转速传感器（N1 speed sensor）；

（4）N2 转速传感器（N2 speed sensor）。

部件之间的连接关系如图 8 - 9 所示。

8.4.1　AVM 部件安装位置

AVM 共有三个组成部件，包括安装在发动机机体上的 1 号轴承振动传感器 FFCCV 传感器和安装在电子设备舱内的 AVM 信号调节器。

（1）1 号轴承振动传感器安装在发动机的内部，平时在发动机外面看不到该部件，除非发动机大修拆卸到内部时，才能够看到该传感器。1 号轴承振动传感器的外部接线插头安装在风扇机匣上，位于发动机滑油箱的后部，发动机铭牌的上面。

（2）FFCCV 传感器安装在风扇机匣的后面 3 点钟位置处，打开右侧的风扇包皮和反推包皮后可以看到该传感器，如图 8 - 10 所示。

（3）AVM信号调节器安装在电子设备舱的E3-2格栅处，如图8-10所示。

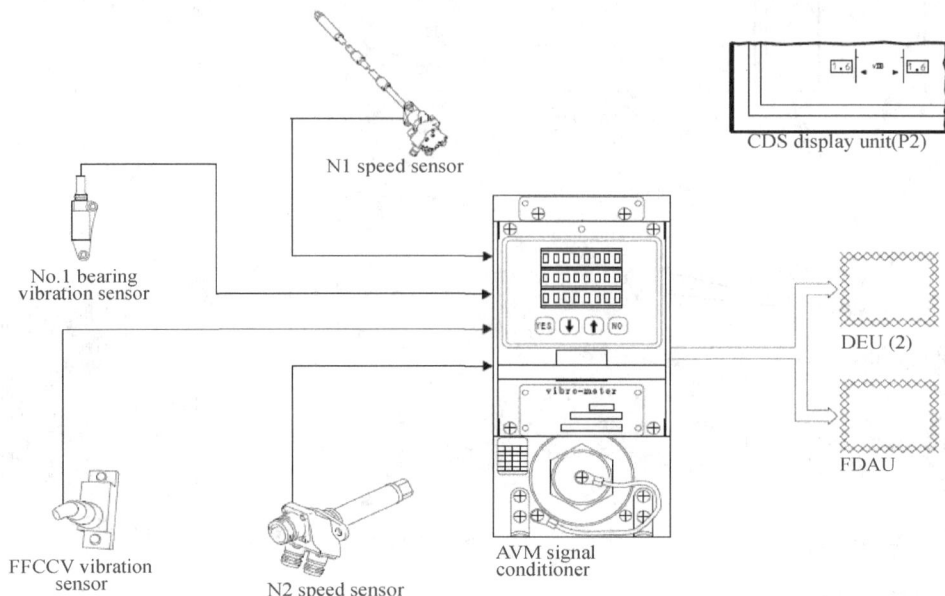

图 8-9　AVM信号调节器部件连接关系图

［注］　No.1 bearing vibration sensor—1 号轴承振动传感器；FFCCV vibration sensor—FFCCV 振动传感器；N1 speed sensor—N1 转速传感器；N2 speed sensor—N2 转速传感器；CDS display unit(P2)—P2 上的通用显示器组件；AVM signal conditioner—AVM 信号调节器。

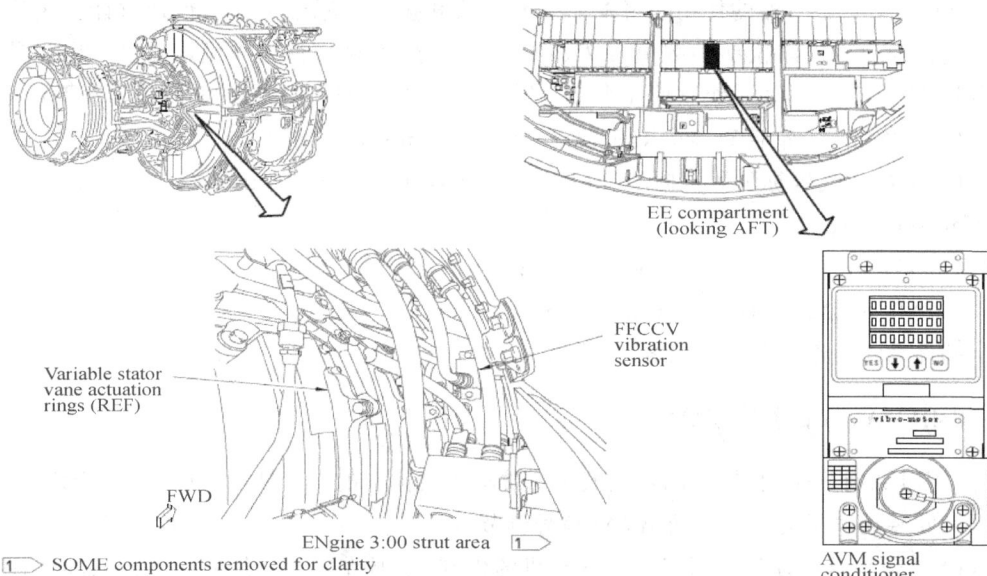

图 8-10　AVM部件安装位置图

［注］　Variable stator vane actuation rings—可变静子叶片作动环；FFCCV vibration sensor—FFCCV 振动传感器；EE compartment—电子设备舱；ENgine 3:00 strut area—发动机 3 点钟位置处结构；SOME components removed for clarity—为看清拆除了部分部件；AVM signal conditioner—AVM 信号调节器。

8.4.2　AVM 信号调节器

AVM 信号调节器在发动机振动显示系统中是一个非常关键的部件,为此,下面介绍该部件的功能和结构组成。

AVM 信号调节器有 6 项功能:

(1)计算发动机的振动指示值并发出信号给 CDS 显示;

(2)存储并保存发动机的振动指示值(保存发动机最后 32 个循环的振动值数据);

(3)为维修人员给出配平方案帮助做发动机的配平操作;

(4)隔离振动显示系统的故障并保存故障数据(保存最后 32 个故障数据);

(5)探测 3 号和 4 号轴承可能存在的损坏;

(6)给出提取数据的接口。

对于第 1 项功能,AVM 信号调节器是通过采集两个位置的振动传感器数据和 N1、N2 转速信号数据计算出实际的发动机振动值,然后将该振动值送给 CDS 系统显示的。对于第 2~4 项功能,AVM 信号调节器的表面设置有按钮,对于这些按钮进行对应操作即可以提取并看到对应三项数据:振动历史数据可对应第 2 项功能;配平操作指示可对应第 3 项功能;故障历史数据可对应第 4 项功能。AVM 信号调节器外观图如图 8-11 所示。

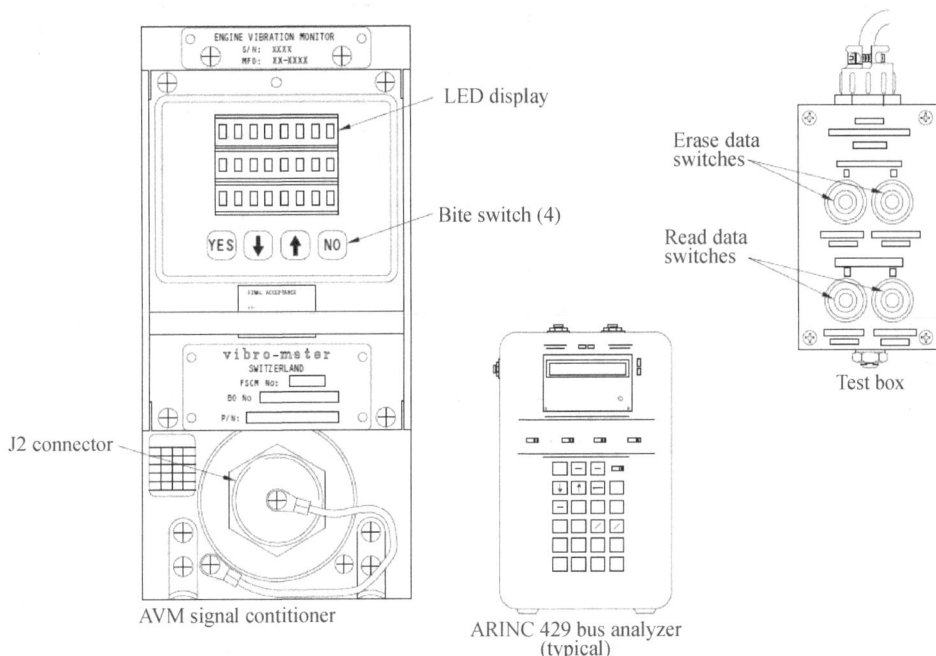

图 8-11　AVM 信号调节器图

[注]　J2 connector—J2 接头;AVM signal contitioner—AVM 信号调节器;LED display—LED 显示器;Bite switch—按钮开关;ARINC 429 bus analyzer(typical)—典型 ARINC 429 数据总线分析仪;Erase data switches—数据提取开关;Read data switches—数据读取开关;Test box—测试盒。

同时,AVM 信号调节器表面的按钮还可以进行自检操作。

对于第 5 项功能,有些机型安装有先进发动机振动指示监视器 AEVM(Advance Engine Vibration Monitor),这些 AEVM 信号调节器就可以看到有可能存在的 3 号轴承和 4 号轴承的损坏信息。具体操纵参考相关 AEVM 信号调节器数据分析仪的操作。对于第 6 项功能,AVM 信号调节器有接口与数据分析仪和测试盒相连,并且数据分析仪可以不与测试盒连接就可以单独工作,如图 8-11 所示,且有以下三种方法可以看到并提取历史数据和故障数据。

(1)通过 AVM 信号调节器表面的按钮操作;

(2)通过 ARINC 429 数据分析仪和测试盒;

(3)对于某些机型,亦可以采用安装有特定操作程序的手提电脑提取数据。

AVM 信号调节器的电气线路如图 8-12 所示。

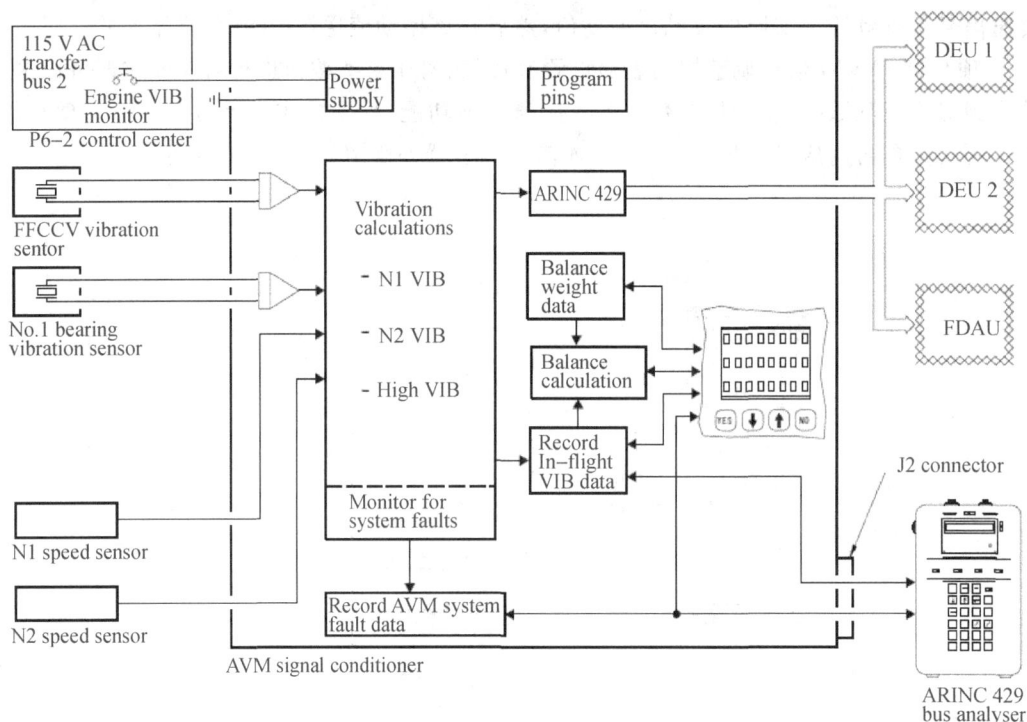

图 8-12　AVM 电气原理图

[注]　115 V AC trancfer bus 2—115 V 交流转换 2 号汇流条;Engine VIB monitor—发动机振动监视器;Control center—控制中心;FFCCV vibration sentor—FFCCV 振动传感器;No.1 bearing vibration sensor—1 号轴承振动传感器;N1 speed sensor—N1 转速传感器;N2 speed sensor—N2 转速传感器;Power supply—供电;Vibration calculations—振动值计算;Monitor for system faults—系统错误监视器;Record AVM system fault data—记录 AVM 系统错误;Balance weight data—质量配平数据;Balance calculation—配平计算;J2 connctor—J2 接头;ARINC 429 bus analyser—ARINC 429 数据分析仪。

从 AVM 电气原理图中可以看出该信号调节器的整体工作原理,在此就不重复叙述了。

复习思考题

1.发动机指示系统需要指示哪些发动机参数,这些参数都在哪里显示?

2.发动机指示系统的 DEUs 有哪些作用?

3.发动机指示系统的整个控制过程是怎样的?

4.指示系统的各组成部件都安装在哪里? 指出 5 个主要部件的安装位置。

5.振动指示的信号调节器作用是什么? 该部件安装在什么地方?

实操训练项目

1.N1 转速传感器的拆装检查(见表 8 - 1)。

2.EGT 温度传感器的拆装(见表 8 - 2)。

表 8 - 1　N1 转速传感器的拆装检查工作单

训练类型	综合技能训练	维修训练工作单 N1 转速传感器的拆装检查	工作单号	FDJ - MX - 001
机　　型	波音 737		工作区域	发动机模型
工　　时	4 学时			

工作单内容	工作者	QC
训练目标		
一、拆卸 (1)打开右侧风扇包皮。(Open the right fan cowl panel.) (2)从 N1 传感器头上断开电气接头。(Disconnect the electrical cable plug from the N1 speed sensor.) (3)拆掉 2 个安装传感器螺栓。(Remove the two bolts that attach the N1 speed sensor to the fan frame.) (4)从风扇机匣上拆下 N1 传感器。(Remove the N1 speed sensor from the fan frame.) (5)拆掉并报废导向管上的 O 形封圈。(Remove and discard the O - ring from the guide tube.) (6)给电气接头装上保护盖。(Install a protective cap on the electrical connector.) (7)用软刷子和溶剂清洁电气插头上的插针。(Clean the pin contacts on the electrical receptacle of the N1 speed sensor with a soft brush and solvent.)		

续表

训练类型	综合技能训练	维修训练工作单 N1 转速传感器的拆装检查	工作单号	FDJ－MX－001
机　　型	波音 737		工作区域	发动机模型
工　　时	4 学时			

工作单内容	工 作 者	Q C
二、目视检查 　(1)检查传感器金属区域是否有裂纹、裂痕及刮伤。(Do a visual check of the metal area on the N1 speed sensor for this type of damage, cracks, nicks and scratches.) 　(2)不允许有裂纹,裂痕和刮伤不超过 0.030 in,否则需要更换传感器。(No cracks are permitted and the nicks, dents or scratches with a depth of more than 0.030 inches, the sensor will must be replaced.) 　(3)安装法兰边的平整度不小于 0.04 in,否则需要更换传感器。(Mount flange that is not flat by more than 0.04 in, otherwise, the sensor will must be replaced.) 　(4)检查电气接头有无损坏。(Do a visual check of the electrical connector on the N1 speed sensor for this damage.) 　1)接头一端的螺牙损坏超过 30%,或两端螺牙损坏超过 20%,螺牙不能修复,则更换 N1 传感器。(more than full thread damage on 30% of one entrance thread or 20% of two entrance threads or crossed threads, and thread can not be chased, the sensor will must be replaced.) 　2)接头插针不能自如接触插座。(Pins that do not engage freely with the connector.) 　a)扳直弯曲插针。(Make the bent pins straight.) 　b)插针断裂或锈蚀到不能自如结合,则更换。(Replace the N1 speed sensor, if the pins are broken, have erosion or do not engaged easily.)		

续表

训练类型	综合技能训练	维修训练工作单 N1 转速传感器的拆装检查	工作单号	FDJ - MX - 001
机　　型	波音 737		工作区域	发动机模型
工　　时	4 学时			

工作单内容	工作者	Q C
三、安装 （1）给传感器导向管装上新的 O 形封圈。（Install a new O - ring on the guide tube.） （2）小心的把 N1 传感器装入风扇机匣内。（Carefully install the N1 speed sensor on the fan frame.） （3）确保 N1 传感器的安装间隙正确。（Make sure the N1 speed sensor has the correct clearance.） 1）测量 N1 转速传感器安装法兰边与风扇机匣安装座之间的间隙。（Measure the clearance between the probe flange of speed sensor and the fan frame sleeve.） 2）若间隙不在 3～6 mm 之间，则拆下传感器检查损伤情况。（If the clearance is not 3 - 6 mm，remove the N1 speed sensor and look for damage.） 3）若安装间隙不对，则更换 N1 传感器。（If you cannot install the N1speed sensor with the correct clearance，replace the N1 speed sensor.） （4）装上传感器固定螺栓，注意涂防咬剂，并打上 11～13 N·m 的力矩。（Install the bolts in N1 sensor，note：apply a thin layer of antiseize compound to the bolts and tighten the bolts to 11 - 13 N·m. （5）连接电缆到 N1 传感器上。（Connect the electrical cable to the N1 speed sensor.） （6）关闭风扇包皮。（Close the fan cowl panel.） 拆装过程参考附图 8 - 1。		

续表

训练类型	综合技能训练	维修训练工作单 N1 转速传感器的拆装检查	工作单号	FDJ - MX - 001
机　型	波音 737		工作区域	发动机模型
工　时	4 学时			

工作单内容	工作者	QC

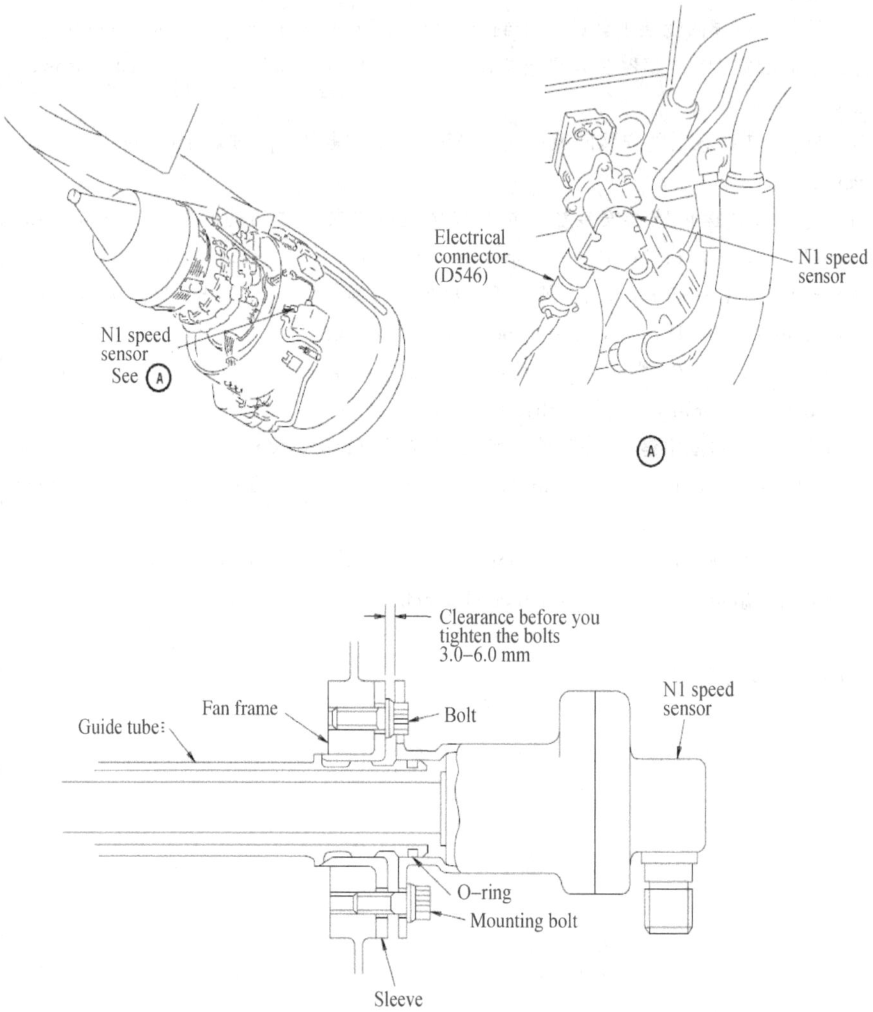

附图 8-1　N1 转速传感器安装位置示意图

[注]　Guide tube—导向管；Fan frame—风扇机匣；Mounting bolt—安装螺栓；Sleeve—衬套。

表 8 - 2　EGT 温度传感器的拆装工作单

训练类型	综合技能训练	维修训练工作单		工作单号	FDJ - MX - 001
机　　型	波音 737	EGT 温度传感器的拆装		工作区域	发动机模型
工　　时	4 学时				

	工作单内容	工作者	QC
训练目标			
	每台发动机上共有三组 EGT 探头,需要拆卸那一组就按照以下程序进行即可。以在翼发动机为模型,编写拆装程序,实际实习时,应该是不在翼的发动机。 　　一、拆卸 　　(1)打开 P6 面板上的两个断路器(ESI PRI 2 和 ESI PRI 4)开关,然后挂上不要关闭警告牌。(Open the two circuit breakers and attach a DO—NOT—CLOSE tags on the P6 overhead circuit panel.) 　　(2)对反推系统做一个断开操作程序。(Do the deactivation procedure for the thrust reverser.) 　　(3)打开风扇包皮。(Open the fan cowl panel.) 　　(4)打开反推包皮。(Open the thrust reversers.) 　　(5)拆掉三处固定探头外接管线的固定螺栓、螺帽、卡箍和支架。(Remove the bolts, nuts and loop clamp that attach the extension cable to the engine brackets at three locations.) 　　(6)用叉型扳手从主接线盒上拆下接头。(Disconnect the connector from the main junction box with fork wrench.)		

续表

训练类型	综合技能训练	维修训练工作单	工作单号	FDJ - MX - 001
机　　型	波音 737	EGT 温度传感器的拆装	工作区域	发动机模型
工　　时	4 学时			

工作单内容	工作者	Q C
二、安装 (1)拆掉外接管线接头上的保护盖。(Remove the protective caps from the connectors and the receptacles. (2)将接头装到主接线盒上,并用叉型扳手将接头拧紧到 19～22 N · m。(Connect the connector to the main junction box and tighten the connector with the fork wrench to the 19 - 22 N · m. (3)用保险丝给接头打上保险。(Install a lockwire on the connector.) (4)给外接管线固定螺栓螺牙上涂上一层防咬剂。(Apply a thin layer of antiseize compound to the bolts.) (5)在发动机的三处位置上,安装环形卡箍、螺栓和支架等,将外接管线安装到发动机壳体上。(Install the loop clamp, the bolts, and the nuts that attach the extension calbe to the engine brackets and flanges at three locations.) (6)给螺栓和螺帽上打上 5～6.5 N · m 的力矩。(Tighten the bolts and nuts to the 5 - 6.5 N · m. (7)关闭反推包皮。(Close the thrust reverser.) (8)关闭风扇包皮。(Close the fan cowl panel.) (9)回复反推功能。(Do a activation procedure to the thrust reverser.) (10)关闭 P6 面板上的两个断路器(ESI PRI 2 和 ESI PRI 4)开关,并取下禁止关闭警告牌。(Close the two circuit breakers and remove a DO - NOT - CLOSE tags on the P6 overhead circuit panel.) 参考附图 8 - 2 所示结构进行拆装工作。		

续表

训练类型	综合技能训练	维修训练工作单	工作单号	FDJ‐MX‐001
机　　型	波音 737	EGT 温度传感器的拆装	工作区域	发动机模型
工　　时	4 学时			

工作单内容	工作者	QC
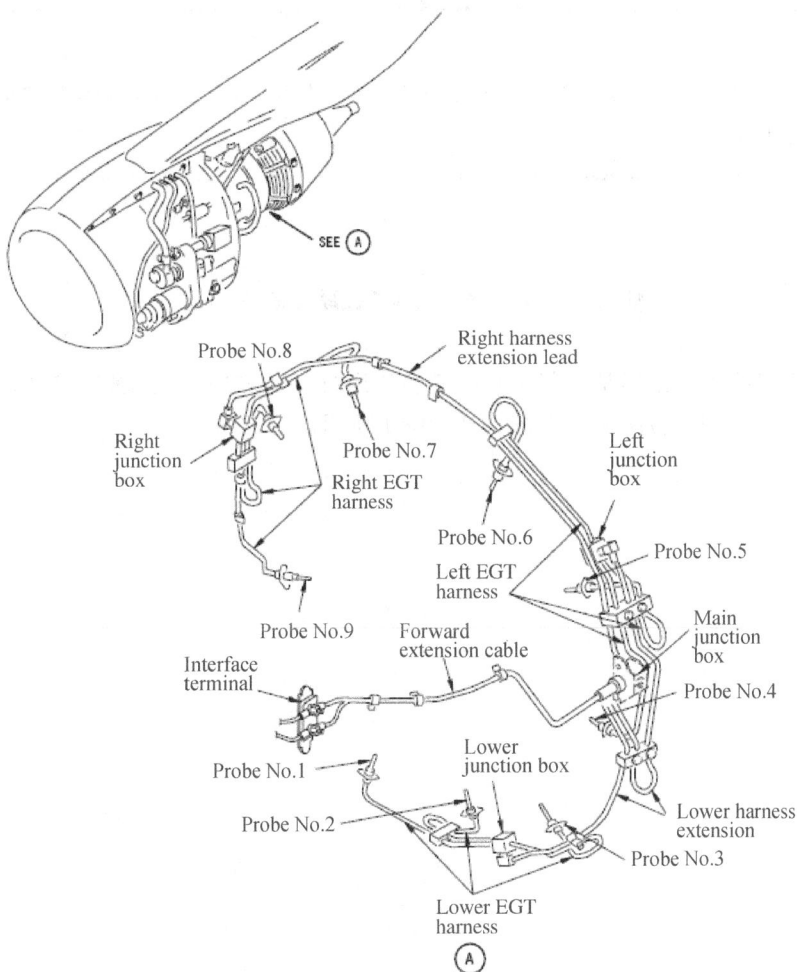		

附图 8‐2　EGT 温度传感器安装位置示意图

　[注]　Probe—探头;Right harness extension lead—右侧电缆;Right junction box—右侧接线盒;Right EGT harness—右侧 EGT 线缆;Lower EGT harness—下部 EGT 线缆。

第9章　发动机排气系统

9.1　发动机排气系统概述

　　发动机排气系统的作用是控制涡轮排气和风扇排气的方向,包括涡轮排气系统和风扇排气系统(内含反推系统)两大子系统,如图9-1所示。

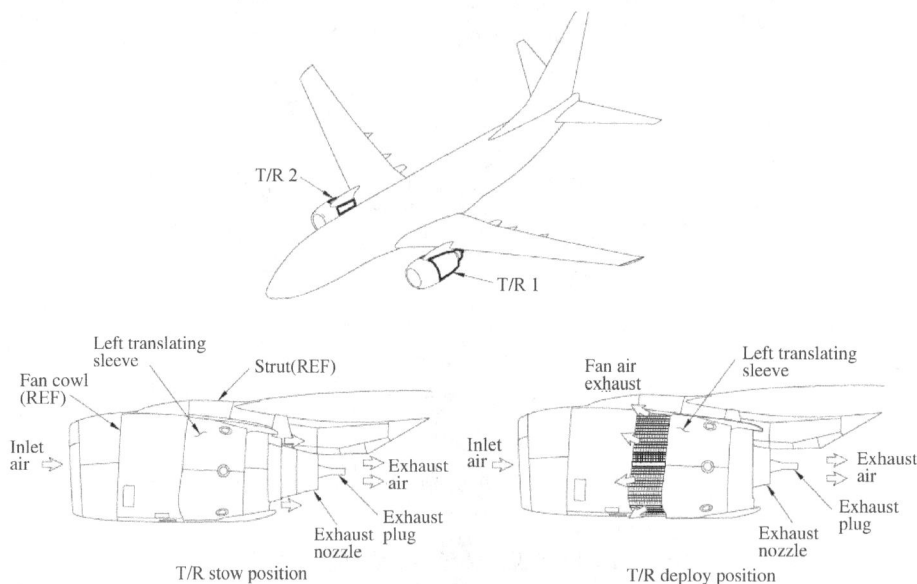

图9-1　排气系统示意图

　　[注]　T/R stow position—反推收起位置;T/R deploy position—反推打开位置;Inlet air—进口空气;Fan cowl—风扇进气道;Left translating sleeve—左平移罩;Strut—吊架结构;Exhaust air—排气;Exhaust plug—排气尾锥;Exhaust nozzle—排气喷口。

排气系统为发动机的内部排气提供一个通道,以提高该股排气的稳定性和提升发动机推力。其主要组成部件有排气喷口和排气尾锥。

反推用于飞机降落或中断起飞时的操作,其作用是改变风扇排气的方向,使其反向排出以增大飞机的前进阻力,达到降低飞机滑跑距离的目的。

每台发动机包括两个反推包皮组件(俗称 C 涵道,可以分别拆卸下来),这两个反推包皮共同组成了一个发动机风扇排气通道。反推还包含一个电液控制系统和一个指示系统。当反推系统工作时,反推平移罩在一组作动筒推动下向后平移,露出格栅,同时阻流门关闭风扇排气涵道,使得风扇排气只能从格栅处导向前方排出,从而达到提高飞机的前进阻力,降低飞机滑跑速度的目的。

9.2　发动机涡轮排气系统

涡轮排气系统(Turbine exhaust system)使用一个尾喷口和一个尾锥组成的排气通道控制涡轮排气的方向。尾喷口构成排气通道的外部边界,尾锥构成排气通道的内部边界。尾喷口和尾锥都用螺栓安装在涡轮机匣上,其部件组成材料均为镍合金。

9.2.1　排气喷口组件(Exhaust nozzle)

排气喷口组件既组成涡轮排气的外边界控制涡轮排气的方向,又组成风扇排气的内边界控制风扇排气的方向。排气喷口组件由内罩(Inner sleeve)、迷宫式封严(Labyrinth seals)、整流罩(Fairing)以及栅栏(Fences)4 个部件组成,其结构如图 9-2 所示。

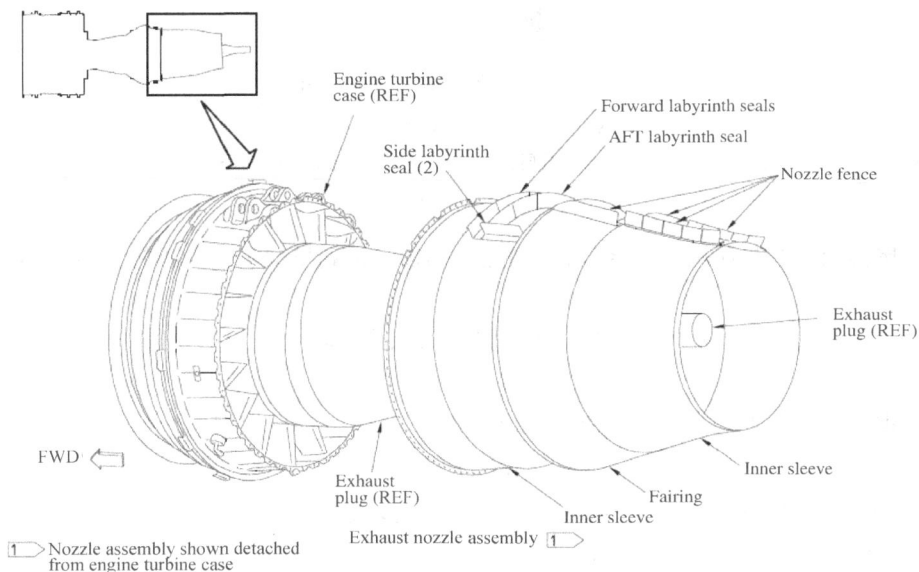

图 9-2　喷口组件结构图

[注]　Nozzle assembly shown detached from engine turbine case—图中显示的是拆下来的喷口组件;Exhaust plug—喷口尾锥;Inner sleeve—内罩;Fairing—整流罩;Engine turbine case—发动机涡轮机匣;Side labyrinth seal—侧迷宫式封严;Forward labyrinth seals—前迷宫式封严;AFT labyrinth seal—后迷宫式封严;Nozzle fence—喷口栅栏。

9.2.2 排气尾锥组件(Exhaust plug)

排气尾锥组件不但构成了涡轮排气的内部边界,而且其中心的通气孔与发动机滑油系统的通气系统相连接,形成了发动机滑油系统的排气通道,具体详情参见发动机滑油系统相关章节。排气尾锥组件由前尾椎(Forward plug)和后尾锥(Aft plug)两个部件组成,其结构如图9-3所示。

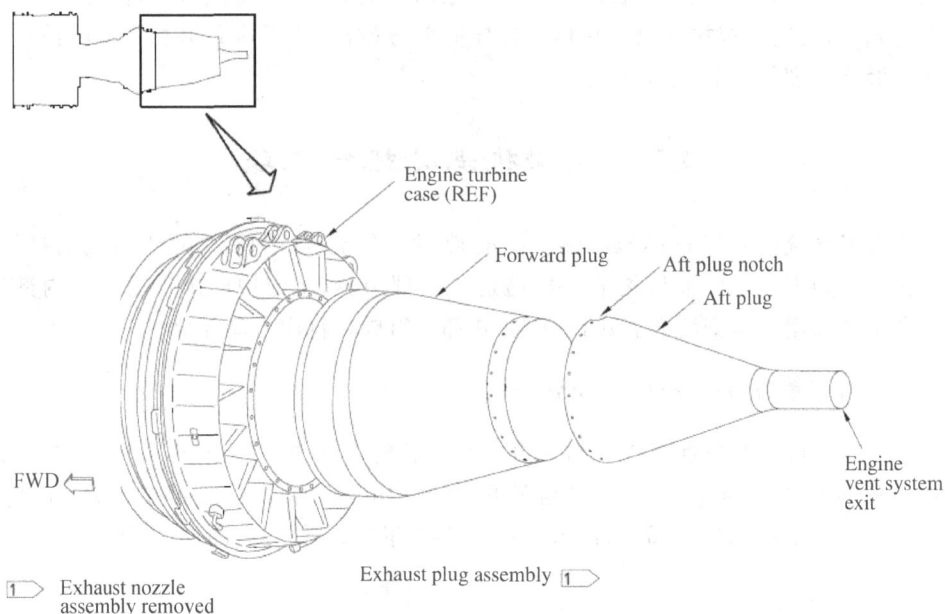

图9-3 排气尾锥组件结构图

[注] Exhaust nozzle assembly removed—已拆除排气喷口组件;Exhaust plug assembly—排气尾锥组件;Engine turbine case—发动机涡轮机匣;Forward plug—前尾锥;Aft plug—后尾锥;Engine vent system exit—发动机通气系统出口。

后尾锥用螺栓与前尾锥连接,前尾锥也用螺栓连接到发动机涡轮机匣的后端面上。

9.3 发动机反推系统

反推系统实际上包含以下三个子系统:

(1)反推系统(Thrust reverser system);

(2)反推操纵系统(Thrust reverser control system);

(3)反推指示系统(Thrust reverserindicating system)。

反推系统包括两套反推,左发对应1号反推,右发对应2号反推。每一套反推又包含左右两半,每一半都称为C涵道,但这两半合起来后才能组成风扇的排气涵道。每一半上都有一个平移罩,反推工作时,平移罩可以向后移动,左右两半平移罩相互独立,应该同时移动,但也可以在限定时间(非常小时间间隔)内各自移动。每一半反推中都安装有3个液压作动筒,平移罩的移动就是由每一半的 3 个作动筒驱动的。

　　反推操纵系统在驾驶舱中央操纵台的推力手柄上安装有反推手柄(细节参考发动机操纵系统),当飞机完全降落到地面时,飞行员拉起反推手柄,给操作活门一个信号,该活门控制 A 液压系统或备用液压系统动力源给反推系统中的液压作动筒供压,从而操纵平移罩向后移动打开;当完成减速任务后,飞行员需要将反推手柄推回收回位置,此时,再次给操作活门一个信号,该活门控制液压系统的液压能给反推中的液压作动筒供压,再将平移罩收回到关闭位置,从而完成整个操作过程。另外,为防止误操作以及准确控制的目的,反推系统中还安装有同步锁及接近传感器等部件,具体原理如图 9-4 所示。

　　反推指示系统有三个指示项目:

　　(1)在 CDS 上给出 REV 信息(REV message on common display(CDS))

　　(2)在 P5 面板后端安装有 REVERSER 信号灯(REVERSER light on P5 aft overhead panel)

　　(3)在 CDU 上显示 LVDT 数据(LVDT data on the control display unit(CDU))

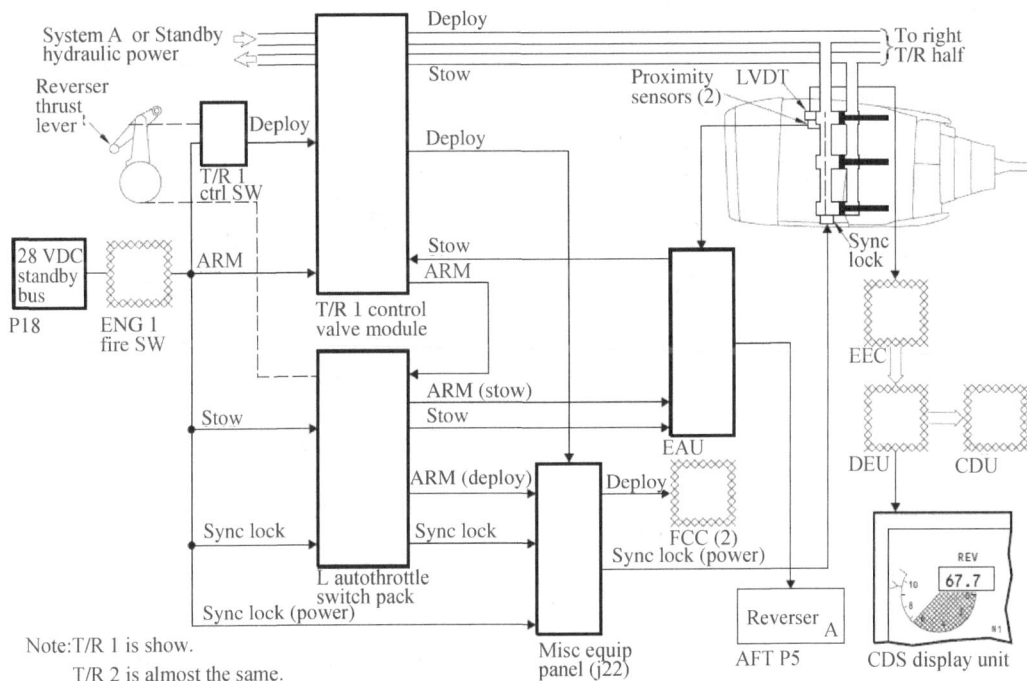

图 9-4　反推系统工作原理图

　　[注]　System A Standby hydraulic power—A 系统或备用液压动力;Reverser thrust lever—反推手柄;28 VDC standby bus—28 伏直流备用汇流条;NEG 1 fire sw—1 号发动机火警开关;Deploy—展开;Stow—收回;Proximity sensors—接近传感器;To right T/R half—去右半反推;T/R 1 control valve module—1 号反推操纵阀模式;Sync lock—同步锁;ARM—操作臂;CDS display unit—通用显示组件。

9.3.1 反推系统部件组成

每台发动机由左右两半反推组成,每半个反推组件上共有如下 10 类部件(见图 9 - 5):

(1)1 个平移罩(Translating sleeve);

(2)3 个液压作动筒和 2 个同步轴(3 Hydraulic actuators and 2 sync shafts);

(3)6 个格栅(6 Cascade segments);

(4)5 个阻流门(5 Blocker doors);

(5)5 个阻流门撑杆(5 Blocker door drag links);

(6)1 个反推打开作动器(1 T/R opening actuator);

(7)力矩盒(Torque box);

(8)风扇涵道内壁(Fan duct inner wall);

(9)3 个接近门(3 Access doors);

(10)上下滑块和导轨 (Upper and low sliders and tracks)。

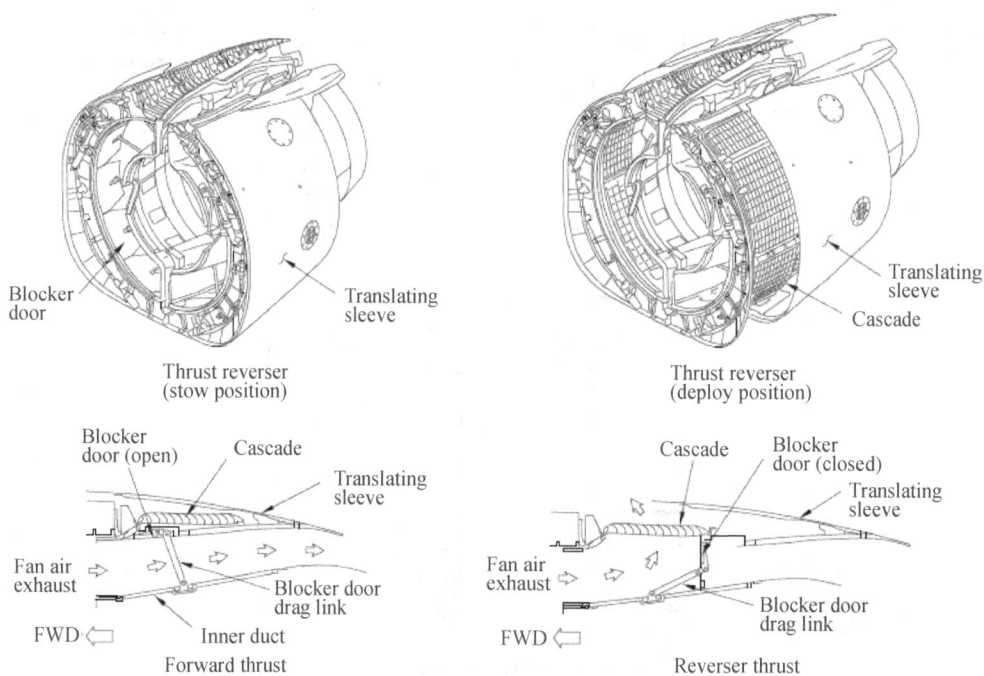

图 9 - 5　反推部件组成结构图

发动机反推组件上各部件的安装位置如图 9 - 6 所示。

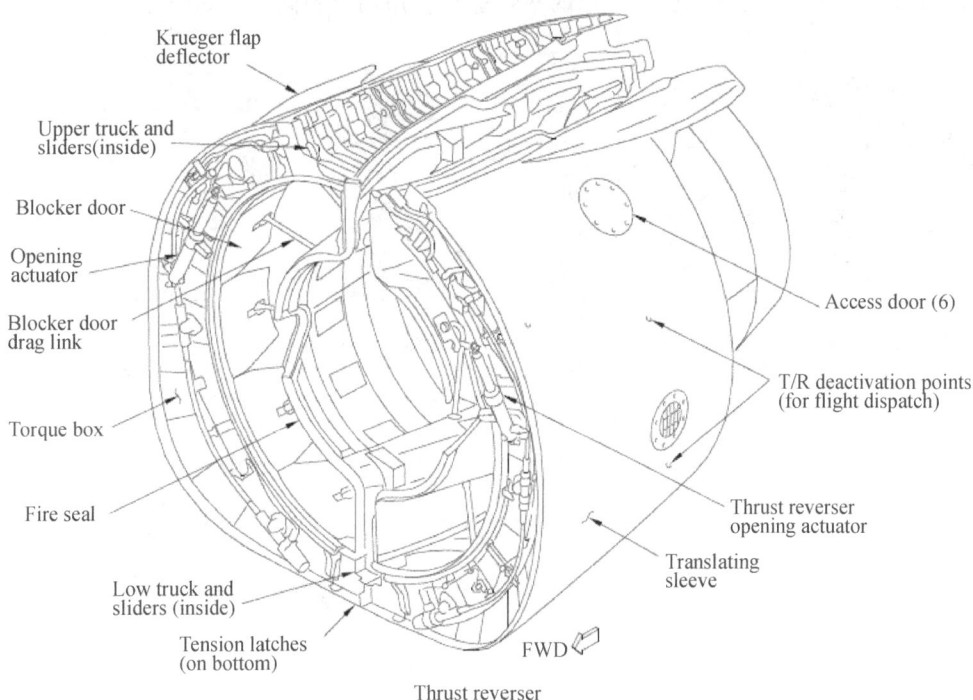

图 9-6 反推部件安装位置图

[注] Blocker door—阻流门；Translating sleeve—平移罩；Thrust reverser(stow position)—反推(收回位置)；Deploy position—放出位置；Cascade—格栅；Fan air exhaust—风扇排气；Blocker door drag link—阻流门撑杆；Inner duct—内管道；Forward thrust—前推力；Reverser thrust—反推力；Krueger flap deflector—襟翼反射板；Upper truck and sliders(inside)—内侧上部导轨和滑块；Opening actuator—打开作动筒；Torque box—扭矩盒；Fire seal—防火封严；Low truck and sliders—下部导轨和滑块；Tension latches—弹性锁；Access door—接近门；T/R deactivation points(for flight dispatch)。

9.3.2 主要部件功能

每一半反推的组成部件多达近 10 种，以下只对平移罩(Translating sleeve)、液压作动筒和同步轴(Hydraulic actuators and sync shaft)、格栅(Cascade segments)以及阻流门(Blocker doors)4 类部件做一个详细的功能介绍。

1. 平移罩

平移罩包含外蒙皮和内蒙皮，外蒙皮在平移罩处于关闭位置时形成发动机的外部整流面，而内蒙皮则形成风扇排气的涵道。另外，在反推打开、平移罩向后推出时，可以露出格栅，同时推动阻流门关闭外涵道，使得外涵道的排气只能从格栅处排出，从而形成反推力，以降低飞机的滑行速度；在反推关闭，平移罩向前收回时，保护格栅等反推部件，同时，恢复外涵道的风扇排气功能，使发动机处于正常工作状态。平移罩的位置可参考图 9-6。

2. 液压作动筒和同步轴

反推平移罩的推出和收回动作都是由液压作动筒驱动的，同步轴的作用则是保持三个作动筒收放的速度一致,以保证平移罩的平稳运行。作动筒和同步轴如图9-7所示。

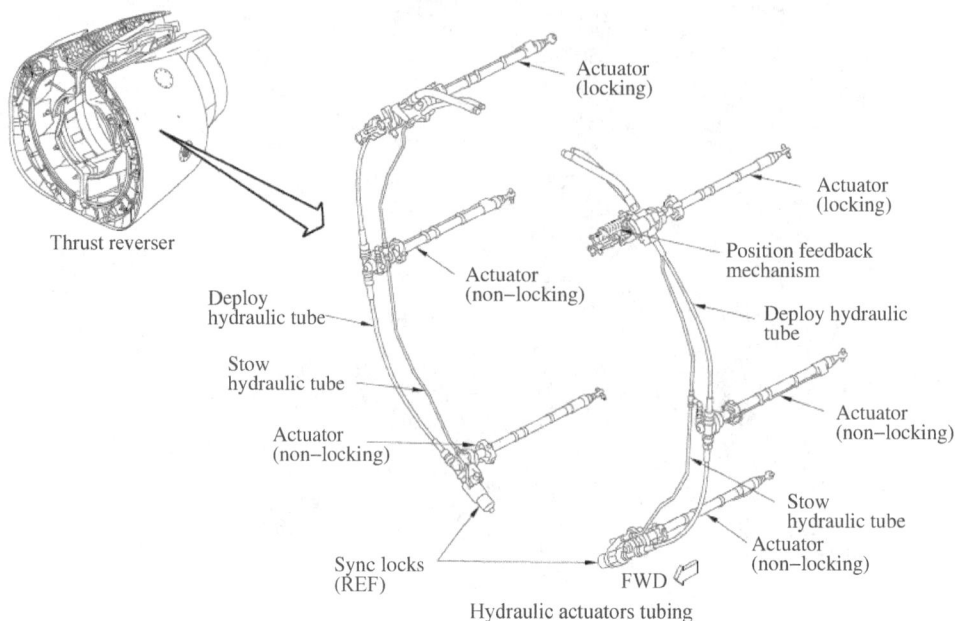

图9-7 液压作动筒和同步轴

[注] Hydraulic actuators tubing—液压作动筒管;Deploy hydraulic tube—放出液压管;Stow hydraulic tube—收上液压管;Actuator(locking)—作动筒(带锁);Actuator(non—locking)—作动筒(没带锁);Sync locks—同步锁;Position feedback mechanism—位置反馈机构。

每半个反推组件中共有三个液压作动筒,其中一个作动筒是带锁作动筒,另外两个是不带锁作动筒。带锁作动筒上安装有一个位置反馈机构和一个手动解锁手柄,位置反馈机构操作一个LVDT,而手动解锁手柄用于在地面维护时的解锁,从而可以手动操纵平移罩的移动。

3.格栅

格栅的作用是在反推打开、平移罩后移之后,将外涵道的风扇排气向外导向排出,以形成反推力,对降落后的飞机起到减速的作用。每半个反推上共6个格栅,因此每台发动机的反推中共有12个格栅。每块格栅都是通过螺栓安装在扭力盒结构上的,具体安装位置如图9-8所示。

4.阻流门

阻流门的功能就是在反推放出平移罩时,对外涵道的风扇排气进行反向导出,并形成反向推力,目的就是给刚降落的飞机一个前进阻力,从而降低飞机的滑跑速度,进而达到减少滑跑距离的目的。当反推收回平移罩时,阻流门是外涵道外墙面的一部分。阻流门支撑杆连接阻流门和风扇涵道的内墙壁面,其相关关系如图9-9所示。

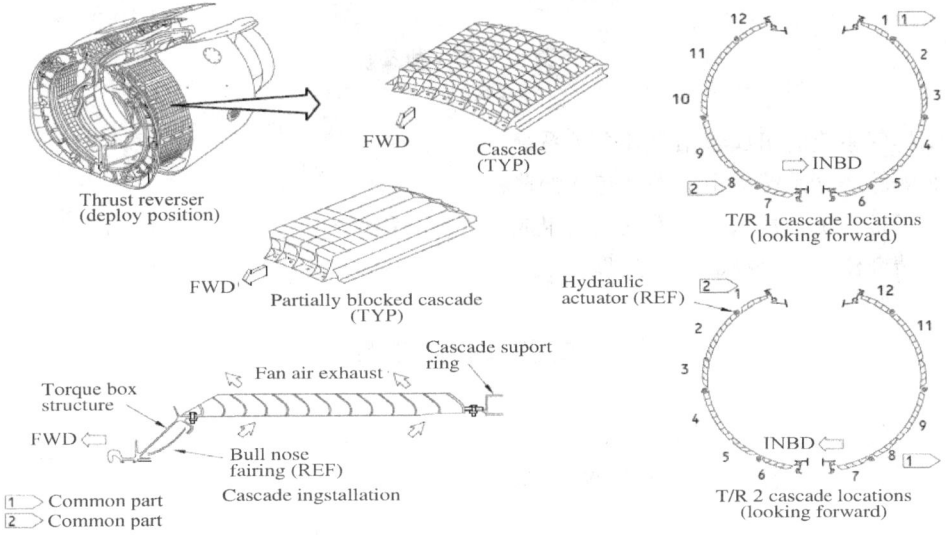

图 9-8　反推格栅安装位置图

[注]　Thrust reverser(deploy position)—反推(打开位置);Cascade—格栅;T/R 1 cascade locations(looking forward)—1 号反推格栅位置图(从前往后看);T/R 2 cascade locations(looking forward)—2 号格栅位置图(从前往后看);Partially blocked cascade—部分堵塞的格栅;Hydraulic actuator—液压作动筒;Cascade suport ring—格栅支撑环;Torque box structure—扭力盒结构;Fan air exhaust—风扇排气;Bull nose fairing—公牛鼻整流罩;Cascade ingstallation—格栅安装。

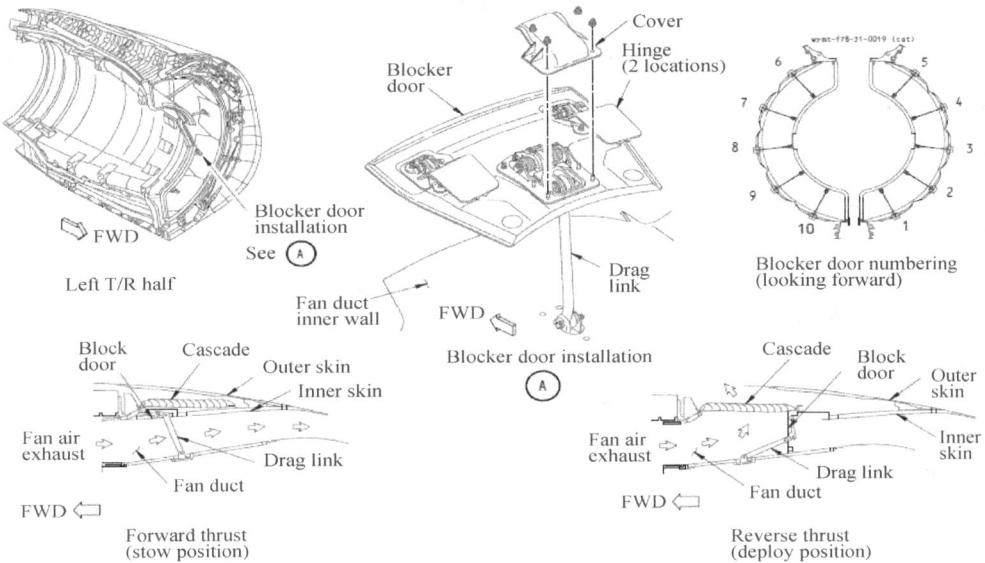

图 9-9　反推阻流门位置图

[注]　Left T/R half—左边一半反推;Blocker door installation—阻流门安装;Block door—阻流门;Cover—盖子;Hinge—铰链;Blocker door numbering(looking forward)—从前看的阻流门排号;Fan duct inner wall—风扇涵道内墙面;Drag link—支撑杆;Fan air exhaust—风扇排气;Cascade—格栅;Outer skin—外蒙皮;Inner skin—内蒙皮;Fan duct—风扇涵道;Stow position—收回位置;Deploy position—放出位置。

复习思考题

1.排气系统的组成包括哪几个子系统？

2.涡轮排气系统的组成部件包括哪些？

3.反推系统是什么？反推系统的组成部件都有哪些？

4.请介绍一下反推的操作过程。

实操训练项目

1.排气尾锥的拆装(见表9-1)。

2.反推包皮的打开和关闭(见表9-2)。

表 9-1 排气尾锥的拆装工作单

训练类型	综合技能训练	维修训练工作单 排气尾锥的拆装(模拟操作)	工作单号	FDJ-MX-001
机 型	波音737		工作区域	发动机模型
工 时	4 学时			

	工作单内容	工作者	QC
训练目标			
	一、拆卸 (1)打开风扇包皮。(Open the fan cowl panel.) (2)打开反推包皮。(Open the thrust reverser.) (3)拆掉涡轮排气口外罩。(Remove the sleeve from the turbine exhaust.) (4)给尾锥装上吊带拆装工具。(Attach the remove-and-install tool to the plug with strap.) (5)给连接尾锥的安装螺帽和螺桩喷上渗透油。(Apply the penetrant oil to the nuts and studs that attach the plug.) (6)在拆装工具起作用情况下,按要求次序拆下螺帽和垫片。(While you hold the plug with the remove-and-install tool, remove the nuts and washers from the plug according to the demand.) (7)把尾锥从后面移动从螺桩处取出。(Move the plug aft away from the studs.)		

续表

训练类型	综合技能训练	维修训练工作单 排气尾锥的拆装（模拟操作）	工作单号	FDJ‑MX‑001
机　　型	波音 737		工作区域	发动机模型
工　　时	4 学时			

工作单内容	工作者	QC
二、安装 （1）用吊带拆装工具连接尾锥。（Connect the remove and install tool to the plug with the strap.） （2）将尾锥 12 点钟位置处的定位孔对准机体上的定位销。（Align the hole on 12 o'clock in the plug mounting ring with the locating pin.） （3）给螺桩上涂上防咬剂。（You must lubricate the thread of the studs and the shank with antiseize compound.） （4）用螺帽和专用垫片连接尾锥，并打上 41～46 N·m 的力矩。（Connect the plug with the nuts and special washers and tighten the nuts to 41‑46 N·m.） （5）从尾锥上拆卸拆装工具。（Remove the remove and install tool from the plug.） （6）安装涡轮排气口外罩。（Install the primary sleeve assembly.） （7）关闭反推包皮。（Close the thrust reverser.） （8）关闭风扇包皮。（Close the fan cowl panel.）		

续表

训练类型	综合技能训练	维修训练工作单 排气尾锥的拆装（模拟操作）	工作单号	FDJ-MX-001
机　型	波音737		工作区域	发动机模型
工　时	4学时			

工作单内容	工作者	QC

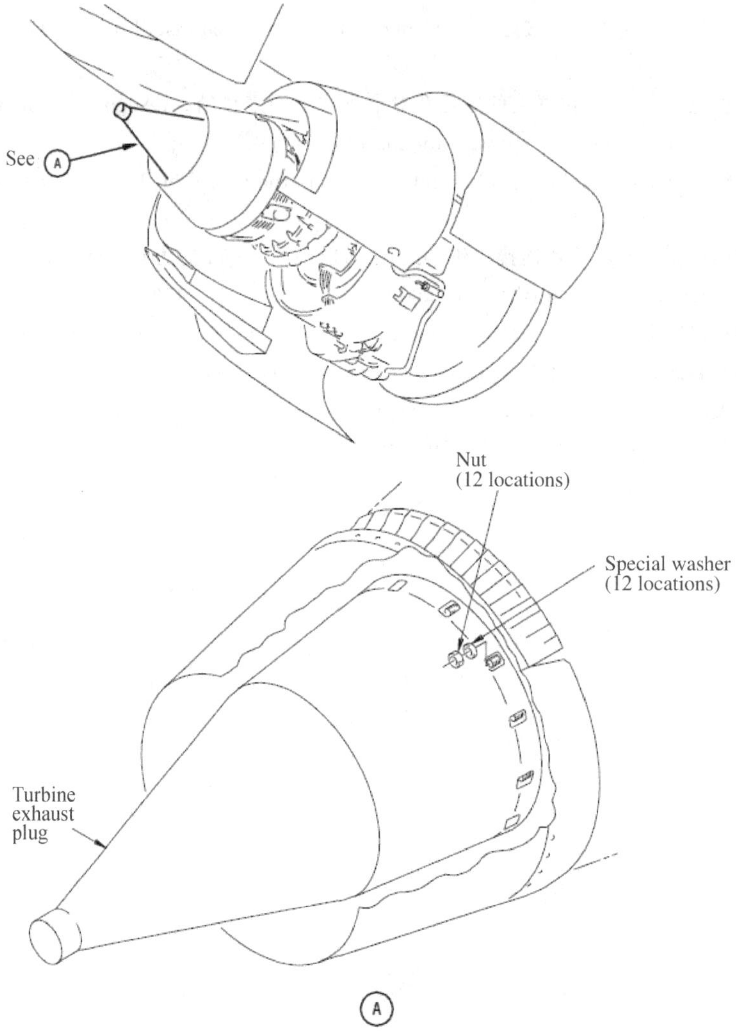

附图 9-1 尾锥安装位置图

[注]　Turbine exhaust plug—涡轮排气尾锥；Nut(12 locations)—螺帽（12个位置）；Special washer—特种垫片。

续表

训练类型	综合技能训练	维修训练工作单 排气尾锥的拆装（模拟操作）	工作单号	FDJ - MX - 001
机　型	波音 737		工作区域	发动机模型
工　时	4 学时			

工作单内容	工作者	Q C

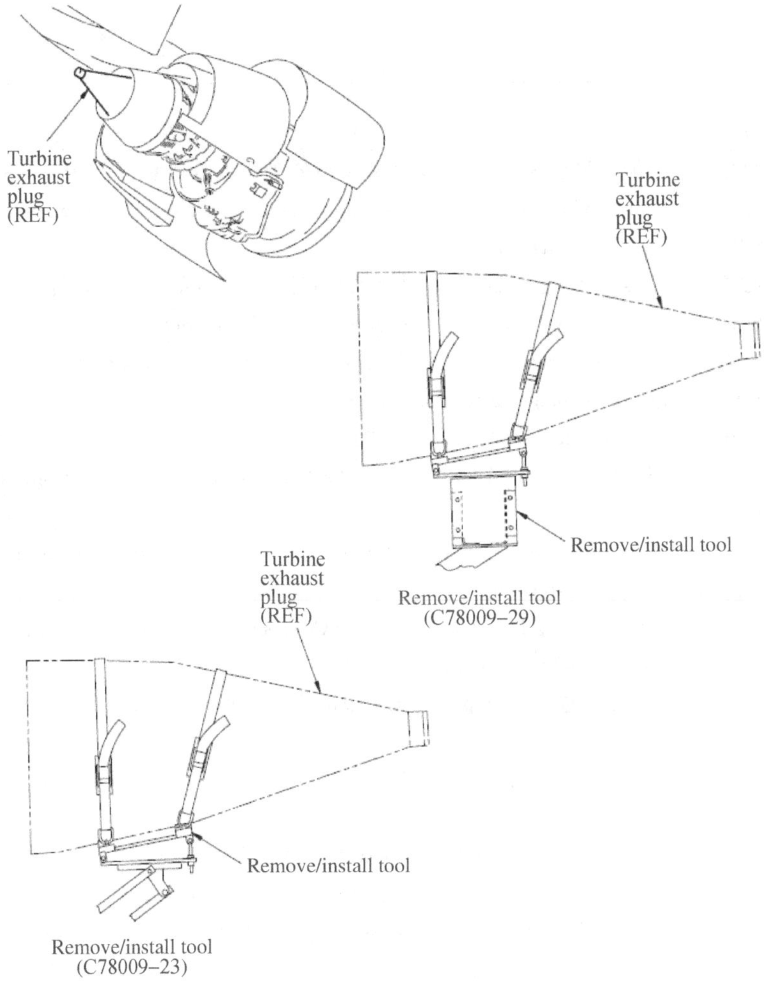

续附图 9 - 1　尾锥安装位置图

［注］　Turbine exhaust plug—涡轮排气尾锥；Remove/install tool—拆装工具。

表 9-2　反推包皮的打开和关闭工作单

训练类型	综合技能训练	维修训练工作单 反推包皮的打开和关闭	工作单号	FDJ-MX-001
机　　型	波音 737		工作区域	发动机模型
工　　时	4 学时			

工作单内容	工作者	QC
训练目标		
一、打开 (1)如果要打开内侧反推包皮,那么前缘襟翼必须处于全部收回状态。(If you will open the reverser half on the inboard side of the engine, make sure the leading edge devices are in the fully retracted configuration.) 　　警告:必须先对反推做一次锁闭操作,如果反推没有锁闭,反推的不正常运行可能造成人员的伤害或设备的损伤。(WARNING: make sure you do the deactivation procedure for the thrust reverser. If the thrust reverser is not locked, it can accidentally operate and cause injury to persons and damage to equipment.) (2)打开风扇包皮。(Open the fan cowl panel.) (3)沿反推包皮底部中线打开 5 个锁。(Open the five latches along the bottom centerline of the thrust reverser.) (4)拆掉反推打开作动筒接头上的防尘罩(见附图 9-2)。(Remove the dust cap from the inlet fitting on the reverser opening actuator.) (5)把手动泵的软管接上反推打开作动筒接头。(Connect the hand pump hose to the inlet fitting on th reverser opening actuator.) (6)用手动泵打开反推包皮。(Operate the hand pump to fully open the reverser half.) (7)给作动筒伸出部分装上固定锁。(Install the actuator lock on the extended piston rod.) (8)打开手动泵上的活门,让半个反推支撑在被锁定的作动筒上。(Open the valve on the hand pump and let the reverser half be held by the locked reverser opening actuator.) (9)关闭手动泵上的活门,拆下泵接头,给作动筒接头装上防尘罩。(Close the valve on the hand pump and disconnect the hose from the reverser opening actuator, install a dust cap on the inlet fitting of the actuator.)		

续表

训练类型	综合技能训练	维修训练工作单 反推包皮的打开和关闭	工作单号	FDJ - MX - 001
机　　型	波音 737		工作区域	发动机模型
工　　时	4 学时			

工作单内容	工作者	QC
二、关闭 （1）关闭手动泵上的活门。（Close the valve on the hand pump.） （2）拆掉反推打开作动筒进口接头上的防尘罩。（Remove the dust cap from the inlet fitting on the reverser opening actuator.） （3）连接手动泵上的软管到反推打开作动筒接头上。（Connect the hand pump hose to the inlet fitting on the reverser opening actuator.） （4）操纵手动泵，直到作动筒支撑了反推的重量。（Operate the hand pump until the weight ofthe reverser half is off the reverser opening actuator.） （5）拿掉作动筒锁。（Remove the actuator lock from the extended piston rod.） （6）缓慢打开手动泵上的活门，让半个反推下降。（Slowly open the valve on the hand pump and let the reverser half come down.） （7）当半个反推全部下降完后，马上关闭手动泵上的活门。（When the reverser half is down，immediately close the return valve on the hand pump.） （8）从反推打开作动筒上拆掉手动泵上的软管接头。（disconnect the hand pump hose from the reverser opening actuator.） （9）给接头装上防尘盖。（Install a dust cap onthe inlet fitting on the reverser opening actuator.） （10）闭合两半反推后，关闭 5 个反推锁。（Push the reverser halftogether and engage the five latches along the bottom centerline of the thrust reverser.） （11）关闭风扇包皮。（Close the fan cowl panel.）		

续表

训练类型	综合技能训练	维修训练工作单 反推包皮的打开和关闭	工作单号	FDJ - MX - 001
机　型	波音 737		工作区域	发动机模型
工　时	4 学时			

工作单内容	工作者	Q C

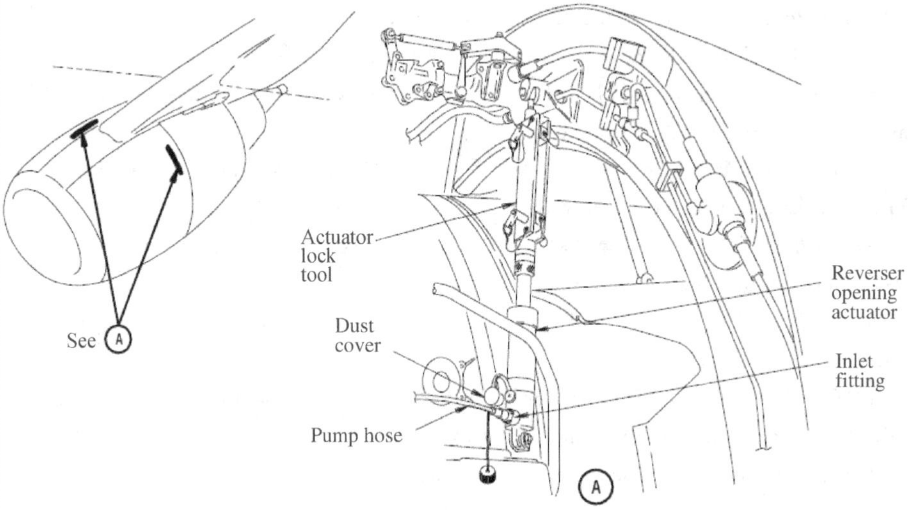

附图 9 - 2　反推打开示意图

[注]　Actuator lock tool—作动筒锁工具;Dust cover—防尘罩;Pump hose—泵软管;Reverser opening actuator—反推打开作动筒;Inlet fitting—进口接头。

第10章 发动机滑油系统

10.1 发动机滑油系统概述

发动机滑油系统是对发动机内部轴承和附件齿轮箱的齿轮进行润滑、降温,同时将磨损出的碎屑带出发动机内部的重要系统,包括以下三大子系统:

(1)滑油存储系统(Storage system)。滑油存储系统的主要部件就是滑油箱。滑油箱的详细介绍见 10.2.1。

(2)滑油分配系统(Distribute system)。滑油分配系统又包含供油(Supply)、回油(Scavenge)和通气(Vent)三部分,如图 10-1 所示。

(3)滑油指示系统(Indication system)。滑油分配系统中共有滑油箱、防漏阀、润滑组件、滑油/燃油热交换器、滑油滤 7 个主要部件。其中,润滑组件是一个组合件,包含了供油泵、供油滤、3 个回油泵以及磁性碎屑探测器等,是滑油系统中的关键部件;滑油箱负责存储滑油,保证滑油的持续供给,也是平时维护工作中需要经常接触的部件,对于这两个部件会在下一节中做详细的介绍。

滑油指示系统指示 5 个参数:

(1)回油滤旁通指示(Scavenge oil filter bypass indication);

(2)低滑油压力指示(Low oil pressure indication);

(3)滑油压力指示(Oil pressure indication);

(4)滑油温度指示(Oil temperature indication);

(5)滑油量指示(Oil quantity indication)。

回油滤旁通指示和低滑油压力指示除了可以在主显示器上显示之外,还有报警灯显示;而滑油压力、滑油温度以及滑油量指示则在驾驶舱 P2 面板上的次级显示器上显示。

滑油系统的内部通气,是因为在高压滑油润滑轴承时,需要利用引自发动机高压压气机的空气对喷射到轴承上的高压润滑油进行油封,以确保滑油对轴承的充分润滑,而完成油封任务的高压空气需要经过油气分离器将空气分离出来后排出到发动机外部,这就构成了发动机滑油系统的内部通气系统。油气分离器安装在发动机的内部,而排气则是经过中心通气管排出到机体外面的。通气系统空气/滑油分离原理,如图 10-2 所示。

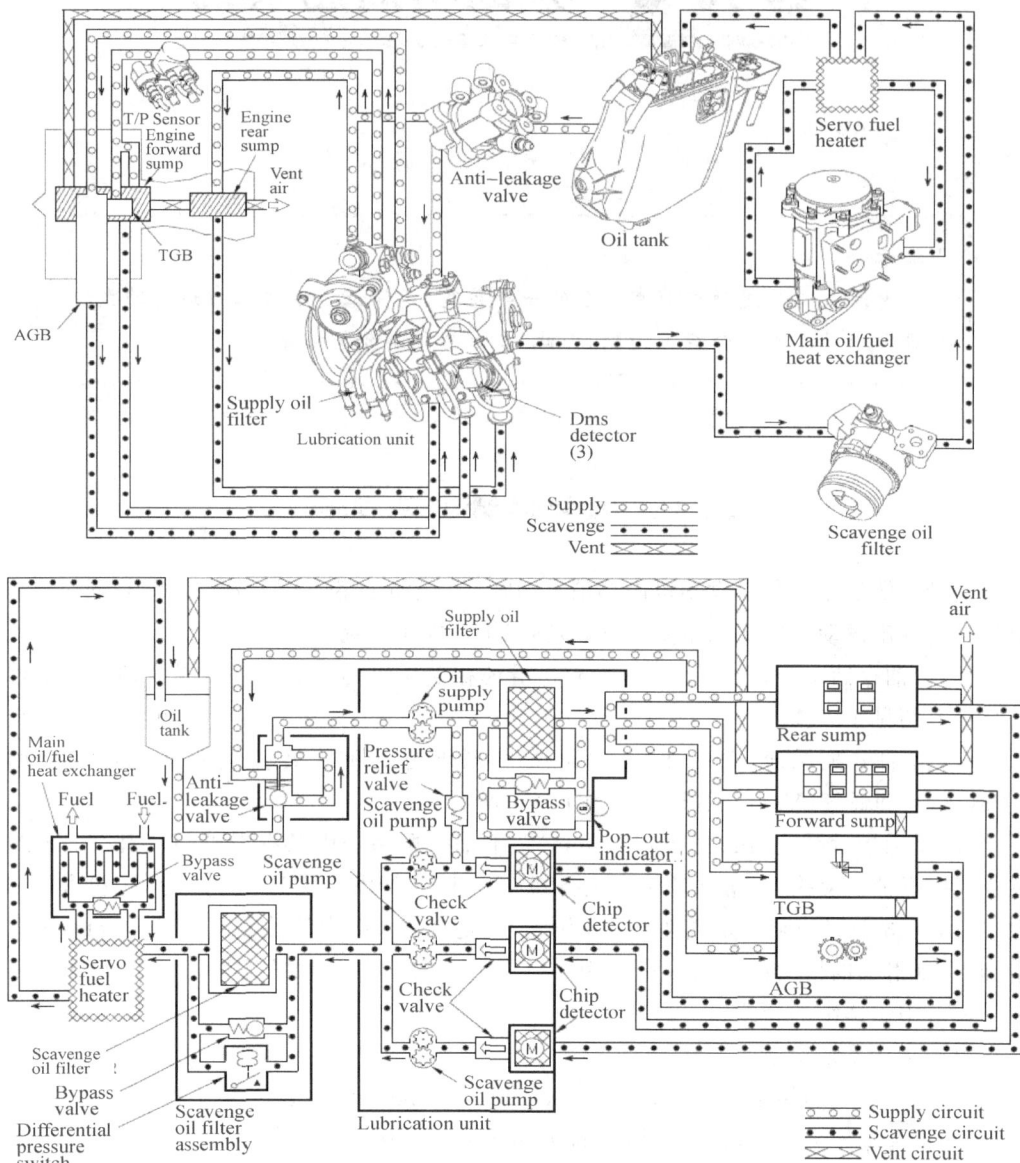

图 10-1　滑油分配系统主要部件流路关系原理图

〔注〕　Supply—供油路;Scavenge—回油路;Vent—通气路;Secondary engine display unit(P2)—P2 面板上的次级发动机显示器;Oil tank—滑油箱;Anti-leakage valve—防漏阀;Lubrication unit—润滑组件;T/P Sensor—温度/压力传感器;Scavenge oil filter—回油滤;Main oil/fuel heat exchanger—主滑油/燃油热交换器;Servo fuel heater—伺服燃油加热器;Bypass valve—旁通阀;Check valve—单向活门;Rear sump—后收油池;Forward sump—前收油池;Pop-out indicator—弹出指示器。

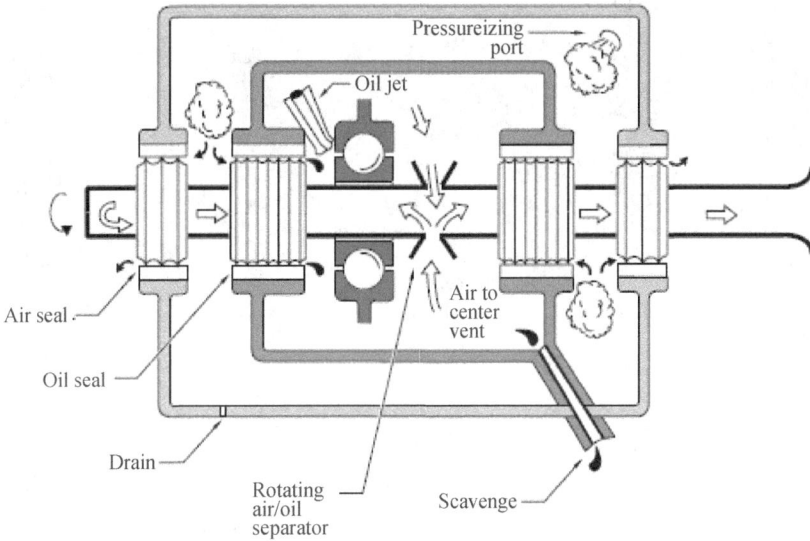

图 10 - 2　滑油通气系统原理图

［注］　Pressureizing port—增压空气进口；Oil jet—喷油口；Air seal—空气封严；Oil seal—油封严；Drain—排放口；Rotating air/oil separator—旋转式油气分离器；Scavenge—回油口；Air to center vent—中心通气管。

10.2　发动机滑油系统主要部件

滑油系统的组成部件虽然不多，但是主要部件上都组合了多项功能。本节对滑油系统的滑油箱（Oil tank）、防漏阀（Anti - leakage valve）、润滑组件（Lubrication unit）、主滑油/燃油热交换器（Main oil/fuel heat exchanger）、回油滤组件（Scavenge filter）5 个重要部件做详细的介绍。

10.2.1　滑油箱

滑油箱有以下三项功能：

（1）存储发动机滑油（Contains the engine oil）；

（2）去除回油中的空气（Removes the air from the scavenge oil）；

（3）做目视滑油量检查和加滑油（Lets you do an oil level check and fill the oil system）。

滑油箱安装在发动机风扇机匣右侧约 3 点钟位置处，外观如图 10 - 3 所示。

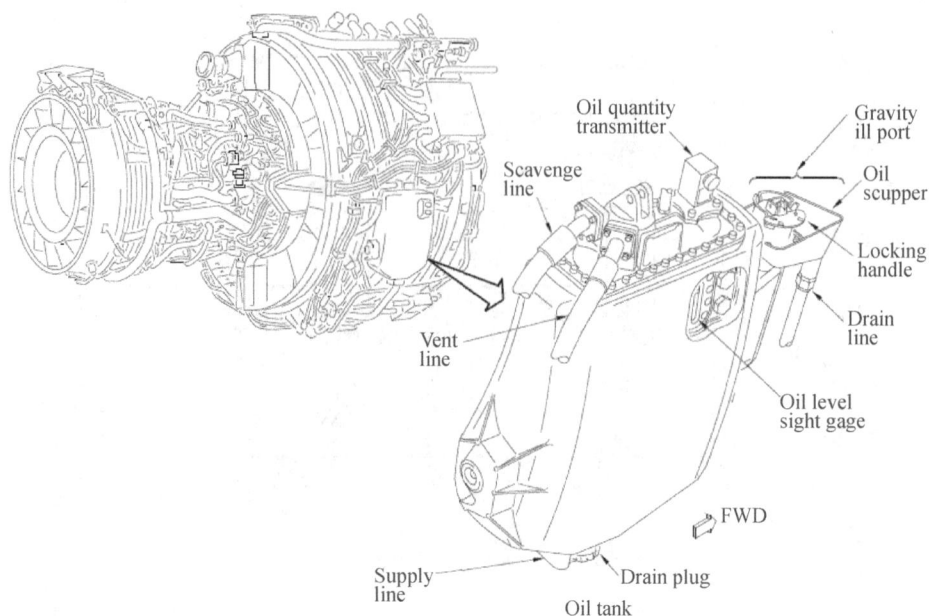

图 10-3 滑油箱安装位置图

[注] Supply line—供油管路；Vent line—通气管路；Scavenge line—回油管路；Oil quantity transmitter—滑油量传感器；Gravity fill port—重力加油口；Oil scupper—滑油排放口；Locking handle—锁炳把手；Drain line—排放管；Oil level sight gage—滑油标尺；Drain plug—排放堵头。

滑油箱的前面安装了观察窗口，观察窗口上有标尺，可以看到滑油存油量的液面高度，在加滑油时方便观察。对于右发来说，需要加滑油到约 20.2 L，由于倾斜的机翼原因，左发加油量一般高于右发，具体用量参考维修手册。

滑油箱的上部右侧安装了滑油重力加油口和漏油接口，可以利用滑油重力加油口进行重力加油，多余的滑油将从漏油口流出到漏油管路中排出机外。在重力加油口上安装有口盖锁炳，不使用该加油口时，可以将该加油口锁住。

滑油箱的底部安装有排油口，排油口上安装有堵头，拆卸堵头后可用于排出旧滑油。

10.2.2 防漏阀

防漏阀的作用是当地面维护或检查滑油系统磁性碎屑时，关闭该阀门，防止滑油箱内的滑油从拆下的磁堵处漏出，而当发动机开始运转时，通过附件齿轮箱驱动滑油供油泵泵工作，供油泵输出的高压滑油可以打开防漏阀活门，使得滑油箱内的滑油顺利进入供油管路，完成润滑发动机内部轴承及附件齿轮箱的工作。

防漏阀安装在风扇机匣上的附件齿轮箱后端约 6 点钟位置处，如图 10-4 所示。

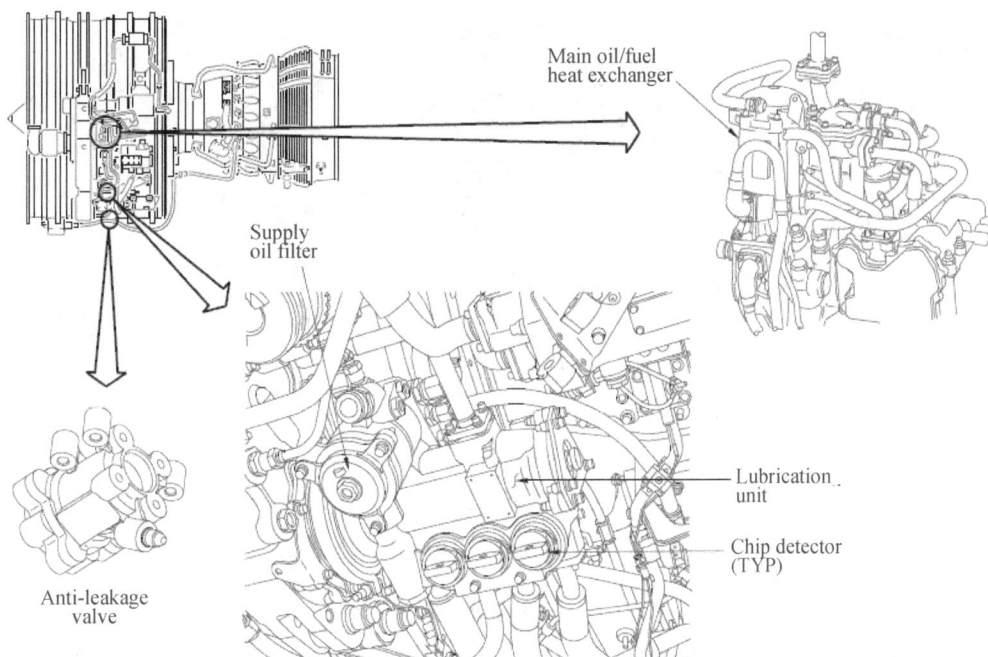

图 10 - 4　防漏阀安装位置及外观图

〔注〕　Anti—leakage valve—防漏阀；Supply oil filter—供油滤；Main oil/fuel heat exchanger—主滑油/燃油热交换器；Lubrication unit—润滑组件；Chip detector—碎屑探测器。

10.2.3　润滑组件

润滑组件是一个组合部件,安装在发动机风扇机匣上的附件齿轮箱后端面上约 6 点钟位置处,其中包含了 7 个部件,其外观如图 10 - 5 所示。

(1)滑油供油泵(Oil supply pump)。

(2)滑油供油滤(Supply oil filter)。

(3)供油滤旁通活门(Supply oil filter bypass valve)。

(4)弹出指示器(Pop - out indicator)。

(5)释压活门(Pressure relief valve)。

(6)3 个回油泵(Oil scavenge pump)。

(7)3 个碎屑探测器(Chip detector)或三个碎屑监测系统探测器(Debris monitoring system detectors)。

润滑组件上的供油泵和三个回油泵都由附件齿轮箱驱动,这四个泵都是齿轮泵,由一个公共轴驱动。润滑组件上的供油泵由附件齿轮箱带动,滑油的供油压力随着发动机转速的提高而提高,该压力不可调节。下面简单介绍滑油供油滤(Oil supply filter)、碎屑探测器(Chip detector)以及碎屑监控系统(Debris monitoring system)。

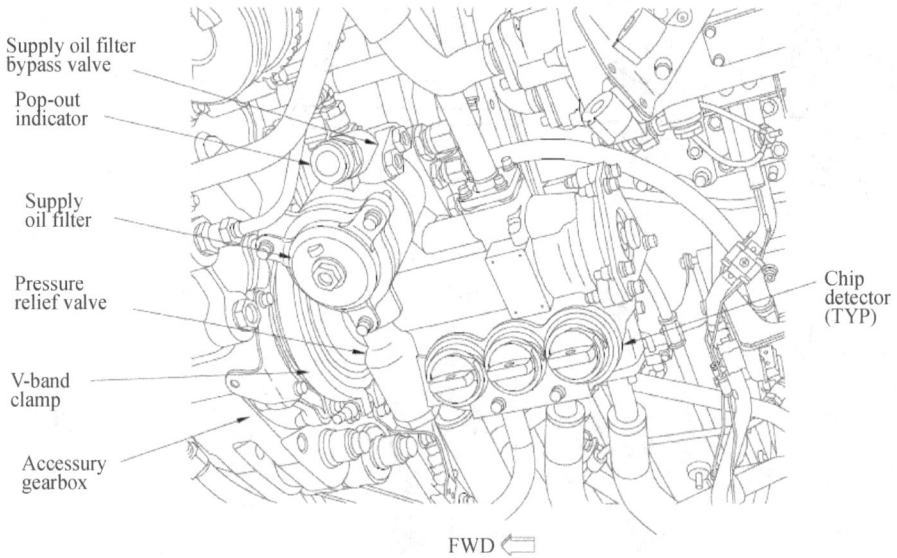

图 10 - 5　润滑组件外观示意图

［注］　Accessury gearbox—附件齿轮箱；V - band clamp—V 型卡箍；Pressure relief valve—释压活门；Supply oil filter—供油滤；Pop - out indicator—弹出指示器；Supply oil filter bypass valve—供油滤旁通活门；Chip detector—碎屑探测器。

10.2.3.1　供油滤

滑油供油滤安装在润滑组件上，其作用是防止不干净或含有藏物的滑油进入供油回路中。

滑油供油滤滤芯由过滤纸制造，为一次性部件，油滤堵塞后，需报废该滤芯。滤芯安装在润滑组件安装滤芯的壳体中，有堵盖盖住滤芯，堵盖的中心位置处设置有放油塞。

在滑油滤滤芯壳体旁边设置了弹出指示器，当油滤堵塞时，滑油滤旁通活门打开，弹出指示器上的红色指示销弹出，表明油滤堵塞了，需要更换滤芯。在更换滤芯时，需要先将油滤壳体中的滑油放出，而放出油滤壳体中的滑油只需要将油滤壳体堵盖上的堵头拆下即可放出壳体中的滑油了。

供油滤安装位置图参考图 10 - 6 所示。

10.2.3.2　碎屑探测器（Chip detector）

在回油路上安装有金属碎屑探测器，探测器可以将金属碎屑吸附到常称之为"磁堵"的探测器上，通过分析这些金属碎屑，即可获知发动机轴承和齿轮箱上齿轮的损伤情况。

金属碎屑探测器共有 3 个，分别安装在润滑组件上的 3 个回油泵前端，如图 10 - 7 所示，3 个回油路分别对应 3 个磁堵，每个回路上的滑油都需先经过磁堵后才能进入回油泵，回油泵再分别将各自回路中的滑油抽回，3 个回油路分别是前集油槽（Forward sump）、后集油槽（Rear sump）以及附件齿轮箱和转换齿轮箱（AGB and TGB）。

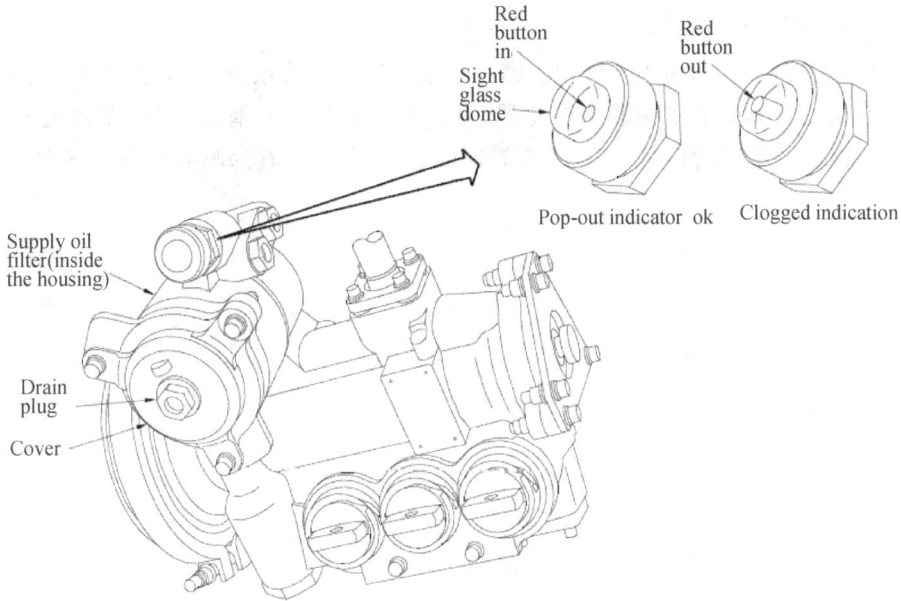

图 10 - 6　供油滤安装位置示意图

[注]　Cover—盖子；Drain plug—排油堵头；Supply oil filter(inside the housing)—安装在壳体中的供油滤；Sight glass dome—观察窗；Red button in—红色按钮进入；Red button out—红色按钮弹出；Pop - out indicator—弹出指示器；Clogged indication—堵塞的指示器。

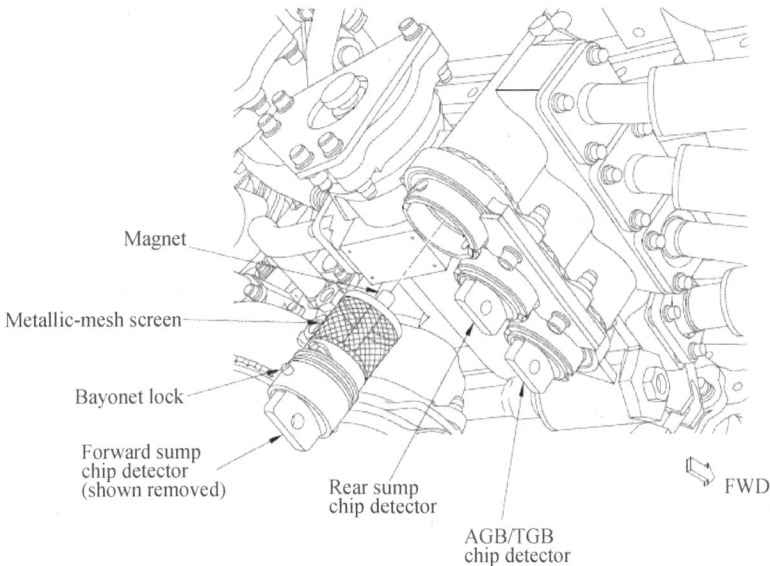

图 10 - 7　碎屑探测器安装位置示意图

[注]　Magnet—磁头；Metallic - mesh screen—金属网窗口；Bayonet lock—卡销锁；Rear sump chip detector—后收油池碎屑探测器；Forward sump chip detector—前收油池碎屑探测器；AGB/TGB chip detector—AGB/TGB 碎屑探测器。

10.2.3.3 碎屑监控系统

在某些新机型上,润滑组件的回油路中安装有碎屑监控系统,该系统与前述碎屑探测器用途相似,但由于其安装了探测器传感器,可以在磁堵上的碎屑过多时,在机组 P2 面板上的 CDS 上报警显示磁堵信息,所以该碎屑探测过程更全面,其探测器外观如图 10 - 8 所示。

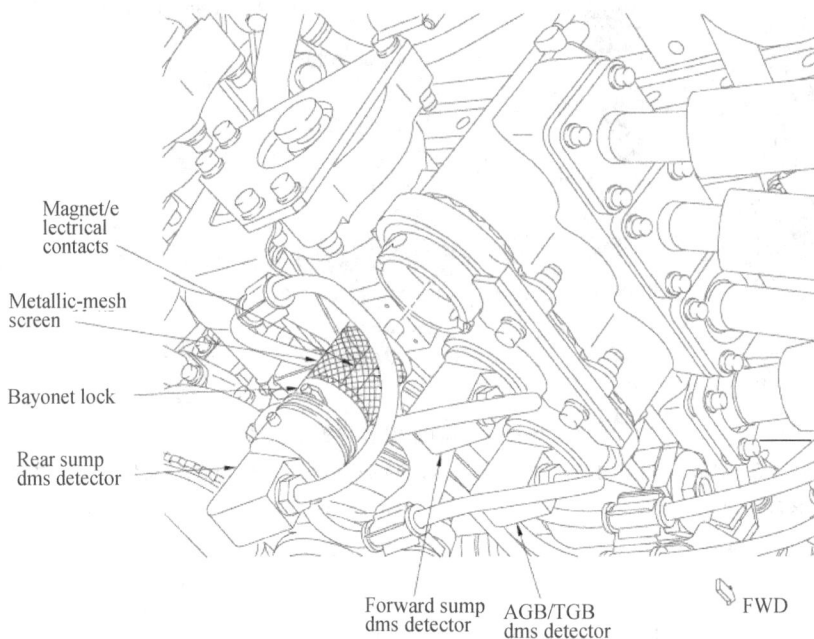

图 10 - 8　DMS 安装位置示意图

［注］　Magnet/electrical contacts—磁/电接触器;Metallic - mesh screen—金属网窗口;Bayonet lock—锁销;Rear sump—后收油池;Forward sump—前收油池;AGB/TGB dms detector—AGB/TGB 碎屑探测系统探测器。

10.2.4　主滑油/燃油热交换器

主滑油/燃油热交换器的作用是用低压燃油泵出口的低温燃油给滑油系统中的高温回油进行降温的部件,只有将滑油系统中的高温回油降温后才能将回油送回到滑油箱,从而完成一个润滑循环,其结构及外观如图 10 - 9 所示。

主滑油/燃油热交换器安装在燃油泵组件上,约在风扇机匣的附件齿轮箱后端面上 8 点钟位置处。

主滑油/燃油热交换器由以下三个部件组成:

(1)热交换器芯(Exchange core);

(2)壳体(Housing);

(3)盖子(Cover)。

主滑油/燃油热交换器还有一个滑油旁通活门,当热交换器芯体堵塞时,滑油旁通活门就会打开,可以保证滑油仍然能够流过热交换器芯体,但这时可能就达不到降低滑油温度的作用了。

当燃油压力高于滑油压力时,有可能出现燃油渗漏到滑油回油路中的情况发生,此时需更换主滑油/燃油热交换器,更换方法参见相关操作指导。

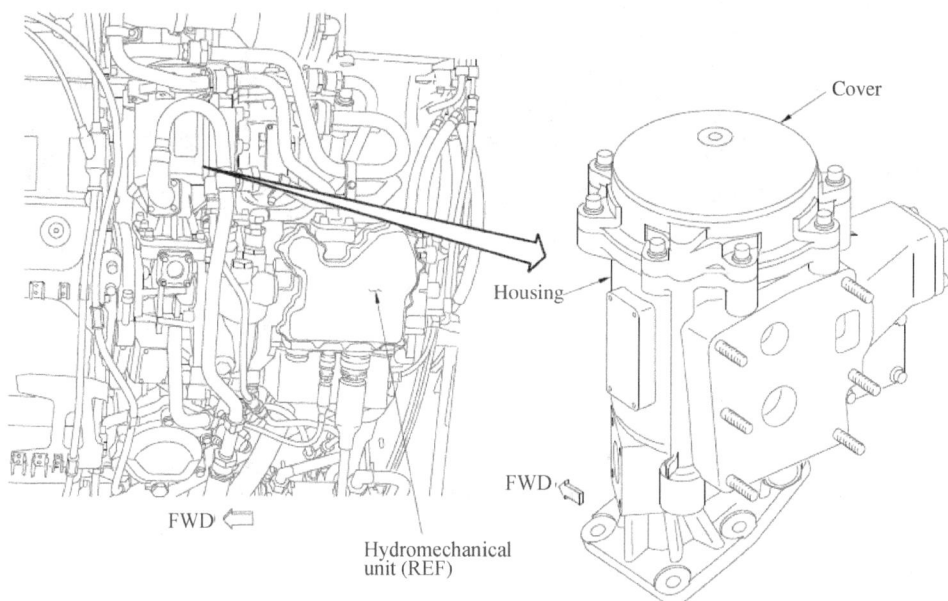

图 10 - 9　主滑油/燃油热交换器安装位置及外观图

［注］　Hydromechanical unit—HMU 组件;Housing—壳体;Cover—盖子。

10.2.5　回油滤组件(Scavenge filter)

滑油系统回油滤的关键部件是滤芯和油滤堵塞传感器,除此之外,还包括壳体及安装滤芯的罩碗。回油滤组件安装在发动机附件齿轮箱后端面约 7 点钟位置处,具体外观及安装位置如图 10 - 10 所示。

滑油滤滤芯也是纸质部件,其作用就是过滤掉回油中的杂质及各类碎屑,当滑油滤检查完成后,应该报废并更换滤芯。容易产生金属碎屑的部位都是润滑油所到的运动部件处,包括发动机的主轴承(Main engine bearing)、齿轮(Gear)、齿轮轴承(Gear bearing)以及回油泵(Scavenge pump)。

为防止罩碗松动,在安装好滤芯之后,对罩碗需要打保险。

为防止堵塞回油路,在回油滤壳体上安装了旁通活门,当滤芯堵塞时,旁通活门打开,可以将回油通过旁通活门导流回滑油箱。同时,在回油滤壳体上还安装有堵塞传感器,当油滤堵塞时,传感器会发出信号给机组驾驶舱,以报警显示灯的方式通知驾驶员油滤回油路油滤堵塞。

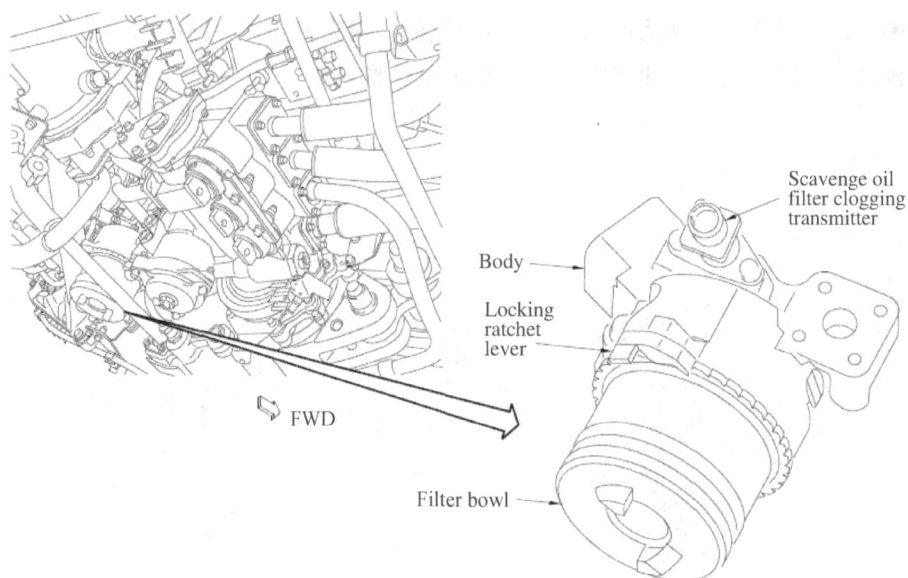

图 10-10 滑油系统回油滤安装位置及外观图

〔注〕 Filter bowl—油滤罩碗；Locking ratchet lever—棘轮锁炳；Scavenge oil filter clogging transmitter—回油滤堵塞传感器；Body—壳体。

10.3 发动机滑油指示系统

发动机滑油系统可以将以下 4 个参数显示到位于驾驶舱中央仪表板 P2 面板上的主显示器和次级显示器上：

(1)滑油量(Oil quantity)；

(2)滑油压力(Oil pressure)；

(3)滑油温度(Oil temperature)；

(4)回油滤堵塞(Oil scavenge filter condition)。

其中，滑油量由滑油量传感器采集数据，并将该数据直接传递到显示器 CDS/DEUs 上。而其他三个参数则分别由各自的传感器先将采集的数据传递给 EEC，然后从 EEC 再传递到 CDS/CDUs 上。

滑油压力传感器和滑油温度传感器安装在同一个壳体上，形成一个组件；滑油量传感器安装在滑油箱上表面上，是容积式传感器；滑油压力和滑油温度传感器组件安装在发动机风扇机匣上 10 点钟位置处；滑油回油滤堵塞传感器安装在滑油滤壳体上，滑油滤安装在附件齿轮箱后端面 7 点钟位置处。

滑油指示系统传感器的安装位置如图 10-11 所示；滑油指示系统数据采集线路原理如图 10-12 所示。

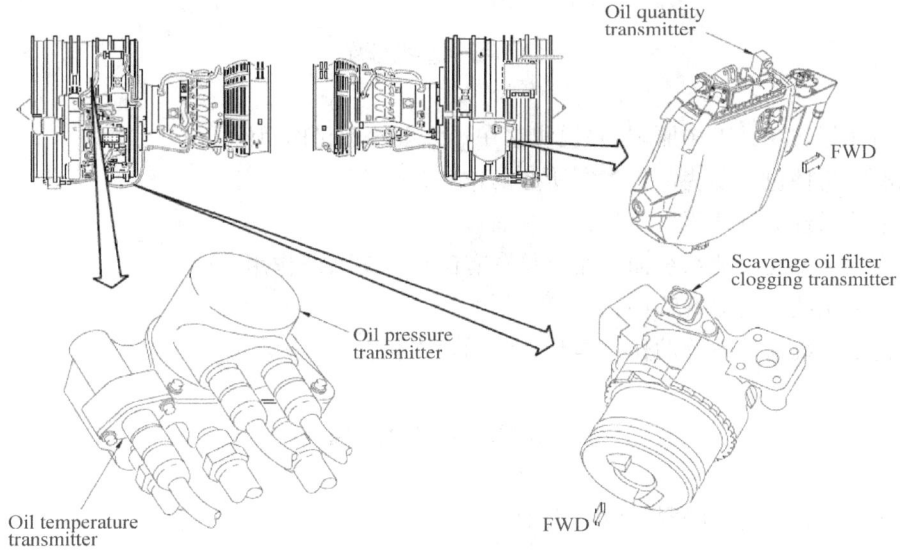

图 10-11　滑油指示系统传感器安装位置图

［注］　Oil temperature transmitter—滑油温度传感器；Oil pressure transmitter—滑油压力传感器；Oil quantity transmitter—滑油量传感器；Scavenge oil filter clogging transmitter—滑油滤堵塞传感器。

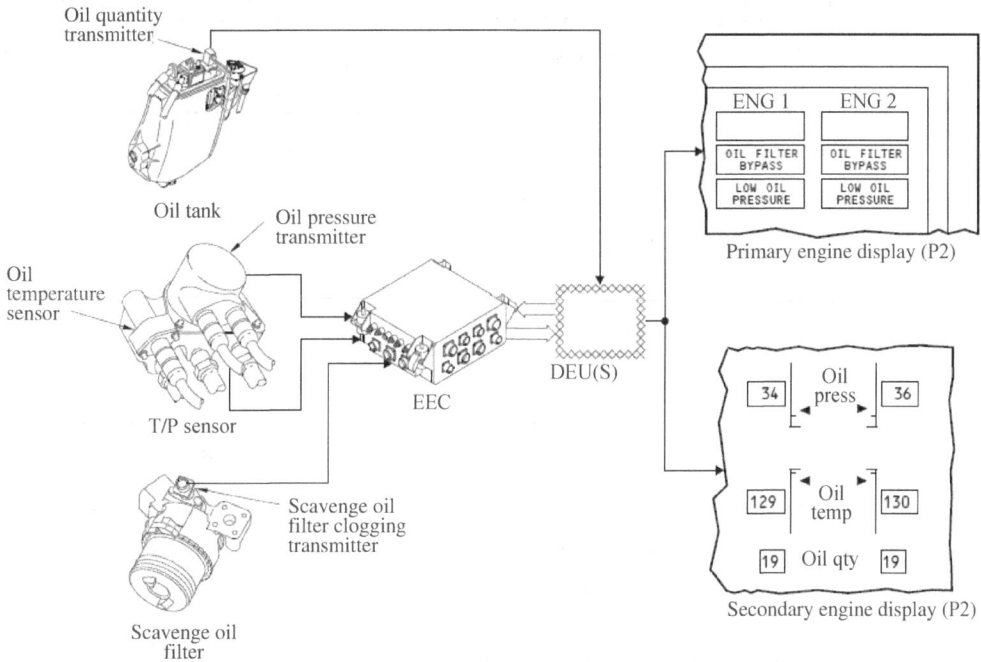

图 10-12　滑油指示系统传感器线路连接图

［注］　Oil tank—滑油箱；Scavenge oil filter—滑油滤；Primary engine display—发动机主显示器；Secondary engine display—发动机次级显示器；Oil temperature sensor—滑油温度传感器；Oil pressure transmitter—滑油压力传感器；Oil quantity transmitter—滑油量传感器；Scavenge oil filter clogging transmitter—滑油滤堵塞传感器。

复习思考题

1.请介绍防漏阀工作原理,并说明它在什么条件下起作用?

2.润滑组件包括哪些部件?它所起的作用是什么?

3.滑油系统的供油压力是怎么控制的?

4.为什么要在滑油系统回油路上设置有磁堵?磁堵的作用是什么?

5.滑油系统的功能有哪些?

6.滑油系统通气系统的作用是什么?如何工作?

实操训练项目

1.燃油/滑油热交换器拆装(见表 10 - 1)。

2.滑油量传感器的拆装(见表 10 - 2)。

表 10 - 1　燃油/滑油热交换器拆装工作单

训练类型	综合技能训练	维修训练工作单 燃油/滑油热交换器拆装(模拟操作)	工作单号	FDJ - MX - 001
机　型	波音 737		工作区域	发动机模型
工　时	4 学时			

	工作单内容	工作者	QC
训练目标			
	一、拆卸 (1)关闭电源并挂上"不要操作"警告牌。(Remove the electrical power and put a "DO - NOT - OPERATE" tag on the switches.) (2)打开左侧的风扇包皮。(Open the left fan cowl panel.) (3)在下方放置一个承废油的容器。(Put a container below the fuel pump and MEC.) (4)从伺服燃油加热器端断开"燃油出"固定螺帽。(Disconnect the coupling nut for the"fuel out" tube from the servo fuel heater.) (5)拧松但不要断开另一端"燃油出"管路接头的固定螺帽。(Loosen, but do not disconnect, the tube coupling nut at the opposite end of the"fuel out"tube.) (6)拆掉"燃油进"管路。(Remove the"fuel in" tube.)		

续表

训练类型	综合技能训练	维修训练工作单	工作单号	FDJ-MX-001
机　型	波音 737	燃油/滑油热交换器拆装(模拟操作)	工作区域	发动机模型
工　时	4 学时			

工作单内容	工作者	QC
(7)依次拆掉"滑油进"和"滑油出"管路连接端的固定螺帽。(Disconnect the coupling nut for"oil in" and "oil out" tubes according to the demand.) (8)按要求次序从燃油泵壳体上拆掉 6 个热交换器固定螺帽和垫片。(Remove the nuts and washers 6 location that attach the heat exchange to the fuel pump according to the demand.) (9)拿下然交换器和垫圈。(Remove the main fuel/oil heat exchange and gasket.) 二、安装 (1)确保主滑油/燃油热交换器和燃油泵结合面上平整且干净。(Make sure the mating surface on the main fuel/oil heater exchange and fuel pump are clean and in good condition.) (2)在燃油泵螺桩上涂一些发动机滑油后,装上垫圈。(Install the gasket, lightly lubricate engine oil, onthe studs on the fuel pump.) (3)把主滑油/燃油热交换器安装到燃油泵上。(Install the main oil/fuel heater exchanger on the fuel pump.) (4)按次序安装 6 个垫片和螺帽并打上 13～16 N·m 的力矩。(Install the nuts and washers 6 location, and tighten the nut to 13-16 N·m according to the demand.) (5)按照次序安装滑油进、出管接头。(Connect the coupling nut to"oil in" and "oil out"tubes according to the demand.) (6)按照次序安装燃油进、出管接头。(Connect the coupling nut to"fuel in" and "fuel out"tubes according to the demand.)		

续表

训练类型	综合技能训练	维修训练工作单 燃油/滑油热交换器拆装（模拟操作）	工作单号	FDJ-MX-001
机　　型	波音 737		工作区域	发动机模型
工　　时	4 学时			

工作单内容	工作者	Q C

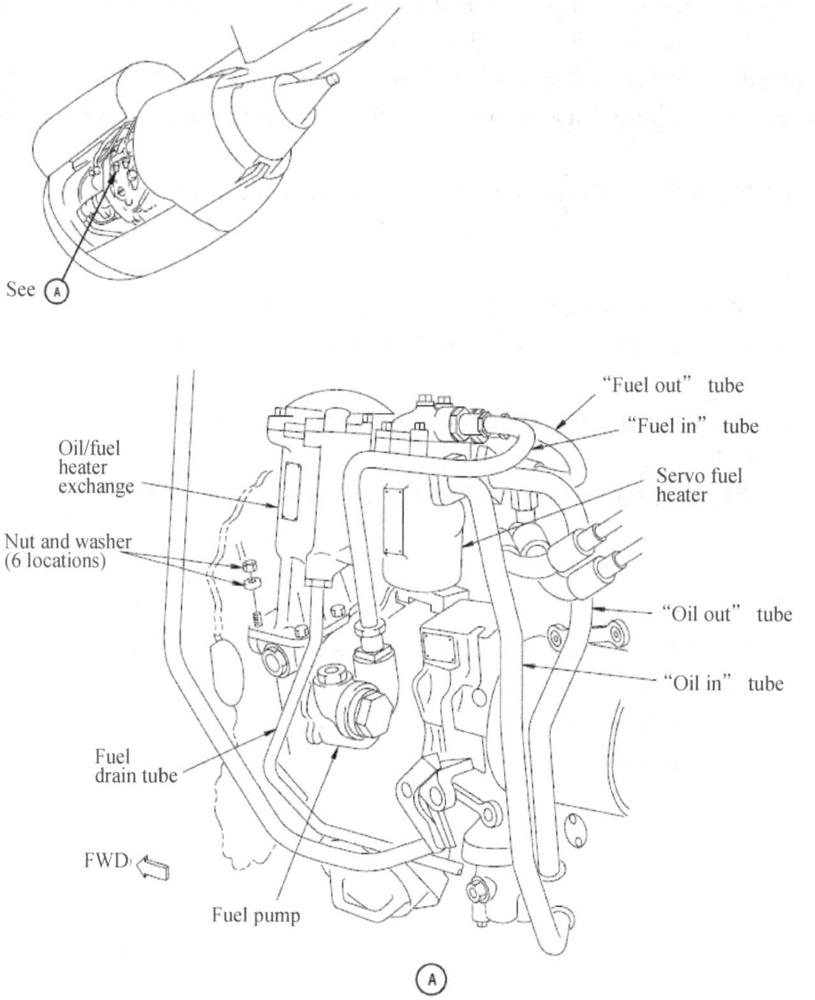

附图 10-1　主滑油/燃油热交换器安装位置图

［注］　Oil/fuel heater exchange—滑油/燃油热交换器；Nut and washer（6 locations）—6 个位置的螺帽和垫片；Fuel drain tube—漏油管；Fuel pump—燃油泵；Servo fuel heater—伺服燃油加热器。

表 10 – 2　滑油量传感器拆装工作单

训练类型	综合技能训练	维修训练工作单 滑油量传感器拆装		工作单号	FDJ – MX – 001
机　型	波音 737			工作区域	发动机模型
工　时	4 学时				

	工作单内容	工作者	QC
训练目标			
	一、拆卸 （1）断开电源并挂上"不要操作"警告牌。（Remove the electrical power and attach a DO – NOT – OPERATE tag.） （2）打开右侧风扇包皮。（Open the right fan cowl panel.） （3）断开滑油量传感器上的电气接头。（Disconnect the electrical connector from the oil quantitytransmitter.） （4）拆掉固定传感器的 4 个螺栓（先拆掉保险丝）。（Remove the lockwires and four bolts that attach the oil quantity transmitter to the oil tank.） （5）从滑油箱中拿出传感器。（Lift the oil quantity transmitter from the tank.） （6）给滑油箱对应传感器位置安装防尘盖。（Install the dust cap on the transmitter boss on the oil tank.）		

续表

训练类型	综合技能训练	维修训练工作单 滑油量传感器拆装	工作单号	FDJ - MX - 001
机 型	波音 737		工作区域	发动机模型
工 时	4 学时			

工作单内容	工作者	QC
二、安装 　(1)拆掉安装在传感器位置处的防尘盖。(Remove the dust cap on the transmitter boss on the oil tank.) 　(2)给滑油量传感器更换一个涂了发动机滑油的 O 形封圈。(Use a new O - ring lubricated with engine oil to install the oil quantity transmitter.) 　(3)把滑油量传感器安装回滑油箱对应位置处,装上 4 个固定螺栓。(Install the oil quantity transmitter in the boss in the oil tank with the bolts 4 locations.) 　(4)给螺栓打保险。(Safety the bolts with a clockwire.) 　(5)给传感器装回电气接头并打上保险。(Attach the electrical connector to the oil quantity transmitter and safety the connector with a clockwire.) 　(6)拿掉警告牌。(Remove the DO - NOT - OPERATE tag.) 　(7)关闭右侧风扇包皮。(Close the right fan cowl panel.) 　以上 4 个固定螺栓没有要求打力矩,只是打了保险。		

续表

训练类型	综合技能训练	维修训练工作单	工作单号	FDJ－MX－001
机　　型	波音 737	滑油量传感器拆装	工作区域	发动机模型
工　　时	4 学时			

工作单内容	工作者	QC

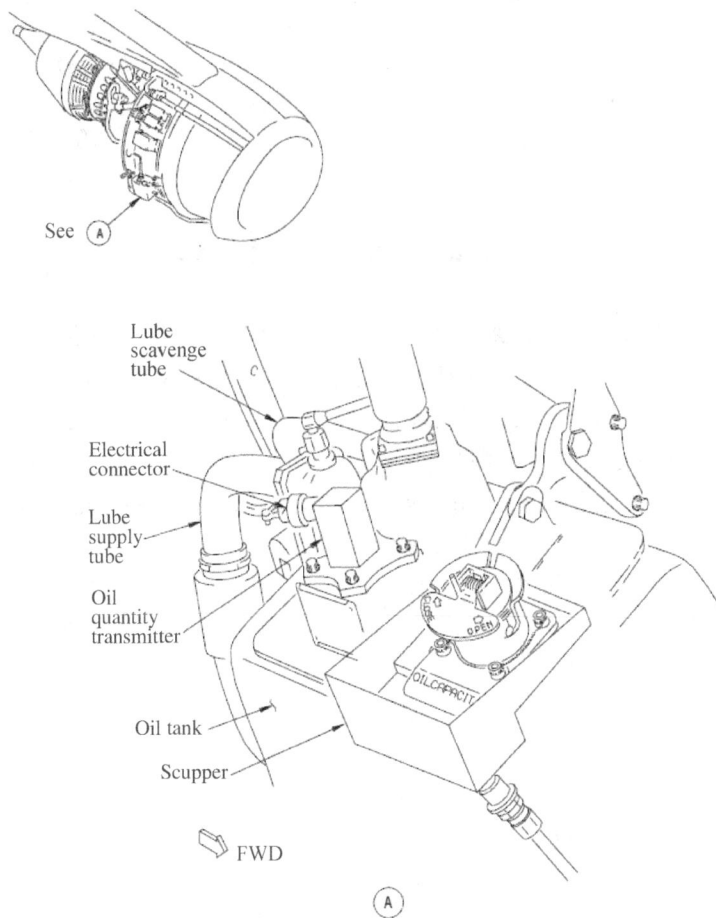

附图 10－2　滑油量传感器安装位置图

　　[注]　Lube scavenge tube—润滑组件回油管；Electrical connector—电插头；Lube supply tube—润滑组件供油管；Oil quantity transmitter—滑油量传感器；Oil tank—滑油箱；Scupper—接油口。

第11章 发动机起动系统

┌───┐
小提示
　　发动机起动系统的组成部件中只有2个执行部件,它可能是最简单的一个系统了。
└───┘

11.1 发动机起动系统概述

发动机起动系统使用气动系统高压空气作为动力,通过起动机驱动发动机高压转子N2来完成发动机的起动任务。起动系统包括地面起动和空中起动两种工作状态,起动系统的高压空气包括飞机辅助动力装置(APU)、地面气源(Pneumatic ground equipment)以及另一台发动机(Opposite engine)3个来源。

控制起动系统的部件包括起动控制开关(Engine start switches)、电子显示组件 DEU (Display Electronics Unit)以及电子发动机控制组件 EEC(Electronic Engine Control)。

起动系统的部件连接关系如图11-1所示。

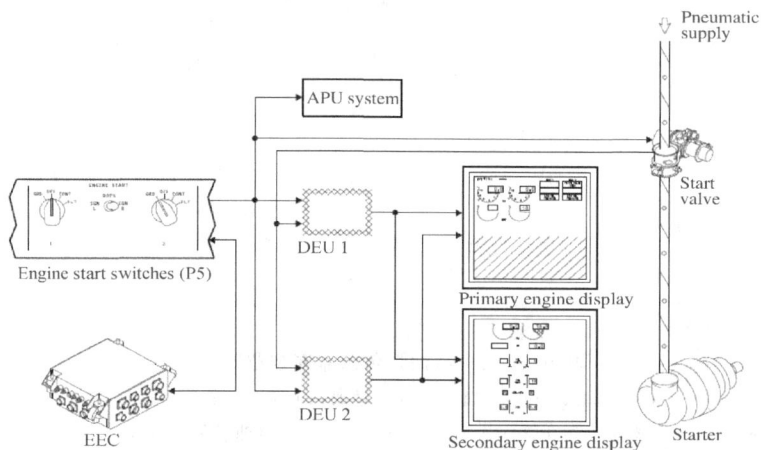

图 11-1 起动系统部件连接关系图

[注] Engine start switches—发动机起动开关;APU system—APU 系统;Primary engine display—主显示器;Secondary engine display—次级显示器;Pneumatic supply—气动源;Start valve—起动活门;Starter—起动机。

11.2　发动机起动系统部件安装位置

起动系统的部件包括安装在发动机上的起动部件和安装在驾驶舱内的部件(含电子设备舱)两类。

11.2.1　安装在发动机上的部件

安装在发动机上的部件包括起动活门、起动管路和起动机,另外,发动机风扇机匣上还安装着起动系统的主要控制部件 EEC。

(1)起动活门安装在风扇机匣左侧起动机的上方;

(2)而起动管路与起动活门通过卡箍连接成一套完整气动通路;

(3)起动机安装在风扇机匣左侧附件齿轮箱(AGB)前端约 8 点钟位置处;

(4)EEC 安装在风扇机匣右侧前端约 2 点钟位置处。

这些起动部件的具体安装位置如图 11-2 所示。

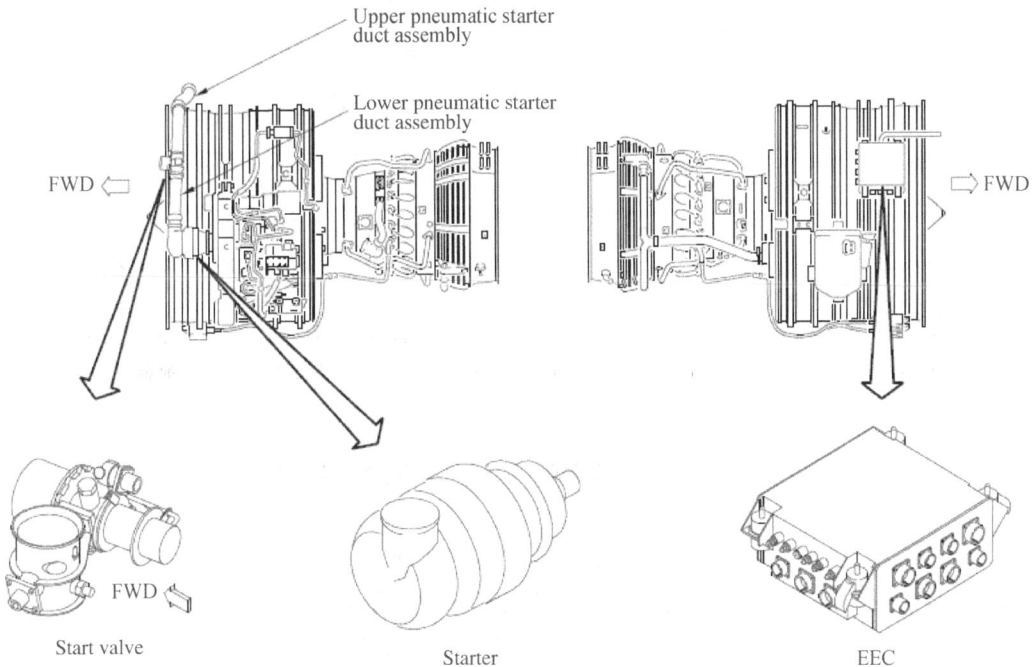

图 11-2　安装在发动机上的起动系统部件

[注]　Upper pneumatic starter duct assembly—上部起动管路;Lower pneumatic starter duct assembly—下部起动管路;Start valve—起动活门;Starter—起动机。

11.2.2　安装在驾驶舱内的起动部件(含电子设备舱)

驾驶舱内安装的起动系统部件包括：安装在 P5 面板上的起动开关、点火选择开关；位于中央 P2 面板上的主显示器、次级显示器；位于中央操纵台上的起动手柄。电子设备舱的 E3 架上安装着显示电子组件 DEU。

这些起动系统的控制部件安装位置如图 11-3 所示。

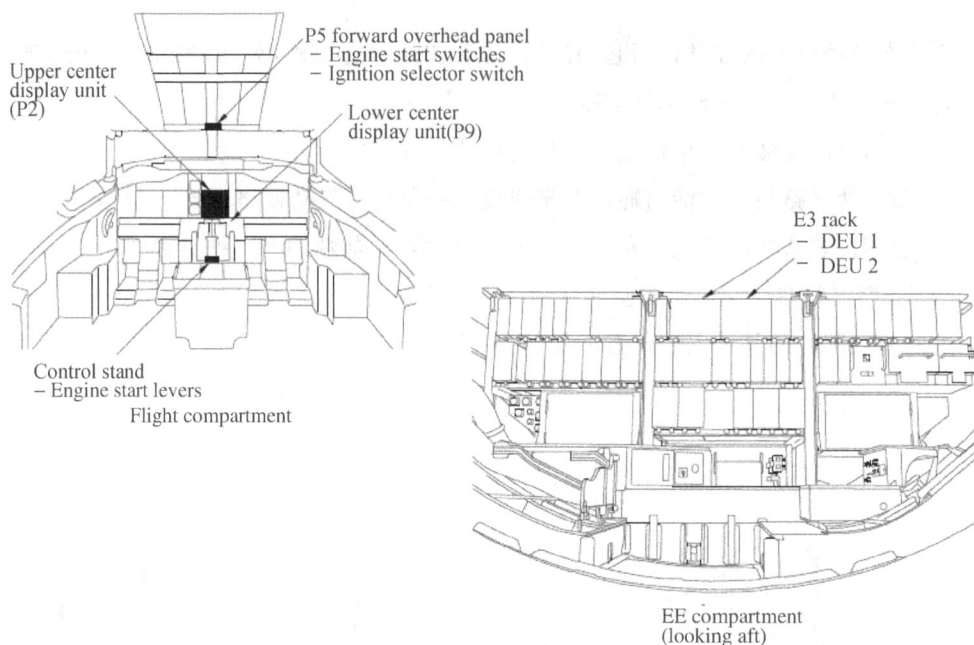

图 11-3　安装在驾驶舱和电子设备舱内部件位置图

[注]　P5 forward overhead panel—P5 前头顶面板；Engine start switches—发动机起动开关；Ignition selector switch—点火选择开关；Upper center display unit(P2)—上部中央显示器(P2)；Lower center display unit (P9)—下部中央显示器(P9)；Control stand—操纵台；Engine start levers—发动机起动手柄；Flight compartment—驾驶舱；E3 rack—E3 架；EE compartment(looking aft)—电子设备舱(从后往前看)。

11.3　发动机起动系统部件

起动系统中最主要的两个部件就是起动活门(Start valve)和起动机(Starter)。起动活门用来控制气源进入起动机，而起动机则使用气源动力驱动发动机高压转子 N2 转动起来，从而完成起动发动机的任务。下面我们对这两个部件详细介绍一下。

11.3.1　起动活门

起动活门是一个蝶形活门，由电机驱动其打开。活门由弹簧加载关闭，也就是说，当电机断电后，将由弹簧力将其蝶形阀门关闭。整个起动活门由活门体组件和作动组件组成，活门体组件由以下 4 类部件组成：①蝶形活门（Butterfly valve）；②活门轴（Valve shaft）；③轴轴承（Shaft bearing）；④外部位置指示器（External position indicator）。作动组件由以下 5 类部件组成：①扭力弹簧（Torsion spring）；②气动作动器（Pneumatic actuator）；③电磁阀组件（Solenoid valve assembly）；④阀门位置开关（Valve position switch）；⑤手动关断开关（Manual override provision）。

起动活门的安装位置及外观示意图如图 11 - 4 所示。

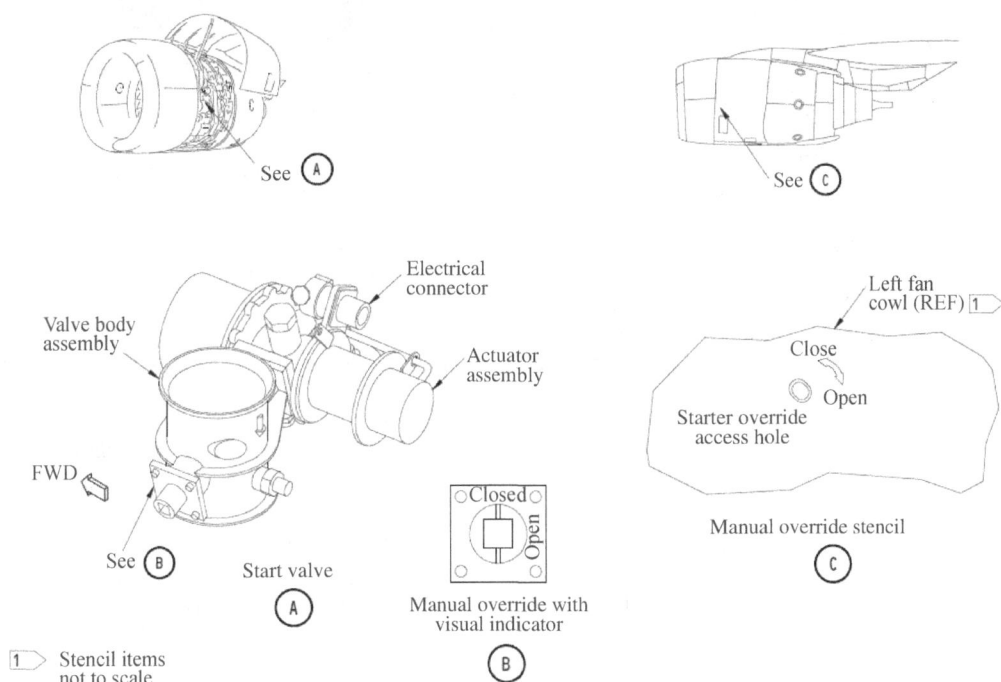

图 11 - 4　起动活门安装位置及外观示意图

　　[注]　Valve body assembly—阀体组件；Electrical connector—电气接头；Actuator assembly—作动器组件；Start valve—起动活门；Manual override with visual indicator—带指示器的手动开关；Starter override access hole—起动机临时关断接近孔；Manual override stencil—手动关断标牌。

起动活门工作原理为：当将 P5 面板上的发动机起动开关放到"GRD"位置时，起动活门的电磁阀通电，打开了通往气动作动器的高压空气通路，当起动作动器的力大于扭力弹簧的力时，蝶形活门打开，从而将高压空气引入起动机，使得起动机工作带动发动机高压转子转动，直到完成发动机的起动操作过程。

11.3.2　起动机

起动机是一个能将空气转变成机械能的装置，其内部的主要部件是一个轴流式空气涡轮，当高压空气吹动该涡轮时，涡轮高速转动，将空气能转变成转动的机械能，再通过一套星形齿轮将转速降低后带动附件齿轮箱内的齿轮转动，附件齿轮箱内的齿轮与高压转子 N2 连接，高压转子被带转动，随着点火系统的配合工作，进而完成发动机的起动过程。

起动机本体上有滑油加注口和废旧滑油排放口。在滑油排放口的堵头上安装有磁堵,该磁堵可以收集起动机齿轮机构的磨损碎屑,通过对这些碎屑的成分分析,就可以了解到起动机齿轮及轴承和离合器等部件的磨损情况了。

起动机与 AGB 通过快卸卡箍连接,起动机与起动活门也是通过一段管路用快卸卡箍连接成一个整体的。

起动机的安装位置及外观如图 11-5 所示。

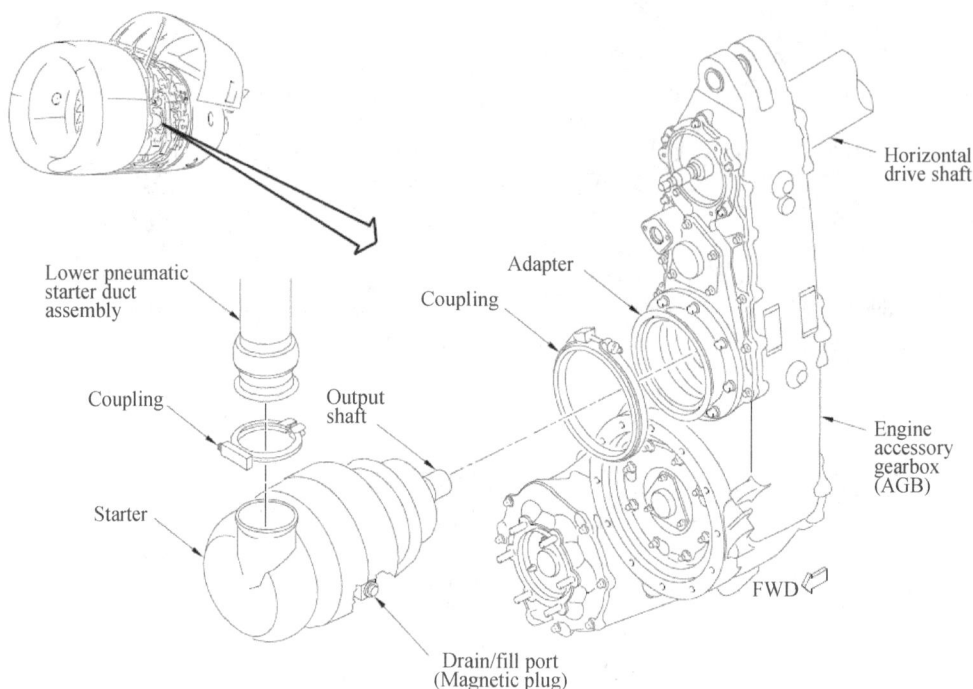

图 11-5　起动机安装位置及外观示意图

〔注〕　Lower pneumatic starter duct assembly—下部气动管路组件;Coupling—卡箍;Starter—起动机;Adapter—底座;Output shaft—输出轴;Drain/fill port—排放/加油口;Magnetic plug—磁性堵头;Horizontal drive shaft—水平驱动轴;Engine accessory gearbox—发动机附件齿轮箱。

11.4　发动机起动系统工作原理

起动系统的执行部件为起动活门和起动机,起动系统的操纵部件有起动开关(Start switch)和显示电子组件 DEUs,这两个控制部件由直流电瓶汇流条供电,整个工作原理如图 11-6 所示。

1.起动开关

当电源和气源都准备好,起动开关位于"GRD"位置时,与发动机起动相关的部件将处于下面状态:

（1）EEC接受到一个发动机起动信号（EEC receives an engine start signal）

（2）APU电控组件接受到一个信号打开引气导向门（APU electronic control unit receives a signal to open the APU inlet guide vanes）

（3）起动活门的电磁阀通电，活门打开（Start valve solenoid energizes and valve open）

（4）起动机离合器结合带动发动机N2转子转动（Start clutch engages and engine N2 rotor turns）

（5）P5面板上的电磁阀通电将起动开关保持在"GRD"位置（Solenoid in the P5 panel energizes to hold the switch in the GRD position）

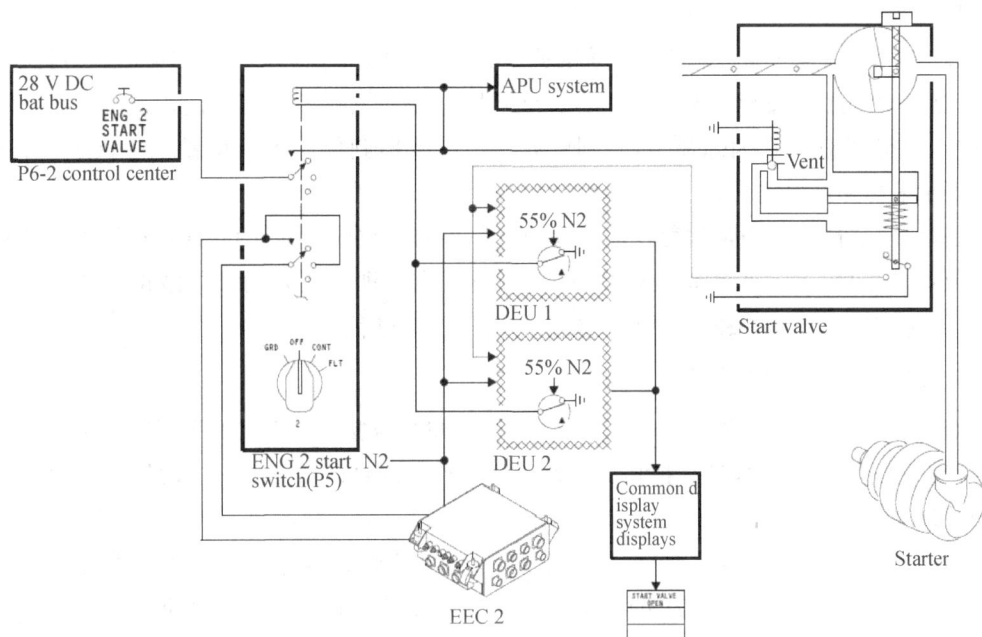

图11-6　起动系统工作原理图

［注］　P6-2 control center—P6-2控制面板；ENG 2 start switch(P5)—2号发动机起动开关(P5)；Vent—通气；Start valve—起动活门；Starter—起动机；Common display system displays—通用显示系统显示器。

若此时发动机的起动手柄已经搬到"怠速IDLE"位置，则发动机供油系统和点火系统都开始工作，从而完成发动机的起动过程。

当起动成功，也就是N2转子转速达到55％以上时，需要将起动开关扳回到"OFF"或"AUTO"位置处，此时，起动活门的电磁阀断电关闭，起动活门也随之关闭。

2.起动指示（Start indication）

起动时，起动活门的位置信号将在通用显示器上（CDS）显示出"START VALVE OPEN"的琥珀色信息，该信息有两种显示方式：稳定显示和闪烁报警显示（Steady and Flash）。

（1）当起动活门打开且起动开关处于"GRD"位置时，"START VALVE OPEN"信息稳定显示；

（2）当起动活门打开且启动开关不在"GRD"位置时，"START VALVE OPEN"信息将闪烁显示 10 s 后再处于稳定显示状态。

3.发动机湿起动（Wet start）

起动过程中，当起动手柄推到怠速位置后的 15 s 内，发动机 EGT 温度没有升高，此时，EEC 将中断发动机起动过程，EEC 将关断发动机燃油供应并关断点火系统中断起动过程，同时，在 CDU 上将显示一条发现错误的信息。这种起动失败被称为"发动机湿起动"。

4.发动机热起动（Hot start）

起动过程中，当 EGT 温度值闪烁显示，并且有可能超过温度限制值时，EEC 判断为发动机"热启动"，此时，EEC 将关断发动机燃油供给并断开点火系统中断起动过程，在此过程中，EGT 温度值任然在闪烁显示，直到将起动手柄收回到停车关断位置（CUTOFF），EGT 温度显示才停止闪烁显示。

当然，驾驶员应该非常清楚发动机起动过程中的参数变化，明确知道发动机显示参数的最大值和最小值，当出现发动机热启动时，飞行员应立即关闭发动机并停止发动机起动过程，而不应该让 EEC 来关断发动机并终止发动机起动过程。

5.发动机空中起动（Flight start）

由于意外情况发生，需要进行发动机空中起动时，需要看发动机的风车转速是否超过限制值，当 N2 转速足够时，只需将起动开关搬到"FLT"位置即可，此时，发动机将自动完成空中起动过程；

当 N2 风车转速不足，需要使用起动机进行发动机空中起动，此时，CDU 上也会显示出"X‐BLEED START"信息，表明风车转速不足，需要进行起动机引气起动。

复习思考题

1.起动系统中都有哪些部件？是如何分类这些部件？
2.起动系统的执行部件是什么？如何完成发动机的起动过程？
3.起动控制系统都包括哪些部件？这些部件相互之间如何联系？
4.请描述起动活门的内部结构。
5.请描述起动机的内部结构。

实操训练项目

1.起动机的拆装（见表 11‐1）。
2.起动机滑油勤务（见表 11‐2）。

表 11 - 1　起动机拆装工作单

训练类型	综合技能训练	维修训练工作单 起动机拆装		工作单号	FDJ - MX - 001
机　　型	波音 737			工作区域	发动机模型
工　　时	4 学时				

	工作单内容	工作者	QC
训练目标			
	一、拆卸 （1）打开对应断路器开关，并挂上"不要操作"警告牌。（ Open the circuit breaker and put a DO - NOT - OPERATE tag on the switches. （2）打开风扇包皮。（Open the fan cowl panel.） （3）拆掉起动活门。（Remove the starter valve.） （4）拆掉起动机和快卸环连接的卡箍。（Remove the clamp that attach the starter and QAD.） （5）从附件齿轮箱上拆卸下来起动机。（Remove the starter from the AGB.） 注意：不要通过驱动轴提起动机，这样有可能损坏起动机。（Do not lift the starter by the drive shaft，internal starter damage could occur.） 二、安装 （1）更换起动机输出轴上的 O 形封圈，并报废旧封圈。（Replace the O - ring from the output shaft of the starter and discard the old O - ring.） （2）给新封圈涂上发动机滑油。（Lubricate the new O - ring with engine oil.） （3）把起动机对准定位销装回附件齿轮箱。（Install the starter to the AGB with the locator pincorrectly aligned.） （4）给起动机和快卸环之间装上卡箍。（put the coupling clamp on the starter and QAD.） （5）给卡箍螺帽打上 5～6.5 N·m 的力矩。（Tighten the nut of the clamp to 5 - 6.5 N·m.） （6）装上起动活门。（Install the starter valve.） （7）关闭对应风扇包皮。（Close the fan cowl panel.） （8）关闭对应断路器开关，取下警告牌。（Close the circuit breaker and take off the a DO - NOT - OPERATE tag.）		

续表

训练类型	综合技能训练	维修训练工作单 起动机拆装	工作单号	FDJ‐MX‐001
机　型	波音737		工作区域	发动机模型
工　时	4学时			

工作单内容	工作者	QC

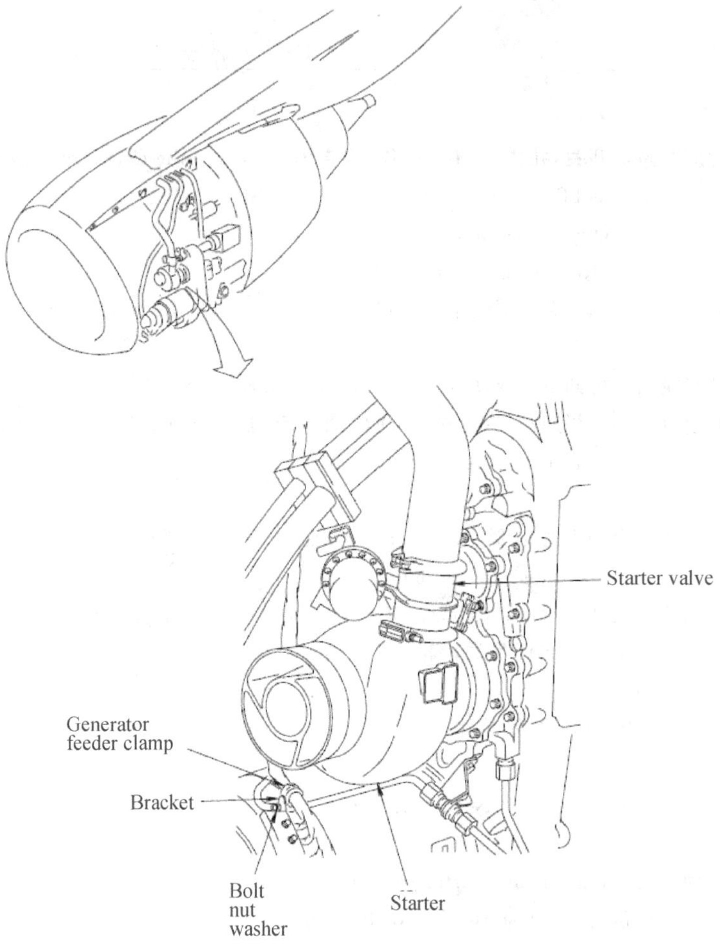

附图11‐1　起动机安装位置图

　　[注]　Generator feeder clamp—发电机供油管卡箍;Bracket—支架;Starter valve—起动活门;Starter—起动机。

续表

训练类型	综合技能训练	维修训练工作单 起动机拆装	工作单号	FDJ - MX - 001
机　　型	波音 737		工作区域	发动机模型
工　　时	4 学时			

工作单内容	工作者	Q C

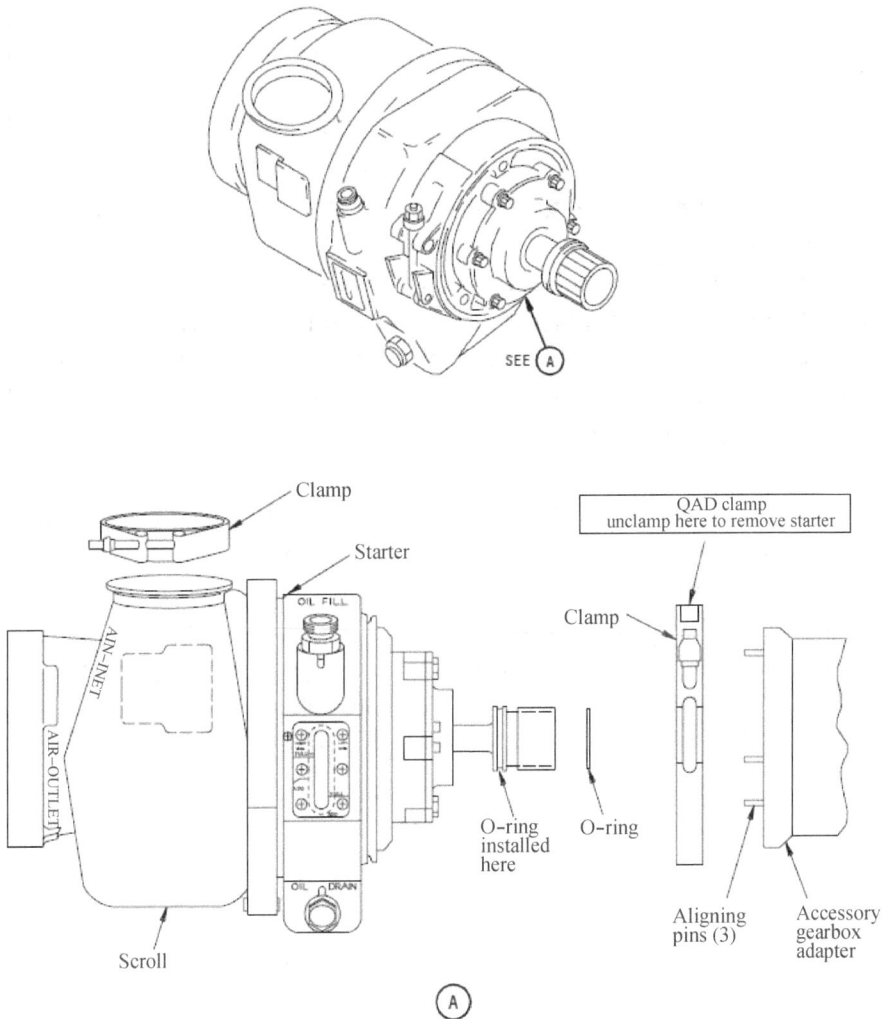

续附图 11 - 1 起动机安装位置图

［注］　Clamp—卡箍；Bracket—支架；Starter—起动机；O - ring installed here—O 形封圈安装位置；Aligning pins—定位销；Accessory gearbox adapter—附件齿轮箱底座；Scroll—进气卷轴。

表 11－2　起动机滑油勤务工作单

训练类型	综合技能训练	维修训练工作单 起动机滑油勤务	工作单号	FDJ－MX－001
机　型	波音 737		工作区域	发动机模型
工　时	4 学时			

工作单内容	工作者	QC
训练目标		
一、起动机滑油排放 （1）打开相关断路器并挂上"不要操作"警告牌。(Open the circuit breaker and attach a DO－NOT－OPERATE tag.) （2）打开左侧风扇包皮。(Open the left fan cowl.) （3）在起动机下方放置一个接油容器。(Put a container below the starter.) （4）拆掉起动机下方的排油堵头和垫圈，并接废油(见附图 11－2)。(Remove the plug and gasket let the oil drain the container.) （5）检查磁性堵头上的金属碎屑。(Examine the magnetic drain plug for metal particles.) （6）检查滑油中的金属碎屑，若查到导致内部损伤的碎屑，则更换起动机。(Examine the oil from the metal particles, if you find particles, which is an indication of internal damage, replace the engine starter.) （7）安装堵头。(Install the drain plug.) 1)用清洁的发动机滑油润滑垫片。(Lubricate a new gasket with clean engine oil.) 2)把垫片装到堵头上。(Install the gasket on the drain plug.) 3)把堵头装上起动机并打上 2～3.5 N·m 的力矩。(Install the plug and tighten to 2－3.5 N·m.)		

续表

训练类型	综合技能训练	维修训练工作单 起动机滑油勤务	工作单号	FDJ‑MX‑001
机　型	波音 737		工作区域	发动机模型
工　时	4 学时			

工作单内容	工作者	QC
二、起动机滑油加注 (1)拆掉滑油加油口上的堵盖。(Remove the cap on the oil fill port.) (2)给起动机加注滑油,直到在观察窗口看到滑油满为止。(Add the oil to the starter until you see the full in the view glass.) 注意:1)滑油加注量约为 700 cc。(The capacity of the oil sump in the starter is 23.3 fluid ounces 700 cc.) 　　2)加注不同排号的起动机滑油,必须将原有的滑油排空并清洗干净后才能加注新滑油。(If you use an approved oil of a different type,you must drain and flush the starter sump,before you fill the sump.) (3)在加油口上装上堵盖。(Install the cap on the oil fill port.) (4)关闭左侧风扇包皮。(Close the left fan cowl panel.) (5)取下对应断路器上的"不要操作"警告牌并关闭断路器。(Remove the DO‑NOT‑OPERATE tag and close the circuit breaker.)		

续表

训练类型	综合技能训练	维修训练工作单 起动机滑油勤务	工作单号	FDJ-MX-001
机　型	波音 737		工作区域	发动机模型
工　时	4 学时			

工作单内容	工作者	QC

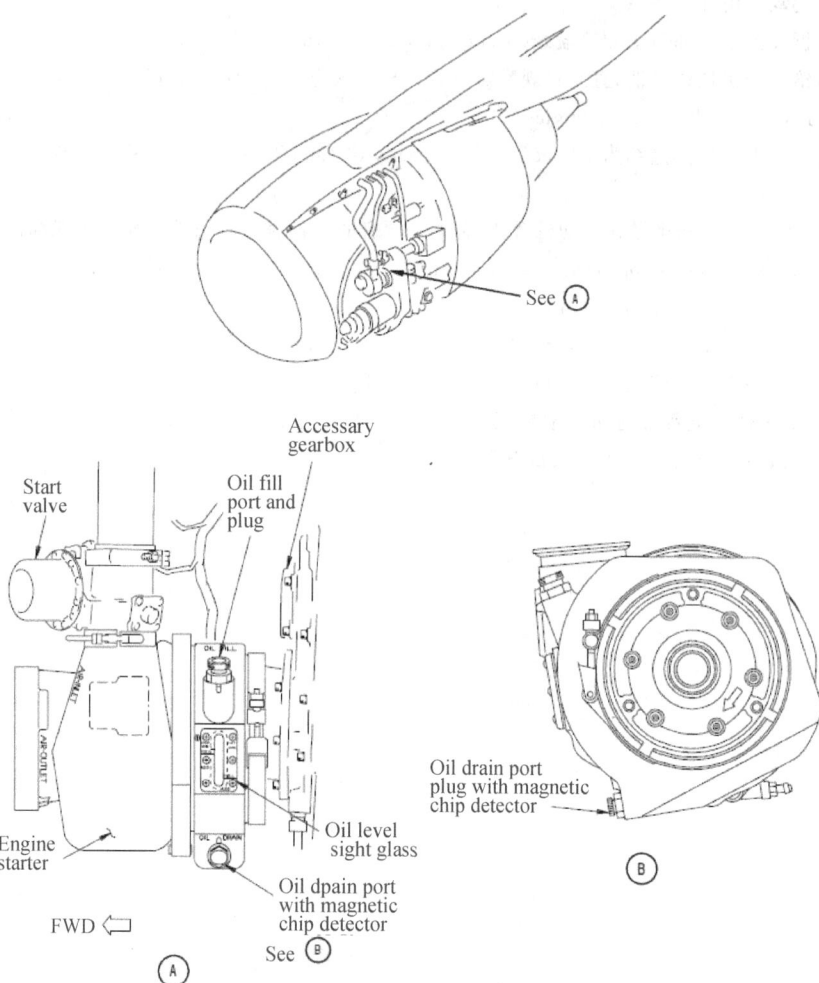

附图 11-2　起动机安装位置图

〔注〕　Start valve—起动活门；Oil fill port and plug—滑油加注口及堵头；Accessary gearbox—附件齿轮箱；Engine starter—起动机；Oil level sight glass—滑油面检查窗；Oil drain port plug with magnetic chip detector—带磁性探测器的滑油排放堵头。

第12章 发动机常用维修工具

12.1　发动机维修工具概述

　　在发动机以及飞机维修过程中,需要使用到各种类型的工具及维修设备,对这些工具设备进行分类后可以归纳出以下三种类型的工具和工装设备:

　　(1)通用工具。通用工具就是常用的各种类型的扳手、钳子、螺丝刀和榔头等,一般配备到班组,每个班组拥有一个通用工具箱。

　　(2)计量工具。计量工具主要是班组用的力矩扳手,另外,还有游标卡尺,这些计量工具一般也配备到班组工具箱中,以方便班组成员随时使用。

　　(3)专用工具或设备。专用工具或设备,一般都保存在工具管理部或由工具管理部门统一管理,比如常用的换发工具,发动机过担工具,进气道吊装工具等。

　　对于通用工具和计量工具,在基本技能教材中有详细介绍,在此就不再进一步说明,本章主要介绍常用的专用工具和设备。

12.2　发动机维修专用工具

　　在飞机维修过程中,各个飞机系统都涉及专用工具,如起落架系统的起落架拆装工具、飞机操纵舵面拆装用的专用舵面拆装工具以及发动机维修过程中所用到的专用工具等,专用工具的使用非常广泛。

　　为更清楚的说明专用工具使用的广泛性,本章挑选出CFM56-3系列发动机中常用的3件吊装工具作为样本,通过对其使用情况的介绍,使我们认识到专用工具使用广泛性和不可或缺性。

12.2.1 发动机进气道吊挂(Sling - Inlet Cowl)

动力装置中,发动机进气道吊挂使用非常普遍,在进气道的拆装过程中,必须使用该专用吊装工具。发动机进气道的拆装过程,如图 12 - 1 所示。

CFM56 - 3 发动机进气道吊挂的件号为 C71004 - 1,最大额定承载力值为 300 kg ,在发动机进气道的拆装过程中,需要先用该工具吊住进气道,使其连接螺栓处于卸载状况,然后拆掉进气道法兰和发动机风扇机匣法兰之间的所有连接螺栓,使进气道脱离发动机风扇机匣,这样就可以吊出发动机进气道了。安装进气道时的操作过程与此相反。

由于进气道吊挂属于专用吊装工具,所以在使用过程中,需要完成年度检测的安全性校验工作,而校验的方法需按照民航局 MH/T 2011—3006 的实验标准进行,校验合格的吊装工具才可以继续投入生产使用。

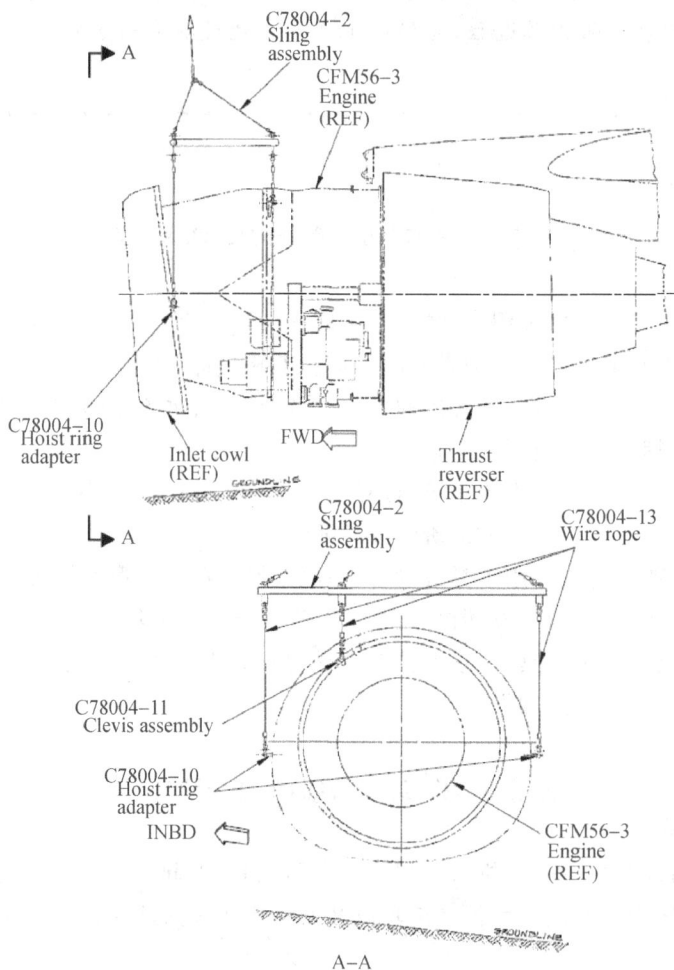

图 12 - 1　发动机进气道拆装示意图

[注]　Hoist ring adapter—吊环接头;Sling assembly—吊挂组件;Inlet cowl—进气道;Thrust reverser—反推;Wire rope—吊索;Clevis assembly—插销组件。

12.2.2　发动机换发工具

发动机换发工具（Engine bootstrap equipment）在飞机维修过程中，也非常常见，利用换发工具和发动机运输车配合，即可完成发动机的拆装更换，其拆装更换发动机的过程，参见图 12-2 所示。

CFM56-3 发动机换发工具的件号为 C71003-1，最大额定承载力值为 3 000 lbs。

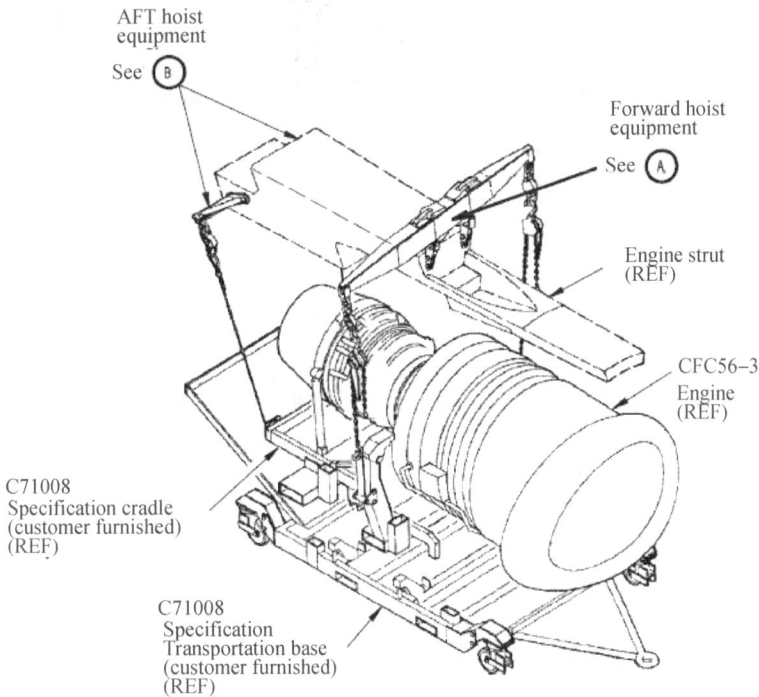

AFT hoist equipment See Ⓑ

Forward hoist equipment See Ⓐ

Engine strut (REF)

CFC56-3 Engine (REF)

C71008 Specification cradle (customer furnished) (REF)

C71008 Specification Transportation base (customer furnished) (REF)

图 12-2　CFM56-3 发动机拆装示意图

［注］　AFT hoist equipment—后吊点组件；Forward hoist equipment—前吊点组件；Engine strut—发动机吊架；Specification cradle（customer furnished）—专用托架（客户用）；Transportation base—运输架。

从图 12-2 中可以看出，CFM56-3 发动机的拆装工具包括前吊点组件和后吊点组件，通过前后吊点组件、钢索吊钩、手板葫芦以及发动机运输托架等多个部件的相互配合才能完成换发工作。

拆卸发动机时，需要先将换发工具安装到飞机的发动机吊架上面，然后将钢索连接到换发工具和发动机托架支架之间，之后用手扳葫芦将托架接近发动机并与发动机连接好，接着再次利用手扳葫芦和托架让发动机从发动机吊架上卸载，然后拆卸发动机与吊架之间的 3 处连接吊点，最后用手板葫芦将发动机放到地面上的运输托架基座之上，注意在拆卸发动机过程中，需要多人配合工作，使整个过程均匀平稳。安装发动机的过程与此相似，只是过程相反。

由于换发工具属于专用吊装工具，所以，在使用过程中，需要完成年度检测的安全性校验工作，而校验的方法需按照民航局 MH/T 2011—3006 的实验标准进行，校验合格的吊装工具才可以继续投入生产使用。换发工具的具体外观如图12-3～12-4所示。

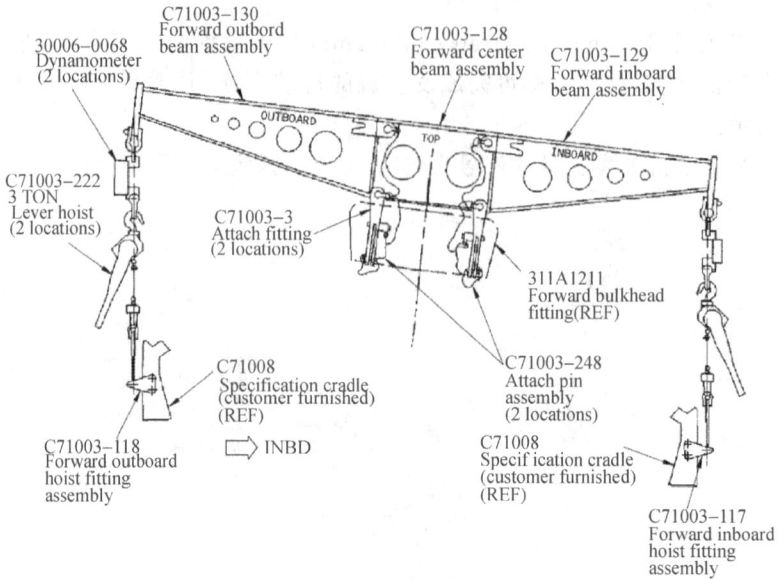

图 12-3　CFM56—3 发动机前点换发工具

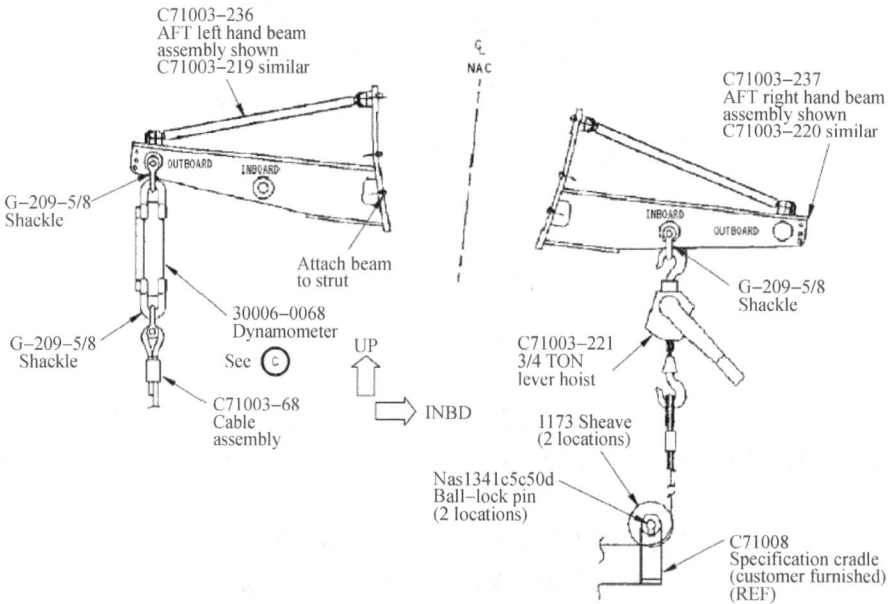

图 12-4　CFM56-3 发动机后点换发工具

［注］　Dynamometer—拉力计；Forward outbord beam assembly—前外侧臂组件；Forward center beam assembly—前中心臂组件；Forward inboard assembly—前内侧臂组件；Lever hoist—手扳葫芦；Attach fitting—连接接头；Forward bulkhead fitting—前隔框接头；Hoist fitting—吊挂接头；Specification cradle—专用托架；Attach pin—连接销子；AFT left hand beam—后左侧力臂；Shackle—卸扣；Attach beam to strut—连接臂到吊架；Cable—钢索；Sheave—滑轮。

12.2.3 发动机过担工具

发动机过担工具或称为发动机吊挂设备(Engine sling equipment)一般使用在发动机车间维修过程中。该套工具用于发动机在车间内不同空间的转换移动工作,其使用过程示意图如图 12-5 所示。

CFM56-3 发动机过担工具的件号为 C71015-79、C71015-83。最大额定承载力值为 10 000 lbs。

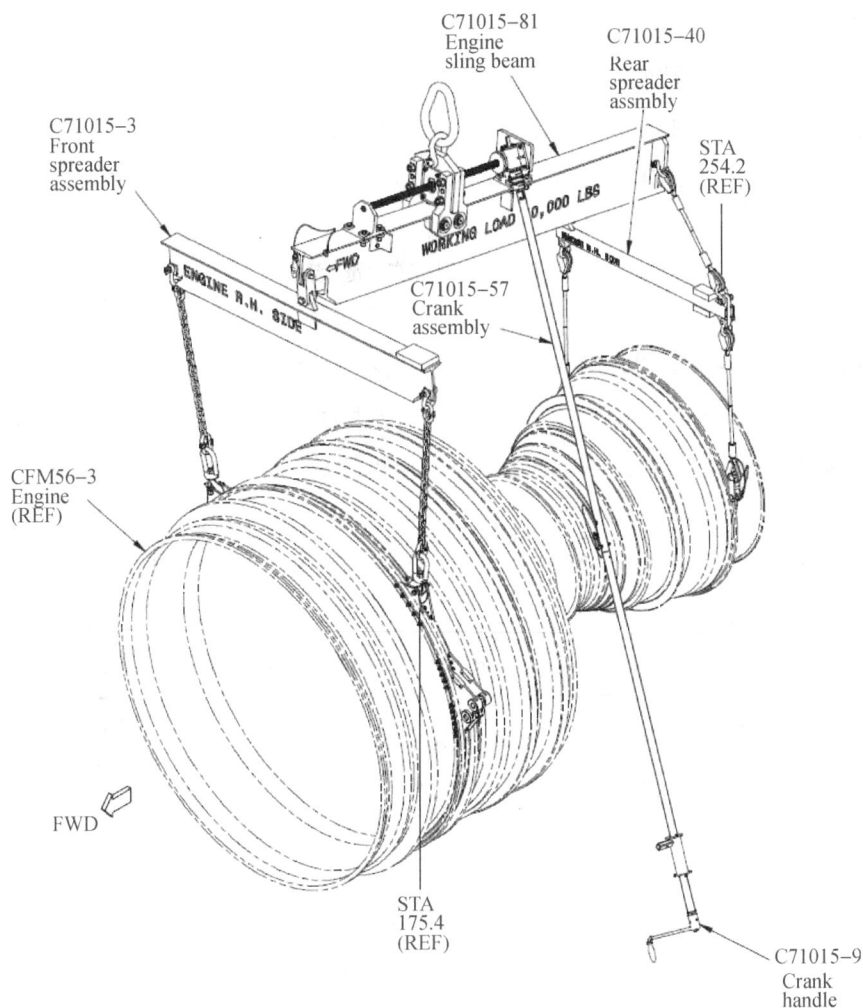

图 12-5 发动机过担工具示意图

［注］ Forward spreader assembly—前扩展梁组件;Engine sling beam—发动机吊挂臂;Rear spreader assmbly—后扩展梁组件;Crank assembly—曲柄组件;Crank handle—曲柄摇把。

过担工具的使用较为简单,只需将该工具与发动机对应固定点连接之后,用车间内的吊车将发动机吊起到一定高度,然后就可以在车间内移动到指定位置了。到指定位置后,再将发动机放到维修用支撑架上,即可对发动机上的部件进行各类拆装维修等操作了。

由于发动机过担工具属于专用吊装工具,所以在使用过程中,需要完成年度检测的安全性校验工作,而校验的方法需按照民航局 MH/T 2011—3006 的实验标准进行,校验合格的吊装工具才可以继续投入生产使用。

复习思考题

1.飞机维修用工具是如何分类的?

2.专用工具设备一般在哪里介绍?

3.举几个发动机专用工具设备使用的例子。

实操训练项目

1.换发吊装工具的静力检测(CFM56-3,见表12-1)。

2.发动机过担吊具静力检测(CFM56-3,可用其他类似工具替代,见表12-2)。

3.发动机进气道吊挂静力检测(CFM56-3,见表12-3)。

通过专用吊装工具的静力检测实验,可以了解到真实吊具的使用过程。

表 12-1　换发吊装工具的静力检测工作单

训练类型	综合技能训练	维修训练工作单换发吊装工具的静力检测(CFM56-3)		工作单号	FDJ-MX-001
机　型	波音 737			工作区域	发动机模型
工　时	4 学时				

工作单内容	工作者	QC
训练目标		

续表

训练类型	综合技能训练	维修训练工作单 换发吊装工具的静力检测(CFM56 - 3)	工作单号	FDJ - MX - 001
机　　型	波音 737		工作区域	发动机模型
工　　时	4 学时			

工作单内容	工作者	QC
CFM56 - 3 发动机换发工具(C71003 - 1)静力实验,应该按照民航检测标准 MH/T 2011 — 3006 和波音公司对该套吊装工具静力的要求进行,具体过程如下。 　一、前点吊挂 (1)按照附图 12 - 1 要求组装前吊点后,安装到检测工装上。 (2)连接拉力计和钢索级手扳葫芦构成前吊点检测状态。 (3)用手扳葫芦逐步加载,并在加载期间注意观察吊具的受力情况。 (4)分三次加载到测试载荷,一般情况下,测试载荷是额定使用载荷的 2 倍安全系数。 (5)加载到额定测试载荷之后,需要保持该测试载荷 5 min 后卸载。 (6)从测试工装上拆卸吊具,之后,对其上的关键受力销子及接头做 NDT 检查。 (7)对钢索进行目视检查,保证无锈蚀、断丝等现象。 　二、后点吊挂 (1)按照附图 12 - 1 要求组装后吊点组件, (2)连接拉力计和钢索等检测设备 (3)用吊车逐步加载,在加载过程中注意观察吊具的受力情况。 (4)分三次加载到测试载荷,一般情况下,测试载荷是额定使用载荷的 2 倍安全系数。 (5)加载到额定测试载荷之后,需要保持该测试载荷 5 min 后卸载。 (6)从测试工装上拆卸吊具,之后,对其上的关键受力销子及接头做 NDT 检查。 (7)对钢索进行目视检查,保证无锈蚀、断丝等现象。		

续表

训练类型	综合技能训练	维修训练工作单 换发吊装工具的静力检测（CFM56-3）	工作单号	FDJ-MX-001
机　型	波音 737		工作区域	发动机模型
工　时	4 学时			

工作单内容	工作者	QC

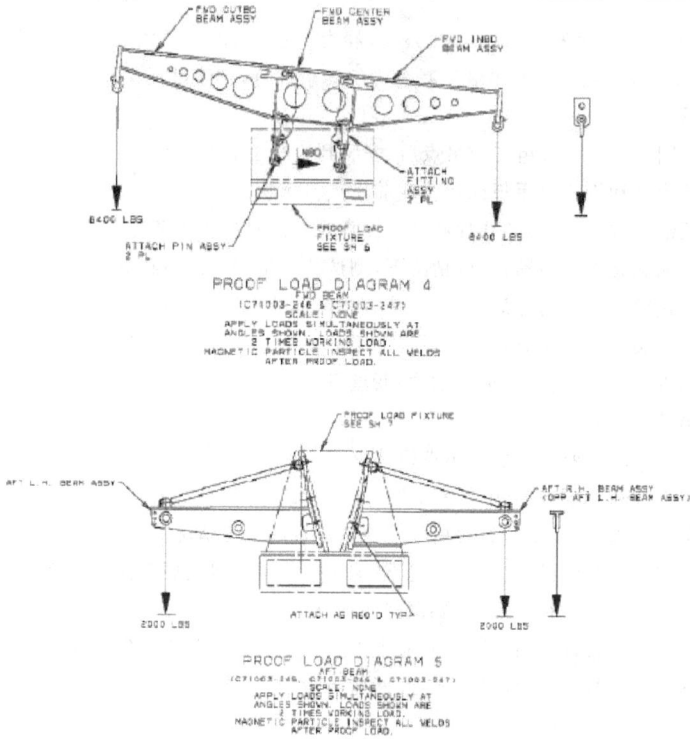

附图 12-1　换发工具静力检测要求图

表 12－2　发动机过担吊具的静力检测工作单

训练类型	综合技能训练	维修训练工作单 发动机过担吊具的静力检测（CFM56－3）	工作单号	FDJ－MX－001
机　　型	波音 737		工作区域	发动机模型
工　　时	4 学时			

	工作单内容	工作者	QC
训练目标			
	CFM56－3 发动机过担吊装工具（C71015－79、C71015－83）静力实验,应该按照民航检测标准 MH/T 2011 — 3006 和波音公司对该套吊装工具静力的要求进行,具体过程如下： 　(1)按照附图 12-2 要求组装后,可直接用行吊车加载。 　(2)连接拉力计和钢索等检测设备。 　(3)用吊车逐步加载,在加载过程中注意观察吊具的受力情况。 　(4)分三次加载到测试载荷,一般情况下,测试载荷是额定使用载荷的 2 倍安全系数。 　(5)加载到额定测试载荷之后,需要保持该测试载荷 5 min 后卸载。 　(6)从测试工装上拆卸吊具,之后,对其上的关键受力销子及接头做 NDT 检查。 　(7)对钢索进行目视检查,保证无锈蚀、断丝等现象。		

续表

训练类型	综合技能训练	维修训练工作单	工作单号	FDJ - MX - 001
机　型	波音 737	发动机过担吊具的静力检测(CFM56 - 3)	工作区域	发动机模型
工　时	4 学时			

工作单内容	工作者	QC

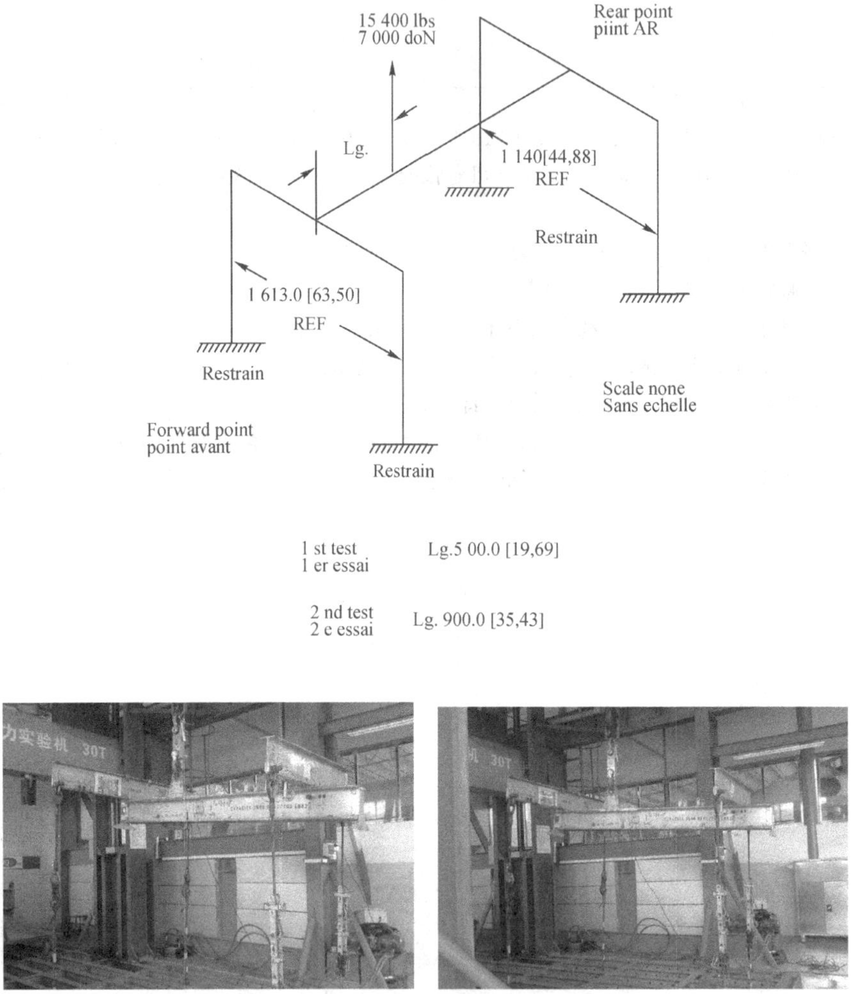

附图 12 - 2　过担工具静力检测要求图

表 12－3 发动机进气道吊挂的静力检测工作单

训练类型	综合技能训练	维修训练工作单 发动机进气道吊挂的静力检测(CFM56－3)		工作单号	FDJ－MX－001
机 型	波音 737			工作区域	发动机模型
工 时	4 学时				

	工作单内容	工作者	QC
训练目标			
	CFM56－3 发动机进气道吊挂(C71004－1)静力实验,应该按照民航检测标准 MH/T 2011—3006 和波音公司对该套吊装工具静力的要求进行,具体过程如下: (1)按照附图 12－3 要求组装后,可直接用行吊车加载。 (2)连接拉力计和钢索等检测设备。 (3)用吊车逐步加载,在加载过程中注意观察吊具的受力情况。 (4)分三次加载到测试载荷,一般情况下,测试载荷是额定使用载荷的 2 倍安全系数。 (5)加载到额定测试载荷之后,需要保持该测试载荷 5 min 后卸载。 (6)从测试工装上拆卸吊具,之后,对其上的关键受力销子及接头做 NDT 检查。 (7)对钢索进行目视检查,保证无锈蚀、断丝等现象。		

续表

训练类型	综合技能训练	维修训练工作单 发动机进气道吊挂的静力检测(CFM56-3)	工作单号	FDJ-MX-001
机　　型	波音737		工作区域	发动机模型
工　　时	4 学时			

工作单内容	工作者	Q C

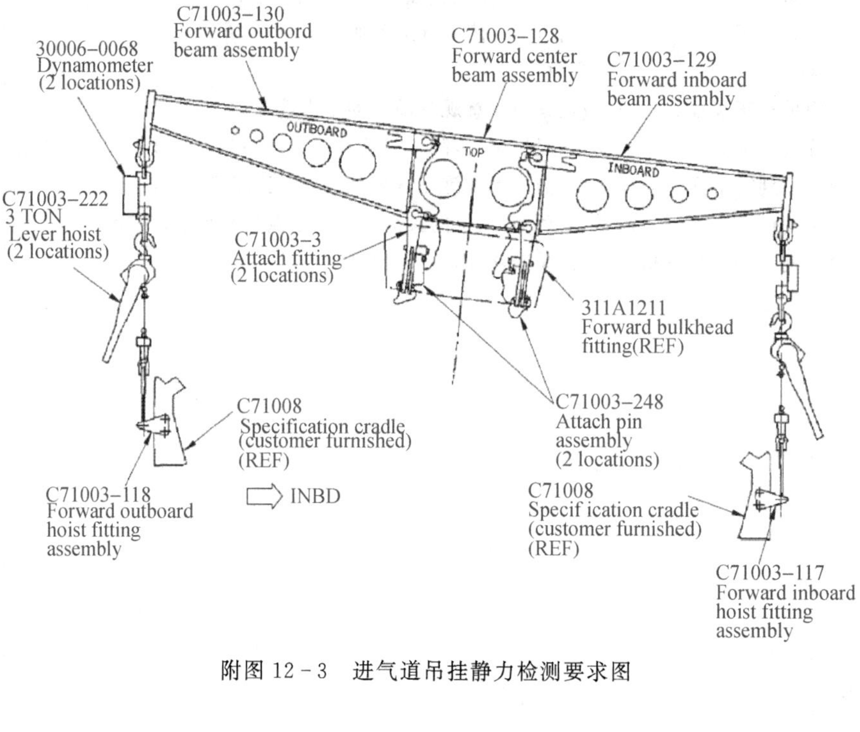

附图12-3　进气道吊挂静力检测要求图 | | |

第 13 章　发动机标准线路施工

13.1　发动机连接器

13.1.1　防火墙连接器

为了防止发动机失火时危及与发动机连接部分的结构以及飞机座舱内人员的安全,通常在发动机与机体结构的连接面之间设置耐高温不锈钢隔板,称之为防火墙。

飞机发动机上的导线是通过防火墙上的连接器转接到飞机上的,CFM56 系列发动机采用 BACC63CM() 系列后退式连接器,如图 13-1 所示。

图 13-1　发动机防火墙后退式连接器

13.1.2 系统连接器

发动机上有很多个系统，每个系统都有对应的连接器，CFM56 系列发动机上多采用 BACC63BP()系列前退式连接器，如图 13-2 所示。

图 13-2 发动机系统前退式连接器

13.1.3 发动机连接器的清洁

当连接器上有污物时，必须清洁干净，如果连接器没有损坏，就不需要修理或更换连接器，只需将连接器上的污染物清洁干净。

（1）清洁的基本条件。

1）推荐的清洁溶剂是异丙基酒精、甲基酒精以及丙酮，当时间紧迫时，可以直接用丙酮清洁高温区域的标准连接器。

2）使用溶剂施工时，要遵守工作场地的安全操作规定及人员的安全防护，且只能使用有关部门批准的溶剂。

3）如果检查发现有连接器的部件损坏或是连接器中的插钉已损坏，必须马上更换。

4）为确保溶剂不接触皮肤，工作时可以使用围裙、套袖、橡胶手套、橡皮手套。

5）为确保溶剂不进入眼睛，工作时可以带护目镜或使用其他可行的护目方法。

6）为确保溶剂的蒸汽不造成伤害，工作时要作好通风措施及呼吸防护措施）

7）必须做好下列防火措施：工作区域不能有明火，烟雾、火花、和其它引火源；使用的所有工具都不能产生火花；工作中的衣服、使用的材料和工作程序都不能产生静电；像电灯、马达、导线等电气设备必须符合电气设备的防火安全规定；工作区域必须有充分的空气流通，防止易燃蒸汽的积聚；易燃的溶剂必须存放在密闭的器皿中；工作区域不能存放多余的或不需要的溶剂。

（2）用甲基或异丙基酒精清洁标准连接器。甲基或异丙基酒精是易燃品，用多少就领多少，手中不要存留多余数量的溶剂。

1）需要的材料和工具：甲基或异丙基酒精；小的、长度足够达到连接器底部的猪鬃制的毛刷；纯棉签；符合要求的酒精容器；用于吹干的压缩空气或氮气。

2）清洁连接器。断开插头和插座；分别清洁插头和插座。用毛刷或棉签将酒精刷在连接器表面的污染物上面，等污染物溶解后，再用较多的酒精清洗连接器上的污染物。清洗干净后,将连接器放置好,让连接器上的酒清滴干,再等一个小时让连接器充分干燥。也可以用压缩空气或氮气吹干连接器。

3)等连接器充分干燥后,按连接器的组装程序组装好连接器,为了组装方便,可以在连接器的 O 形环上涂一些硅润滑剂,但不要涂过量,也不要涂到插钉上去。

4)对连接器作必要的功能测试。

(3)用丙酮清洁标准连接器。丙酮是非常易燃品,一次领料不要超过 0.125 L;

1)需要的材料和工具:0.125 L 丙酮;封闭的 0.5 L 的挤压容器;小的、长度足够达到连接器底部的猪鬃制的毛刷;纯棉签;符合要求的丙酮容器;用于吹干的压缩空气或氮气。

2)清洁连接器:断开插头和插座;如果连接器温度太高,要等到温度降到大约 28 ℃,用手触摸感觉不热了以后再断开。断开插头和插座后,用挤压容器将 2～3 cc 的丙酮滴在连接器上,要注意不要让丙酮落到发动机上。用毛刷或棉签将连接器表面的污物刷掉,让连接器上滴下的丙酮滴到容器里。用不多于 5 cc 的溶剂清洗连接器,保证连接器上滴下来的溶济都能滴到收集容器里面,将剩余的不需要的溶剂移离工作区域,如果有没有清洗干净的污物,就再次用同样的方法清洗。最后用压缩空气或氮气吹干连接器。

3)等连接器充分干燥后,按连接器的组装程序组装好连接器,为容易组装,可以在连接器的 O 形环上涂一些硅润滑剂,但不要过量,也不要涂到插钉上去;

4)对连接器作必要的功能测试。

(4)火警探测系统连接器的清洁。火警探测系统的连接器要用丙酮清洁污染物,如果火警探测系统的连接器是液体污染物,必须用丙酮或酒清清洁;对于火警电缆上的或是敏感器件上的连接器,要检查以后确定是否清洁;如果连接器内部的组件颜色发生变化或被腐蚀,要用喷砂清洁,最好是更换新的连接器;如果连接器是敏感器件的一部分,最好是先把连接器替换下来,再进行清洁。

1)需要的材料:只可使用 SWPM20 - 60 - 01 中推荐的溶剂,不能使用其他的特别是氯化物溶剂。

2)用甲基或异丙基酒精清洁连接器。甲基或异丙基酒精适合用于清洁连接器的插钉孔里或连接器内的其它组件上有燃油或其它液体污物,首先应断开插头和插座,如需要,用一个小的尖嘴钳子将插钉罩退出,再用毛刷或棉签将酒精刷在连接器表面的污染物上面,等污染物溶解后,用较多的酒精清洗连接器上的污染物。清洗干净后,将连接器放置好,让连接器上的酒清滴干,再等 1 h 左右让连接器充分干燥,也可以用压缩空气或氮气吹干连接器。

3)用丙酮清洁连接器。丙酮适合用于清洁连接器的插钉孔或连接器内其他组件有燃油或液体污物,首先应断开插头和插座,如需要,用一个小的尖嘴钳子将插钉罩退出,再用挤压容器将 2～3 cc 的丙酮滴在连接器上,要注意不要让丙酮落到发动机上。用毛刷或棉签将连接器表面的污物刷掉,让连接器上滴下来的丙酮滴到容器里,用少于 5 cc 的溶剂清洗连接器,保证连接器上滴下来的溶剂都能滴到收集容器里面,最后将剩余的不需要的溶剂移离工作区域。如果还有没清洗干净的污物,就再次用同样的方法清洗。用压缩空气或氮气吹干连接器。

4)用喷砂清洁连接器。喷砂方法一般用于连接器受腐蚀或污物严重的情况。喷砂枪在飞机里和飞机外均可使用,但喷砂作业要在有充分的空气流通的地方进行,且要做好眼睛和呼吸防护。来自喷砂枪的尘埃是有磨蚀作用的,喷砂作业时要将喷砂区域以外的设备表面覆盖好或是移走。要按规定覆盖好油箱表面及口盖,如需要,则可退出插钉罩。用其他工具对连接器作初步清洁,将压缩空气或氮气接到喷砂枪上,再将压力调到 20 psi～25 psi (1 psi≈6.895 kpa),用喷砂枪清洁连接器的底部和插钉底部及周围,用丙酮或酒精冲洗连接器,用压缩空气或氮气吹干连接器。

5)连接器的组装。如果已退出了插钉罩,组装连接器时就要换上新的插钉罩,将插头与插座对接上,做好密封,做防火探测试验。

13.1.4　发动机连接器的密封

环境密封型连接器的密封胶圈的插钉孔是有弹性的,插钉孔是靠插钉后面的导线密封的,但当导线的外径小于密封胶圈的最小密封直径时,就要增加导线的外径,直到达到密封条件。对于无插钉的空插钉孔,要根据连接器的类型及飞机上的工作区域采用合适的方法密封。更换由灌注物密封的连接器时,也要进行和原连接器同等的密封,如图13-3所示。

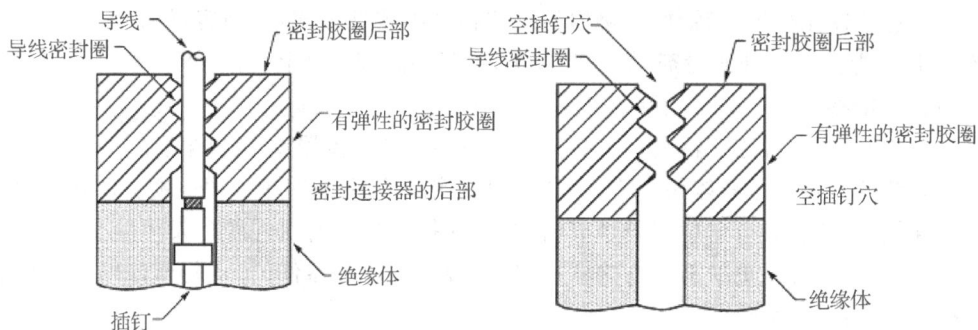

图13-3　连接器的密封圈孔

(1) 插钉孔里导线的密封。当导线的外径小于密封胶圈孔时,从 SWPM20-60-08 中选择热缩管;热缩管的长度是:热缩管的前端到插钉的后端的距离是最大 0.09 in;热缩管的后端到密封胶圈后端的距离是 0.1～0.5 in;如果是导线末端装有屏蔽地线无法使热缩管达到这个长度,则热缩管末端到屏蔽地线绝缘套管末端的距离是最大 0.12 in。如果需要可安装多层热缩管。

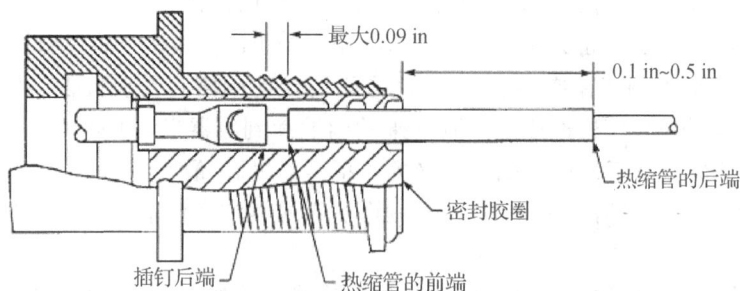

图13-4　热缩管在导线上的位置

(2)空插钉穴的密封。

1)安装密封塞。从 SWPM 20 - 00 - 11 节中选择密封塞;将密封塞头朝里从连接器的后部插进插钉穴,一直将密封塞插到底,确认密封塞是完全插进了插钉穴。将密封塞末端多余的长度剪去,使密封塞末端到密封胶圈的后端的距离大约是 0.1 in。确认密封塞不影响连接器的电缆夹。

2)安装密封棒。安装密封棒:从 SWPM 20 - 00 - 11 节中选择密封棒;按 SWPM20 - 60 - 08 的尺寸剪取需要的长度。将密封棒从连接器的后部插进插钉穴;使密封棒末端到密封胶圈后端的距离大约是 0.1 in,并确认密封棒不影响连接器的电缆夹。

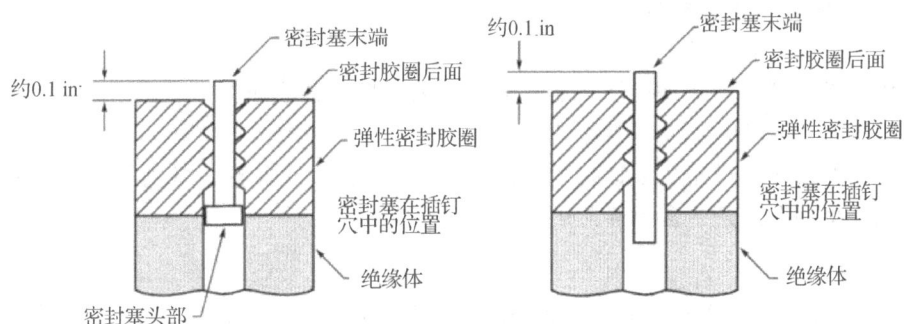

图 13 - 5　空插钉孔的密封

13.1.5　前退式连接器施工

1.连接器的分解

(1)后壳的分解。前退式连接器后壳的组成部分有后壳适配器、尾夹、尾夹适配器、直管适配器、螺纹管、螺纹管适器,依次分解下这些组件,放置在合适的地方。

(2)退钉。退钉要根据不同件号的连接器及插钉选择专用工具,不能用钳子或其它非专用工具拔出,这样会损坏连接器的密封胶圈和插钉。

1)根据连接器和插钉的不同件号,从手册中选择对应的退钉工具。

2)将退钉工具头部从连接器的正前方正对着要退插钉的孔穴插入,要确认退钉工具的活动头是完全缩回的。

3)慢慢地将退钉工具插进插钉穴里一直插到底,感觉到有阻力为止,这时退钉工具已经打开了插钉孔穴里的弹簧锁片。

4)将退钉工具的活动头向前推,一直到将插钉推出,如图 13 - 6 所示。

5)以垂直方向将退钉工具从插钉孔穴里拔出。

6)从连接器的后部将插钉从密封胶圈上拉出。

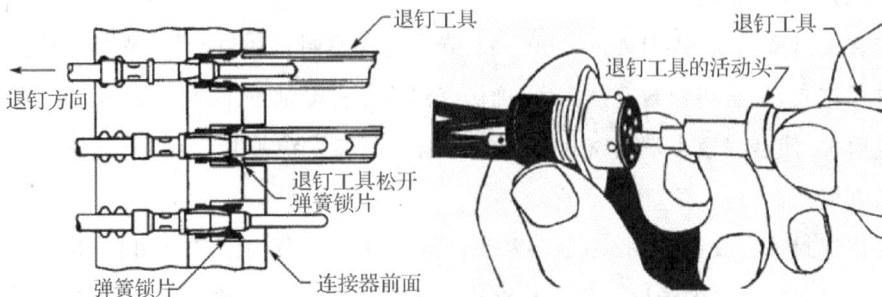

图 13-6　前退式连接器退钉

(3)退出密封条或密封棒。

1)选择一把合适的钳子。

2)如果需要可以剪开连接器后部 6 in 范围内的捆扎带或塑料卡带。

3)用钳子夹住密封条或密封棒的尾部。

4)将密封条或密封棒从插钉孔穴中拔出。也可以用一个相同尺寸的插钉从连接器的前面插钉孔穴里将密封条或密封棒向后推出插钉孔穴。

2.连接器的组装

(1)组装插钉。下面介绍的压钉程序对于插钉和插孔是相同的：

1)根据连接器的件号选择需要的插钉。

2)按连接器与插钉的要求准备导线。

3)根据插钉和导线的尺寸选择压接工具及定位头及设置。

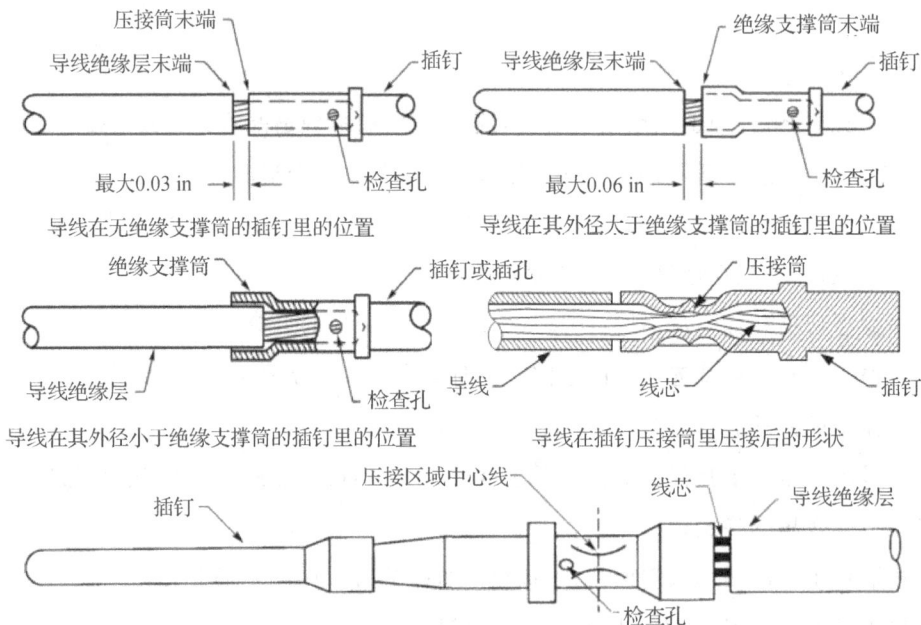

图 13-7　导线在插钉里的位置及压接后的标准插钉外形

4)对于没有绝缘支撑筒的插钉,将剥去了绝缘层的导线的末端插进插钉的压接筒里,确认线芯的所有细丝都插到了压接筒里,且通过检查孔可以看到线芯;导线绝缘层末端到压接筒末端的距离小于 0.03 in;用正确方法压接插钉。

5)对于有绝缘支撑筒的插钉,如果导线的外径大于绝缘支撑筒,将剥去了绝缘层的导线的末端插进插钉的压接筒里,要确认线芯的所有细丝都插到了压接筒里,且通过检查孔可以看到线芯。导线绝缘层末端到绝缘支撑筒末端的距离不大于 0.06 in,最后压接插钉。

6)对于所有其他的有绝缘支撑筒的插钉,将剥去了绝缘层的导线的末端插进插钉的压接筒里,要确认线芯的所有细丝都插到了压接筒里,且通过检查孔可以看到线芯。导线绝缘层要插进绝缘压接筒里,绝缘层的末端要顶在绝缘压接筒底,最后用正确的方法压接插钉。

(2)插钉压接工具。常用压接工具的件号有:M22520/1-01 和 M22520/2-01 等插钉压接钳,都可更换不同的定位头,在压接钳上和定位头上分别标有件号。工具的手柄必须压到底才可以松开,压接的松紧度可以通过调节工具上的选择器来实现,松紧度选择器是用回形针锁住的。

M22520/1-01 压接钳可配多个不同定位头,一个标准的定位头可压接不同尺寸的插钉,按下定位头上的锁紧/松开机构,调节定位头上有色标的转轮,再压下转轮。定位头是用两个内六角螺栓紧固在工具头部的卡环上的,更换定位头时,用 9/64 in 的内六角扳手松开内六角螺栓即可。M22520/2-01 压接钳的定位头也是很容易拆装和更换的,插入定位头并转 90°就可锁紧,有 8 个压接紧度调节挡位,可以压接 AWG20~AWG32 的导线。

(3)送钉。下面介绍送钉程序(见图 13-9)包括有导线的插钉和无导线的插钉。

1)将连接器的后壳、组件等套在导线束上;如果连接器的后壳是单翅的,还要剪一段热缩管套在线束上,也可以缠绕防护胶带和扎捆扎结;

2)根据插钉的件号及尺寸选择相应的送钉工具,要确认送钉工具头部没有弯曲、没有损坏、边缘没有磨损。

3)检查插钉,确认插钉没有变形、没有损坏。

4)将插钉与送钉工具的头部配合好,保证插钉和送钉工具是轴向平行的。

5)从连接器密封胶圈的后面,将送钉工具连同插钉一起以轴向平行的角度送进插钉孔穴里,一直送到插钉孔穴的底部感到有阻力;如果插钉孔穴在连接器的外边缘,那么就要将送钉工具头部开口的一面朝向外。

6)为了送钉容易,可以参考 SWPM 20-00-11 选择润滑剂,在送钉工具及连接器密封胶圈后表面涂少量的润滑剂,注意润滑剂不要涂的太多,也不要涂到其他地方去。

7)插钉到位后,将送钉工具拔出,用手指轻拉一下已送到位的插钉的导线,不要用太大的劲,也不要用手指甲掐导线的绝缘层,以免损伤插钉孔穴及导线的绝缘。

8)如果能拉出插钉,就是没有送到位,要重新送钉;如果拉不出插钉,才代表插钉送到位了。

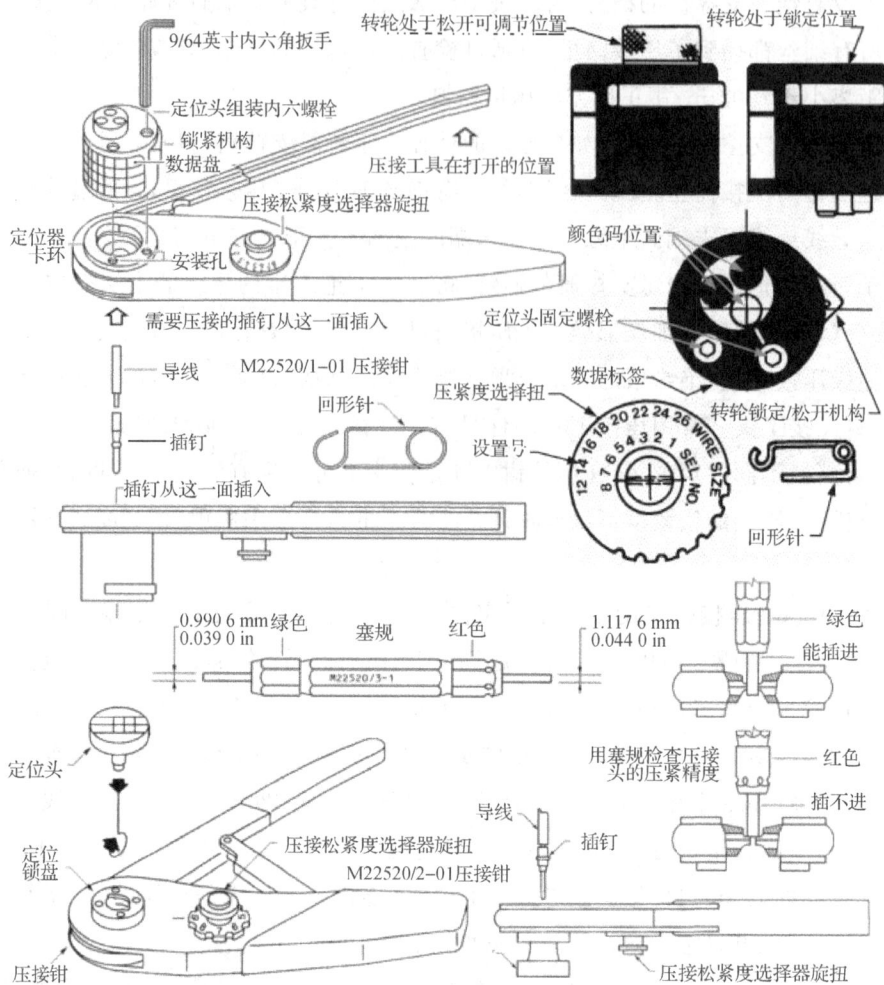

图 13 - 8　插钉压接工具

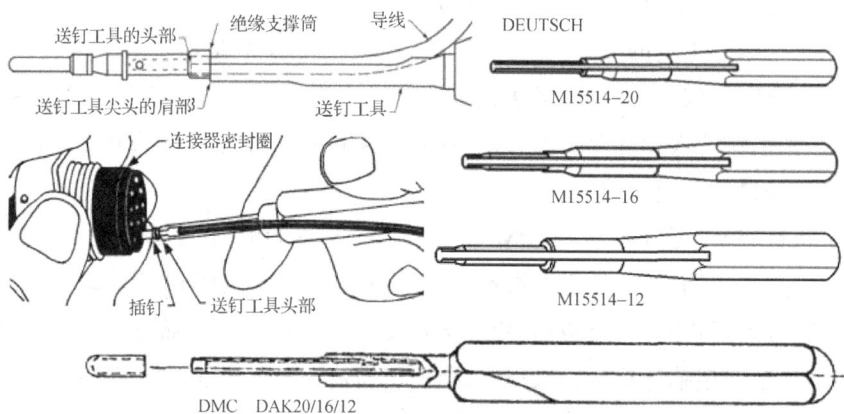

图 13 - 9　前退式连接器送钉及送钉工具

13.1.6　后退式连接器施工

后退式连接器的后壳、尾夹等组件的拆装与维护和前退式连接器相似,只是送钉和退钉方法与前退式连接器有区别(见图 13 - 10)。

为了使连接器及导线能够维护及修理,连接器里的插钉必须是可更换的,可以送入也可以退出。连接器的插钉穴里面的弹簧锁片卡住插钉的肩部,就将插钉锁住,以便能够承受来自连接器的连接和断开时的推力和拉力、插钉所接导线的作用力、振动引起的作用力及各种力的作用,所以插钉的送钉和退钉要有专门的工具和程序。

1.后退式连接器的送钉程序

要根据插钉的尺寸选择合适的送钉工具(见图 13 - 11)。送钉时,要用拇指将插钉后的导线滑入送钉工具有颜色的一端的狭槽里,稍微用点力将插钉的肩头与送钉工具的头部配合好,以垂直方向将插钉送到位,使插钉穴中的弹簧锁片锁住插钉,如果送钉不到位,插钉在钉穴里面就不能被固定。对接时,一旦受到对面插钉的阻力,没有锁住的插钉就会向后缩。

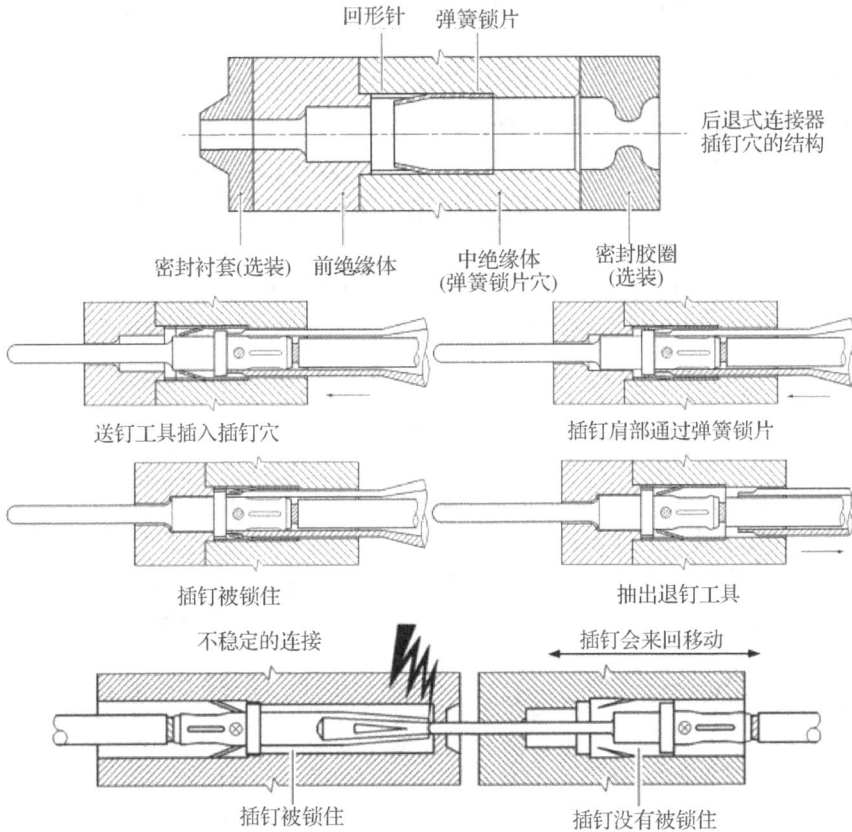

图 13 - 10　后退式连接器的送钉程序

2.后退式连接器的退钉程序

根据插钉的尺寸选择合适的退钉工具(见图 13 - 11)。退钉时,要用拇指将插钉后的导线滑入退钉工具的白色一端的狭槽里,顺着导线将退钉工具插入插钉穴里插到底,直到感觉到有阻力为止,这时退钉工具已经打开了弹簧锁片,插钉的肩部已被松开,此时用手指捏住退钉工具与导线,将退钉工具与导线一起抽出插钉穴,将退钉工具与插钉及导线分开。

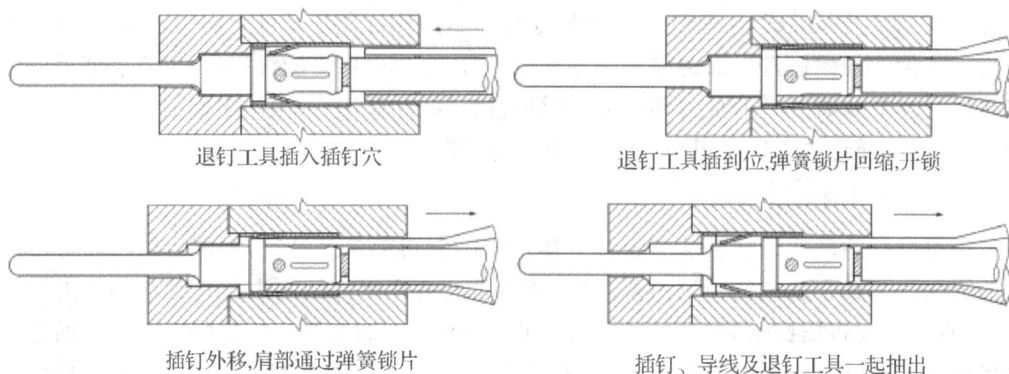

退钉工具插入插钉穴

退钉工具插到位,弹簧锁片回缩,开锁

插钉外移,肩部通过弹簧锁片

插钉、导线及退钉工具一起抽出

图 13-11　后退式连接器退出有导线插钉的程序

3.退钉与更换插钉

(1)根据连接器与插钉件号选择对应的退钉工具。要检查退钉工具是否完好,特别是头部是否弯曲、破裂、破碎,这样的退钉工具无法完成退钉程序还会导致密封胶圈损坏。

(2)若需要可松开或卸下连接器的组件,则可剪开连接器后部附近的捆扎带和塑料卡带。

(3)将需要退出的插钉后面的导线压入退钉工具的狭槽里。

(4)将退钉工具顺着导线,沿着与插钉的轴向平行的方向对准插钉穴。

(5)将退钉工具插进插钉穴,一直往里插,直到插不下去为止;如果导线的外径比退钉工具的狭槽的直径大的多,就需要更换插钉。

(6)用手捏住退钉工具与导线,将退钉工具及导线一起拉出插钉穴。

(7)如果退钉工具不能与导线一起拔出,就将退钉工具单独拔出来,再沿插钉轴向转动90°,再重新按上述方法将退钉工具插进去,重新退钉。

(8)如果第二次退钉还是不能将退钉工具与导线一起拔出,就再将退钉工具单独拔出来,沿插钉轴向再转动90°(与上次转动的方向相同),重新按上述方法将退钉工具插进去,再次尝试退钉。

(9)如果第三次退钉还是不能将退钉工具与导线一起拔出,就再将退钉工具单独拔出来,沿插钉轴向再转动90°(与上次转动的方向相同),重新按上述方法将退钉工具插进去,再次尝试退钉。

(10)如果第四次退钉还是不能将退钉工具与导线一起拔出,就是退不出来了,此时需要更换插钉。

(11) 插钉的更换。这个更换插钉的程序只适合上述插钉无法从插钉穴里退出时的情况。

1)当插钉无法退出时,在连接器的后面约 0.25 in 处剪断导线。

2)选择一个合适的尖嘴钳子,将剩余导线上的绝缘层剥掉。

3)将退钉工具按正常退钉的方式插入插钉穴,一直插到底。

4)用尖嘴钳子夹住导线,将导线与退钉工具一起拔出插钉穴。

5)如果还是退不出插钉,就将退钉工具拔出,沿轴向转 90°后,再重复上述的程序,直到退出插钉后,再压接新的插钉。

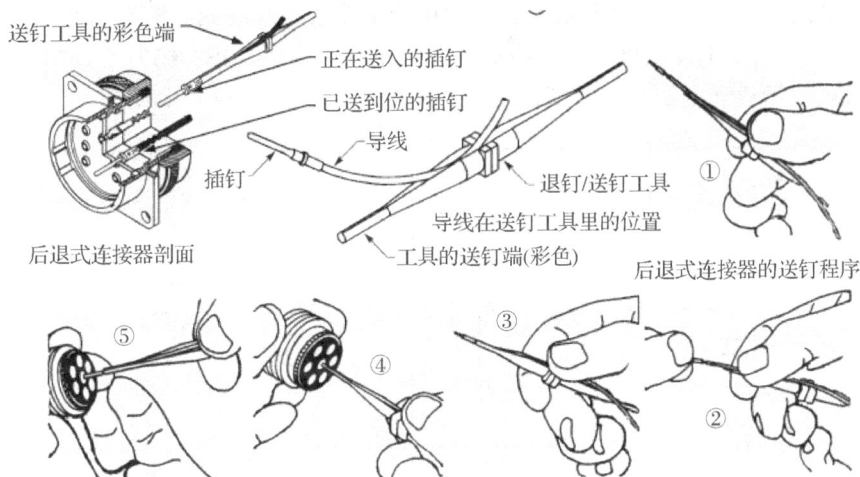

图 13-12　后退式连接器的送钉施工

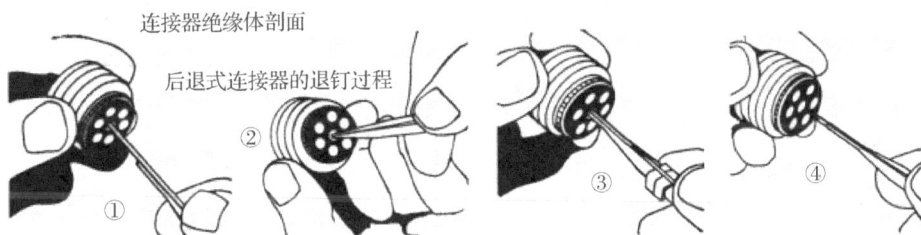

图 13-13　后退式连接器的退钉施工

13.2　接　线　片

接线片是一种可拆卸的连接件,能在电路中起到连接通路的作用,在维护工作中,可使用接线片连接导线或电缆构成系统功能电路。

13.2.1　概述

接线片种类很多,按材料可分为铜接线片、合金钢接线片、铝接线片等;按绝缘性可分为压接筒带绝缘接线片和不带绝缘的接线片;按功能可分为通用型接线片、入口限制型接线片、高温型接线片、特殊型接线片;按尺寸和形状分更是多种多样,主要是有效接触面积大小和接线柱直径大小的区别。

BACT12AC( )和 BACT12AR-( )接线片用于没有水增压区域导线和电缆终端使用，BACT12M( )接线片用于高温、高振动区域导线和电缆终端使用，3223( )接线片用于发动机、APU区域导线/电缆终端使用，YAV14H( )用于防火系统超温电门连接导线终端使用，42731-( )快速接线片和 2888-( )快速接线片用于增压区域娱乐系统和服务系统导线和电缆终端使用，BACT12G( )非绝缘接线片用于汇流条和大电流导线终端使用，2771( )-( )铝线专用接线片用于发电机电源馈线和电源系统终端使用，MS20659-( )非绝缘接线片用于发电机电源馈线和电源系统终端使用，常用接线片如图13-14所示。

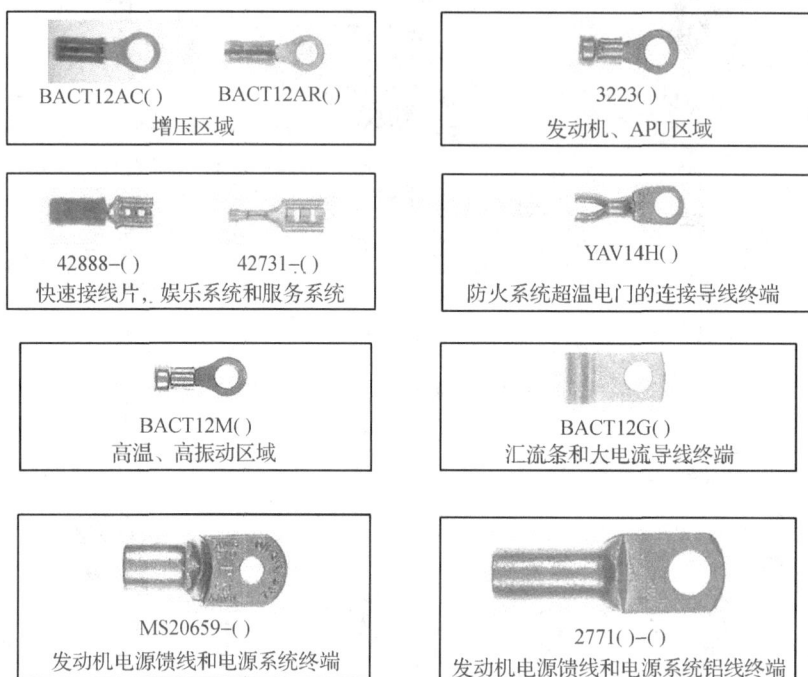

图 13-14　常用接线片

13.2.2　接线片安装

1.压接工具分类介绍

接线片压接工具分为气动压接工具和手动压接工具两种。

(1)气动压接工具。气动压接工具是用来压接大接线片的工具，动力泵施加压力给装在工具上的压接头来组装接线片，常用动力泵的最大压力从 6 000 psi～10 000 psi 不等，动力泵的压力是可调的，不同的压接头承载的压力也不同；压接时，要将动力泵的压力调在压接头的最大压力和最小压力范围内，如果动力泵的压力大于压接头能承载的压力，压接时，有可能损坏压接头、接线片及导线，也有可能伤害工作人员。

(2)手动压接工具。波音飞机使用的接线片压接工具大多数为 AMP 公司生产的，常见的工具有以下三种类型：

1）T 型头压接工具。常见的 T 型头压接工具件号为 59170、59250、59275、59300、69692 - 1 和 69693 - 1 等。

2）长柄压接工具。常见的长柄压接工具件号为 46673、46447、49592、49935、69363、574573、1490048 - 1 和 1490047 - 1 等。

3）短柄压接工具。常见的短柄压接工具件号为 47386、47386 - 0、47386 - 4、409775 - 1、47387、47387 - 0 和 46121 等。

2.典型压接工具

AMP 公司生产的 59250 是较常见的绝缘接线片的压接工具，如图 13 - 15 所示。

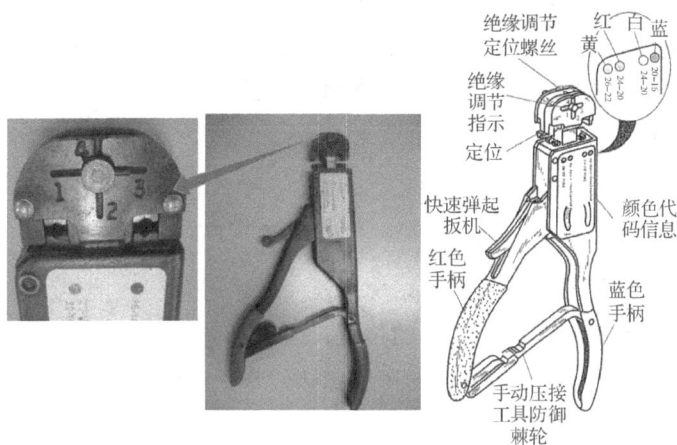

图 13 - 15　常用压接工具

只有压下快速弹起扳机时，才能压下红、蓝手柄。绝缘层红色的接线片放在红色手柄的压接端口，蓝色的接线片放在蓝色手柄端口。

绝缘调节定位螺丝可以根据导线的外径进行选择，如图 13 - 16 所示。

Tool or Die Number	Wire Size (AWG)	Tool Insulation Grip Setting For Wire Insulation Outside Diameters							
		1		2		3		4	
		Minimum	Maximum	Minimum	Maximum	Minimum	Maximum	Minimum	Maximum
46988	16-14	0.140	0.150	0.150	0.160	0.160	0.170	–	–
47903	24-20	0.040	0.060	0.060	0.070	0.070	0.100	–	–
59250	22-18	0.040	0.050	0.050	0.070	0.070	0.100	0.100	0.130
59250	16-14	0.070	0.095	0.095	0.110	0.110	0.125	0.125	0.150
59254	22-18	0.090	0.110	0.110	0.125	–	–	–	–
59275	26-22	0.030	0.050	0.050	0.060	0.060	0.070	0.070	0.090
	24-20	0.040	0.060	0.060	0.070	0.070	0.080	0.080	0.100

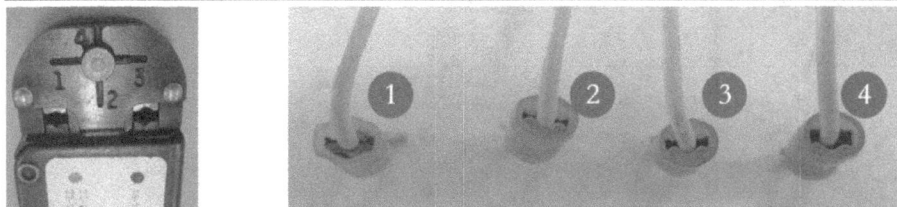

图 13 - 16　绝缘调节定位螺丝位置选择

如果无法测量导线的外径,可根据以下 SWPM 手册提供的方法进行选择:

(1)先把绝缘压筒压模的压紧度调节挡位调在最松挡"3";

(2)将接线片平放到压接工具的压模里的正确位置;

(3)导线末端不要剥线,将导线插进接线片的绝缘压筒里,直到插不动为止。导线绝缘层末端要推到绝缘压筒的最前端,导线绝缘层不能进入接线片的线芯压接筒;

(4)压下接线片压接工具的手柄;

(5)取出压接好的接线片,仔细检查接线片的绝缘压筒的压接程度;

(6)一手拿接线片,一手握住导线,来回弯曲一下导线,确认导线是否能从接线片里出来;如果导线不能出来,松紧度就是合格的;

(7)如果导线能从接线片里出来,就要将调节位置调紧一挡。换同样的新的导线和接线片,用相同的方法再压接一次;直到符合要求为止。

3.接线片压接

下面介绍接线片的压接步骤:

(1)从导线的末端剥去必要长度的绝缘层;

(2)绝缘调节定位螺丝调整到合适的位置;

(3)将接线片卡在工具上,用轻轻的压力把接线片固定好;

(4)将剥好的导线插入接线片;

(5)压接接线片;

(6)将接线片从压接工具下取下。

施工步骤如图 13 - 17 所示。

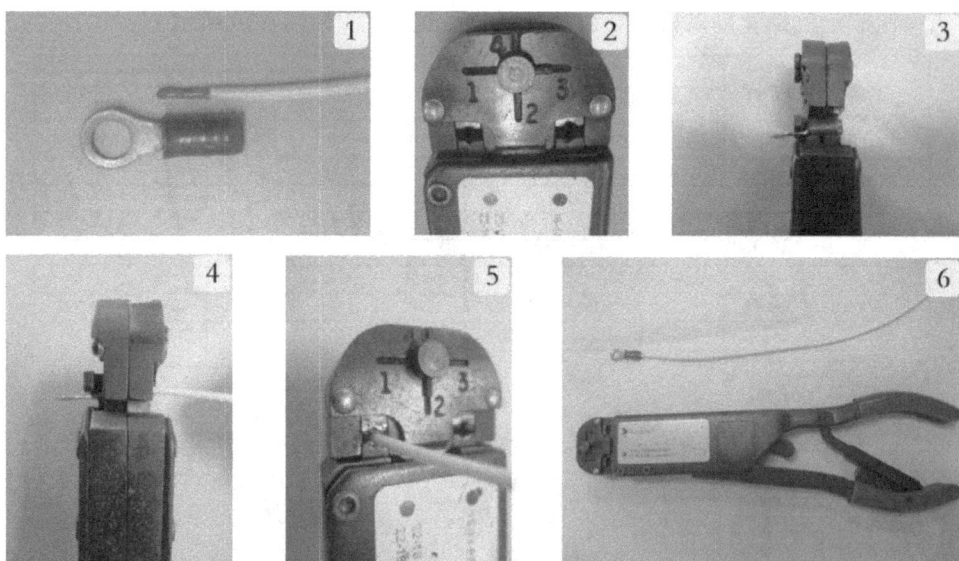

图 13 - 17　接线片压接

4.接线片质量检查

(1)接线片可靠性检查。接线片压接后可靠性检查如图 13-18 所示。

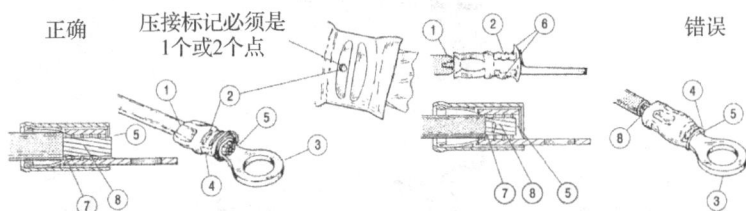

正确	错误
① 绝缘筒与导线绝缘可靠接触	① 导线绝缘压出（接线片绝缘压接太紧）
② 正确的颜色标志和模块标志	② 错误的颜色标志和模块标志
③ 导线规格在接线片压接范围之内	③ 导线规格不在接线片压接范围之内
④ 压线筒压接在中心	④ 压线筒压接不在中心（压接不到位）
⑤ 接线片上的芯线末端到达规定位置	⑤ 导线末端没有到达规定位置
⑥ 接线片压接合适	⑥ 过度压接或绝缘变形（工具和接线片选择错误）
⑦ 压线筒没有压接到导线绝缘	⑦ 压线筒压接到导线绝缘
⑧ 芯线没有断丝或划痕	⑧ 芯线有断丝或划痕

图 13-18　接线片可靠性检查

(2)导线线芯露出接线片压接筒的尺寸要求。若普通接线片连接的是 AWG10 号或更细的单根导线,芯线露出压线筒最大 0.06 in,如图 13-19 所示;普通接线片连接的是 AWG8 号或更粗的单根导线,芯线露出压线筒最大 0.10 in,如图 13-19 所示。

如果接线片没有绝缘筒,连接 AWG10 号或更细的单根导线,接线片压线筒末端距离导线绝缘层末端最大 0.12 in;连接 AWG8 号或更粗的单根导线,接线片压线筒末端距离导线绝缘层末端最大 0.25 in。

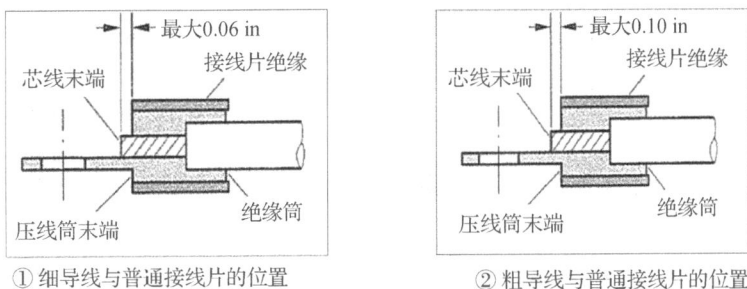

①细导线与普通接线片的位置　②粗导线与普通接线片的位置

图 13-19　接线片可靠性检查

(3)接线片弯曲目视检查。对接线片进行向上与向下弯曲目视检查、侧面与侧面的弯曲目视检查,接线片的压线筒和导线以参考线为基准,允许接线片最大弯曲角度不能超过 11°,如图 13-20 所示。

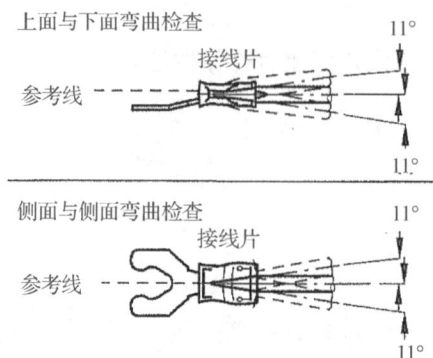

图 13-20 接线片弯曲目视检查

13.3 导线束捆扎与安装

13.3.1 导线束捆扎材料

常用的导线捆扎材料有捆扎带、塑料卡带和黏性胶带三种，它们的应用见表 13-1。

表 13-1 导线束捆扎结的材料

温度级别	所在区域	捆扎材料
A	非高振动区	塑料卡带
		线束捆扎带
		黏性胶带
B	高振动区	线束捆扎带
	非高振动区	线束捆扎带
		塑料卡带
		黏性胶带
D	高振动区	线束捆扎带
	非高振动区	线束捆扎带

1.捆扎带

捆扎带捆扎是飞机上应用最广泛的捆扎方法，并且适用于飞机的任何区域。图 13-21 所示分别为温度等级 B 和温度等级 D 的捆扎带，区分材料的标志就是温度等级 D 的捆扎带上面有黑点。

捆扎带有不同的颜色，主要作用是进行导线的分隔。飞机上有些导线束的识别是由颜色码进行识别，这样使维修人员能够在维修、改装后正确的识别导线束，并用相应颜色的捆扎带进行捆扎。

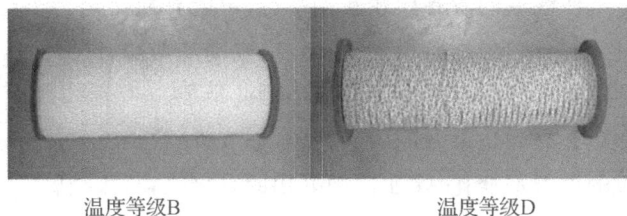

温度等级B　　　　　　　　　　温度等级D

图 13 - 21　线束捆扎带

2.塑料卡带

塑料卡带是一种常见的捆扎材料,应用很广泛。在飞机上上只能在飞机的增压区域且温度等级 A 和 B 的区域内使用,在飞机的燃油箱区域、非增压区域、高振动区域、温度等级 C 和 D 区域、容易磨损的区域和机械传动区域禁止使用塑料卡带捆扎导线束。塑料卡带可用于多芯线或扭绞导线,但不能用于同轴电缆或光缆。有的飞机出厂时,在一些非增压区和一些高振动区就已经安装上了塑料卡带,这样的安装是允许的,再施工时,需要用捆扎带替换这些塑料卡带。塑料卡带如图 13 - 22 所示。

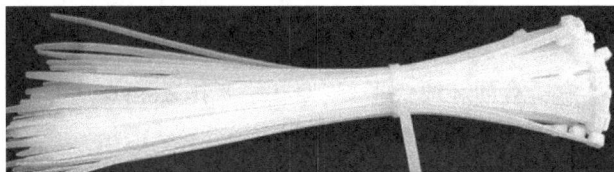

图 13 - 22　塑料卡带

3.黏性胶带

黏性胶带能将导线束用胶带缠绕固定,只能用在增压区,这种方法在飞机上很少使用。黏性胶带不能用于捆绑和固定套管,也不能用于将导线束捆扎在连接器的单腿后壳上。黏性胶带如图 13 - 23 所示。

图 13 - 23　黏性胶带

13.3.2　导线束捆扎

1.导线束捆扎要求

导线束捆扎时有以下要求。

(1)捆扎前要尽量使线束的所有导线互相平行,不能有相互交叉和上下弯曲的导线。

(2)捆扎要紧密,捆扎结要扎紧,不能使导线或电缆的两端有拉力,其绝缘层不能变形。

(3)所有导线的弯曲半径都不能小于其最小弯曲半径。

(4)捆扎带的颜色必须和线束分隔的颜色码(如有)一致。

(5)导线修理过的位置不捆扎,除非修理处用的是接线管,接线管上允许有捆扎结。

(6)在线束中,如果用接线管连接的导线是多于一根的 AWG16 或更细的导线且导线束没有安装防护套管或绝缘套管时,应予以捆扎。

(7)如果导线束装在套管内(防护套管或绝缘套管),套管内不能捆扎(捆扎带、塑料卡带)。

(8)屏蔽地线要捆扎。

(9)在非增压区,只能用捆扎带替换飞机上原有的塑料卡带;

(10)不允许用黏性胶带分隔和区分导线或用黏性胶带将多于一个的导线束捆扎在一起。

2.导线束捆扎方法

(1)非高振区捆扎方法。选择符合所在施工区域的温度级别的捆扎带。扎一个如图 13-24①所示的结,注意所有的导线要平行,捆扎结要扎紧,导线不能有交叉,不能引起绝缘层变形。选择如图 13-24②或③形式完成捆扎。

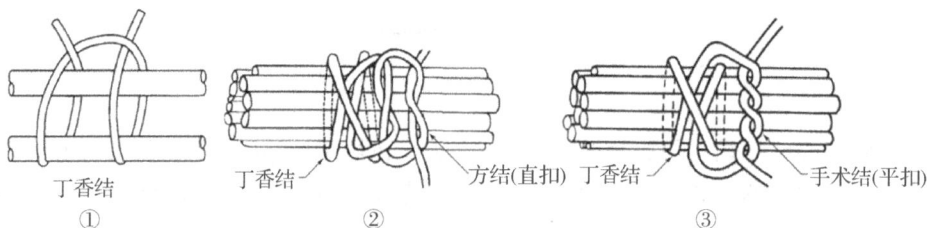

丁香结　　　　丁香结　　　　　　方结(直扣)　丁香结　　　　　　　　手术结(平扣)
①　　　　　　　　　　②　　　　　　　　　　　　　③

图 13-24　非高振区捆扎

捆扎带末端留取足够的长度(0.12～0.5 in),剪去捆扎带两端多余部分。剪切后留下的末端长度如图 13-25 所示。

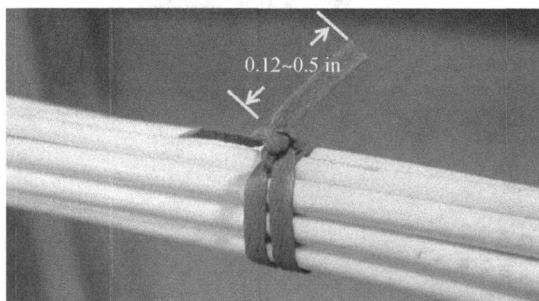

图 13-25　捆扎带末端

(2)高振区捆扎方法。选择符合所在施工区域的温度级别的捆扎带。扎一个如图 13 - 26①所示的结,第一圈至少缠绕一根导线,如果缠绕的是 AWG22 或更粗的导线,那么可以 8 缠绕一根导线;如果缠绕的是线号小于 AWG22 的导线,那么至少要缠绕 3 根导线,以防导线变形。第一圈不能缠绕在热电偶电缆(黄色外护套)或热电偶导线(红色或黄色绝缘层)上。注意所有的导线要平行,捆扎结要扎紧,导线不能有交叉,不能引起绝缘层变形。图 13 - 26②是另一种可选择的线束捆扎结的打法。按图 13 - 26③的两种形式,二选一捆扎。捆扎带末端留取足够的长度(0.12～0.5 in),剪去捆扎带两端多余部分。剪切后留下的末端长度如图 13 - 25 所示。

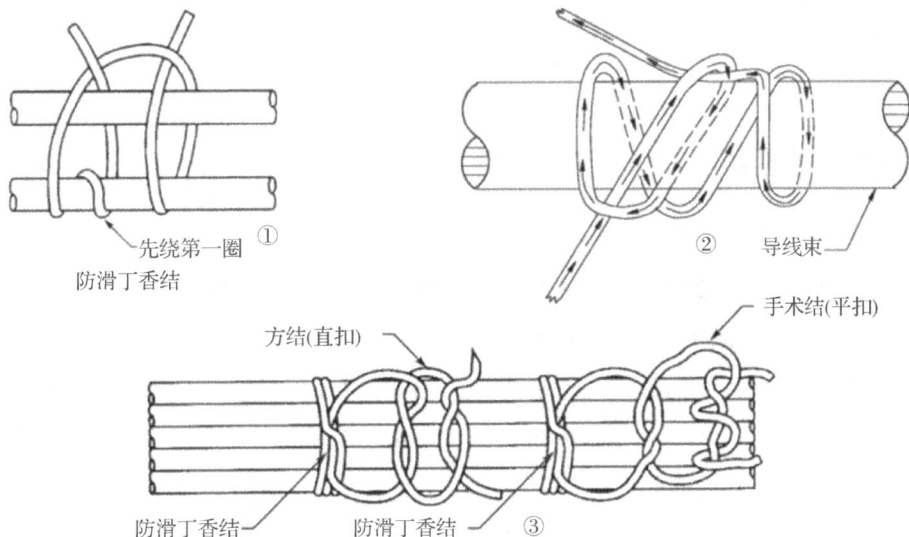

图 13 - 26　高振区捆扎方法

(3)捆扎结的间距。

1)在振动等级 1 的区域。捆扎间隔根据线束的松散情况而定,通常最大为 12 in。

2)在振动等级 2 的区域。导线束捆扎结之间的距离是 6～8 in;只有波音 737 型飞机的大翼前缘的电源馈线线束的捆扎结之间的最大间距是 2 in;确定捆扎结之间距离的原则是两捆扎结之间的导线和导线束不能有弯曲,导线束的直径不能变大。

3)在振动等级 3 的区域。导线束捆扎结之间的距离最大是 2 in,如图 13 - 27 所示;确定捆扎结之间距离的原则是两捆扎结之间的导线和导线束不能有弯曲,两个捆扎结之间的线束的外径不能变大。

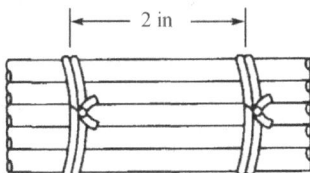

图 13 - 27　振动等级 3 捆扎间距

4)如果导线束的直径大于 1.5 in(38.1 mm),那么则必须捆扎双结,即在同一地点,捆扎两个相同的丁香结,如图 13-28 所示。

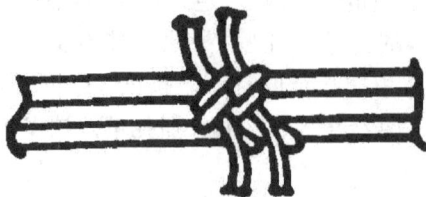

图 13-28　双丁香结

13.3.3　导线束安装

1.导线束的安装间隔要求

线束的间隔是指导线束与飞机结构、设备部件、管路、钢索之间的空间间隔。导线束到设备和结构的尖锐边缘的最小距离应为 0.13 in,可用 Teflon 和 Expendo 套管防护。导线束到燃油、液压、氧气系统的最小距离是 2 in,有分隔结构时,可适当减少距离。导线束水管及全静压管路之间的距离不小于 1/2 in。和引气管顶部距离不小于 2 in,距底部和侧面不小于 1 in。与控制钢索之间距离不小于 2 in。

2.导线束的敷设与支撑

(1)线夹尺寸的选择。

1)线夹必须能够将导线束紧紧地保持、固定住。

2)不能有线夹压住或夹住导线的情况,否则应更换更大尺寸的线夹。

3)线夹内的导线束不能横向移动;在环形线夹内,允许导线束有纵向移动,也可以有顺时针和逆时针转动,如图 13-29③所示。

4)在方形线夹内不允许线束在线夹角内移动或转动。

5)线夹的尺寸要与线束的直径相匹配,如果线束的最大直径比线夹最小直径还要小,则应在线夹内加填充条。

6)对于带胶垫的环形线夹,安装时如果线夹胶垫两端的距离大于 0.03 in,就要更换更大尺寸的线夹,如图 13-29②所示。

7)将如图 13-29⑤所示的件号为 ST2323B 的线径测量带按图 13-29①所示的方法紧紧地缠绕在导线束上要安装线夹的位置;确认测量带起始线所对应的颜色代码,读出线束的近似直径;如果测量带起始线对准在两个颜色代码之间,以较小的尺寸为准;如果线夹是对应于测量带的颜色代码的,就依照颜色代码选择线夹;如不是,就按对应的直径选择。

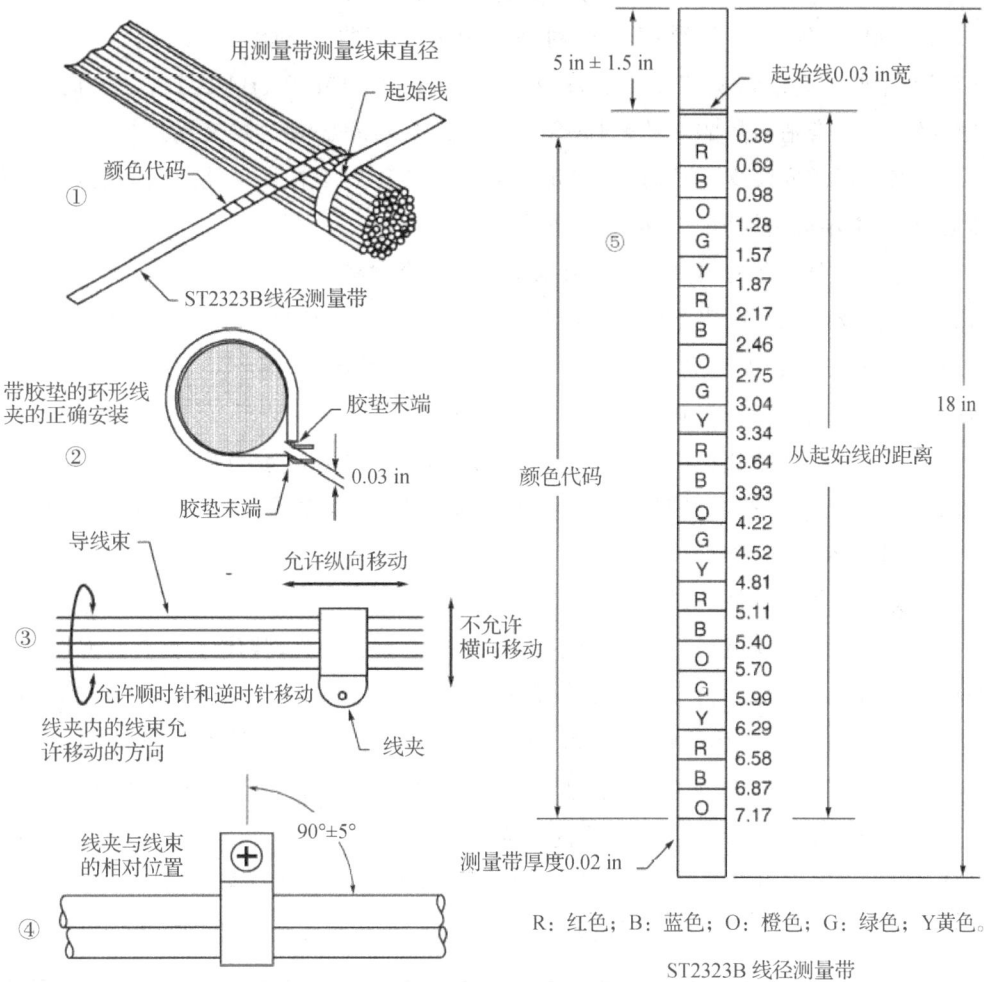

用测量带测量线束直径

起始线

颜色代码

① ST2323B线径测量带

带胶垫的环形线夹的正确安装

②

胶垫末端

0.03 in

胶垫末端

导线束

允许纵向移动

不允许横向移动

③ 允许顺时针和逆时针移动

线夹内的线束允许移动的方向

线夹

线夹与线束的相对位置

90°±5°

④

5 in ± 1.5 in

起始线0.03 in宽

⑤ 18 in

颜色代码

从起始线的距离

测量带厚度0.02 in

颜色	距离
R	0.39
B	0.69
O	0.98
G	1.28
Y	1.57
R	1.87
B	2.17
O	2.46
G	2.75
Y	3.04
R	3.34
B	3.64
O	3.93
G	4.22
Y	4.52
R	4.81
B	5.11
O	5.40
G	5.70
Y	5.99
R	6.29
B	6.58
O	6.87
O	7.17

R：红色；B：蓝色；O：橙色；G：绿色；Y黄色。

ST2323B 线径测量带

图 13-29　导线束直径测量带与线夹的安装

（2）线夹的安装要求。

1）线夹的尺寸必须合适。

2）安装后的线夹与导线束必须是垂直的，如图 13-29④所示。

3）线夹内的导线不允许有交叉。

4）线夹不能安装在捆扎带、塑料卡带上，也不可以装在导线或电缆的修理处和屏蔽地线的组装处。

5）如果支撑件的尺寸大小不合适，原则上应在同一类型的支撑件中选择尺寸合适的支撑件，如确实需要更换不同类型的支撑件，要确认它们能否互换。

6）导线支撑件安装完毕后，线路与结构之间的间隔必须足够。

7）如果用尼龙线夹作隔离用于有支架的安装，只允许使用件号为 NAS42（）的间隔衬垫;件号为 NAS43() 的间隔衬垫不能与尼龙线夹安装在一起。

8)当同轴电缆的弯曲半径小于 6 in 时,同轴电缆的弯曲处不能安装线夹。

9)当两个同轴电缆被安装在件号为 287T0011、BACC10DK 、BACC10GE 的同一个线夹中时,必须加装合适数量的件号是 BMS1 - 52 或 69B47961 -() 的填充棒。

10)在特殊区域安装支撑件时,要确定该支撑件能否安装在该区域:如油箱内、非增压区、高振动区、高温区、发动机、支撑电源馈线时等。

11)满足导线分隔条件的多根导线可以安放在一个线槽或线夹里。

12)有不同支撑的导线束不能被捆扎在一起。

13)一般情况下,最大间隔 18 in 需要安装一个固定夹子。

14)在 48 框,固定夹子之间的最大间隔为 22 in。

15)对于 AWG22 或更细的非屏蔽导线,必须用线夹以 6 in 或更小的距离固定的结构上;3 根或更多的 AWG22 或更细的导线可放在同一线束内,除了支撑小线束的需要外,不要将不同线束绑在一起。

(3)常见线夹件号及说明。

1)287T0011 -():通用型环形尼龙线夹,最大直径为 1.25 in,替代件号是 BACC10DK -(),开口处是用捆扎带或塑料卡带捆扎,只能用在飞机的增压区域,温度级别是 A 和 B 的区域(275℉以下),不能用在燃油箱;安装时,将捆扎带或塑料卡带穿进线夹两端的孔里,扎紧后,线夹的两端可以接触也可以不接触,287T0011 不需用垫圈;也可以视情使用填充棒。

2)69B90483 -():防滑方线夹,最大内径为 1.30 in。

3)BACC10BU -():普通环形尼龙线夹,最大直径 3.0 in,替代件号是 BACC10GE -()。

4)BACC10DK -():通用型环形尼龙线夹,最大直径为 1.25 in,替代件号是 BACC10G -() 和 287T0011 -(),象捆扎带一样将线束收拢在一起,只能用在飞机的增压区域,温度在 275℉以下,可以用在燃油箱。

5)BACCC10DR -() 槽和 BACC10DS -() 盖组成的槽形线夹;最大高度为 1.2 in,只能用在增压区。

6)BACC10GE -():通用型环形线夹,最大直径为 1.5 in,替代件号是 BACC10BU -() 和 BACC10DK -(),用在飞机的增压区域,温度在 275 ℉以下,不能用在燃油箱;可以在高振动区和非增压区用于支撑同轴电缆。

7)BACC10GU -():通用型环形线夹,用于非增压区,替代件号是 BACC10JU -()。

8)BACC10HS -():环形线夹,用于飞机的发动机等高温、高振动区域。

9)BACC10JU -():环形线夹,合页状,用于非增压区。

10)BACC10KL -():三线线夹,用在飞机的大翼前缘和其它高振动区,支撑三根电源馈线,适合电源馈线直行通过。

11)BACS31H -():环形桩,尼龙件,用 BACS38W3 塑料卡带捆扎。

12)BACS31J-():尼龙支撑件,用 BACS38W3 塑料卡带捆扎。

13)BACS38J-():纵梁线夹,由桁条和拉带两部分组成。

14)TA025041-():锯齿环形线夹,最大直径为 2.0 in,用于发动机上的高温、高振动区域。

15)TA025097-():环形线夹,用于电源馈线多于或少于三根的,不直行通过的情况。

以上介绍的常用线夹如图 13-30 所示。

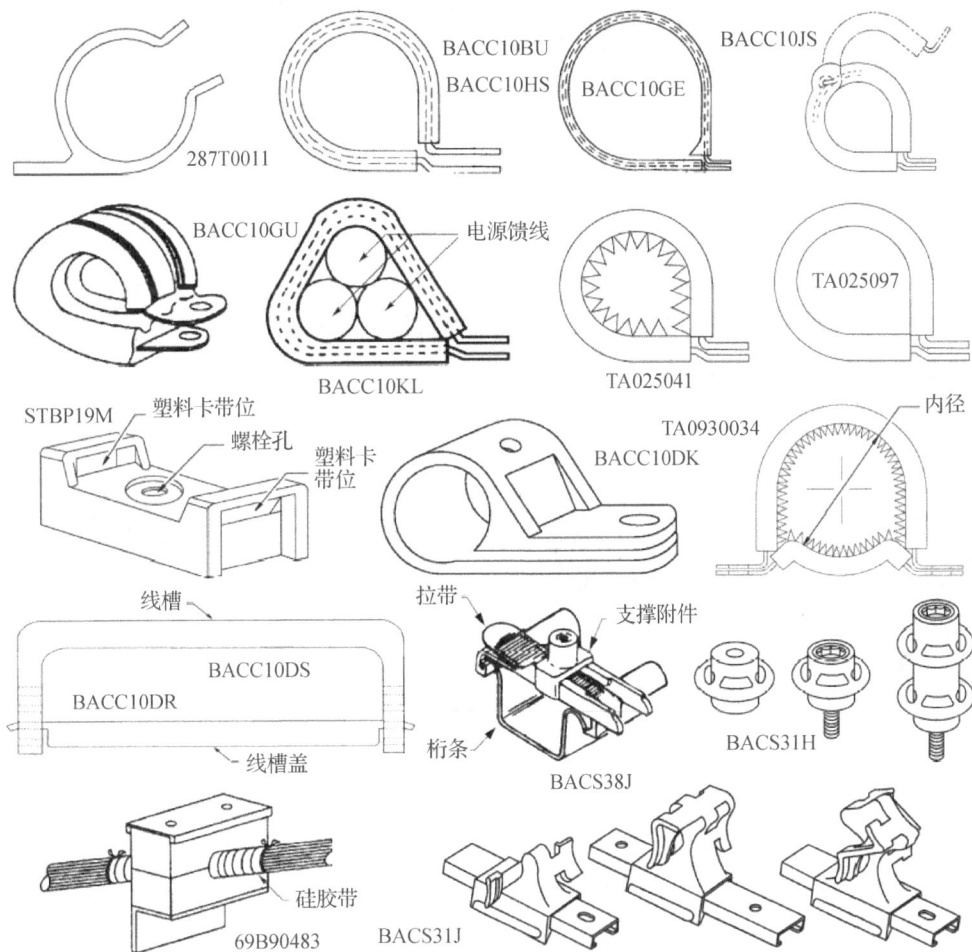

图 13-30　常用线夹

(4)线夹的安装。线夹的安装参考图 13-31。如果线夹的尺寸不合适,就用填充材料使线束和线夹之间更好地配合。填充材料的种类主要有填充塞 BACP20BA、热缩管 RT-876(不要热缩)、绝缘胶带(TAPE)SCOTCH 70、防护胶带(FILM STRIP)E125-2、成形的填充带等。

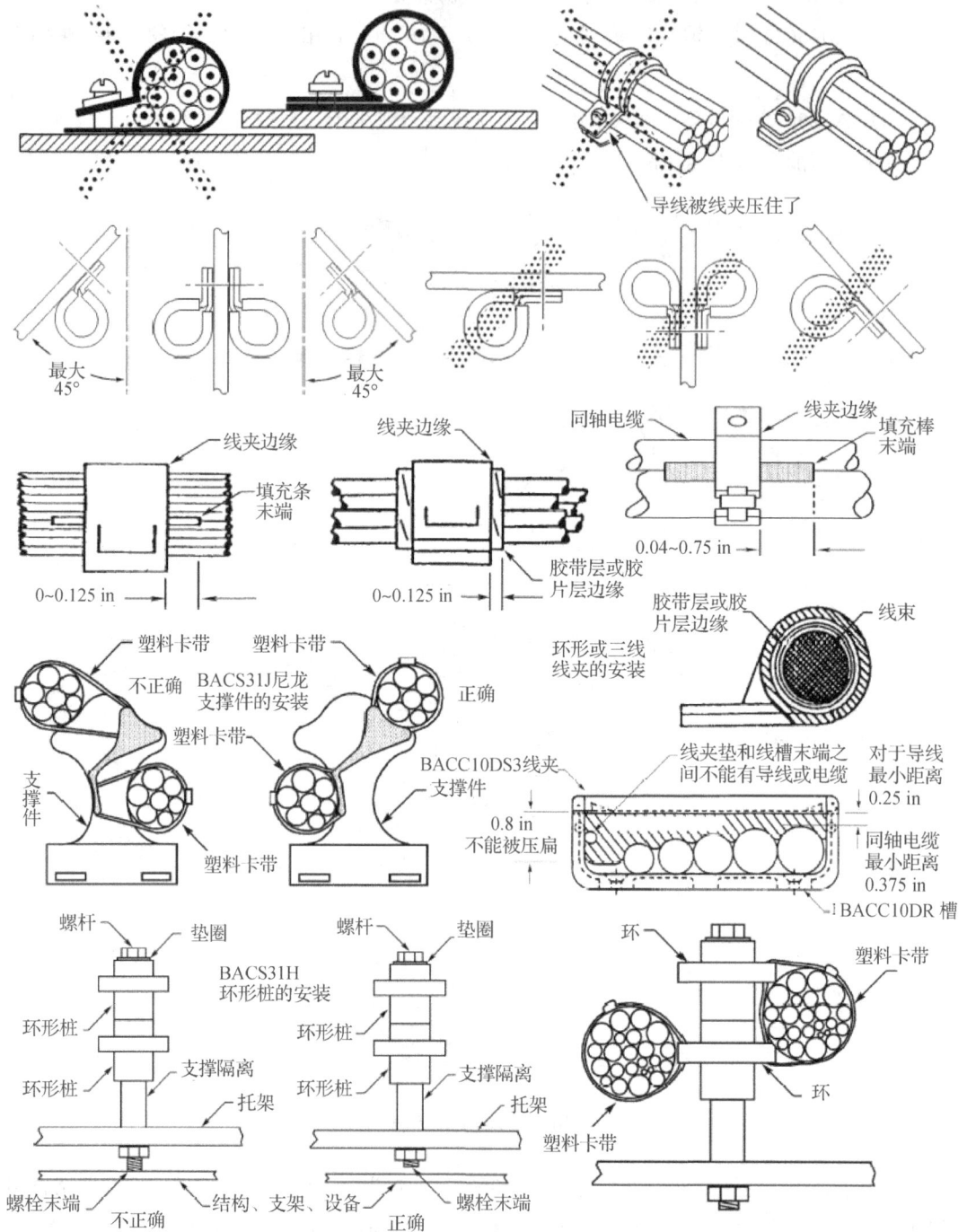

导线被线夹压住了

最大
45°

最大
45°

线夹边缘

线夹边缘

同轴电缆   线夹边缘   填充棒
末端

填充条
末端

0.04~0.75 in

0~0.125 in

0~0.125 in

胶带层或胶
片层边缘

胶带层或胶
片层边缘   线束

环形或三线
线夹的安装

塑料卡带   塑料卡带

不正确   BACS31J尼龙
支撑件的安装   正确

塑料卡带

支撑
件

塑料卡带

BACC10DS3线夹
支撑件

线夹垫和线槽末端之
间不能有导线或电缆   对于导线
最小距离
0.25 in

0.8 in
不能被压扁

同轴电缆
最小距离
0.375 in

BACC10DR 槽

螺杆   垫圈

螺杆   垫圈

环   塑料卡带

BACS31H
环形桩的安装

环形桩

环形桩

支撑隔离

托架

环形桩

环形桩

支撑隔离

托架

塑料卡带

塑料卡带   环

螺栓末端   结构、支架、设备

不正确

螺栓末端

正确

图 13 - 31   线夹的安装

复习思考题

1.标准线路施工材料的温度等级是如何划分的?

2.飞机高振区是如何划分的?

3.简述在飞机上的几种导线束捆扎方法。

4.在发动机区域应该使用哪种类型的接线片?

5.在发动机防火墙连接器插钉压接时需要注意哪些内容?

实操训练项目

更换连接器之间的导线(见表 13-2)。

表 13-2　更换连接器之间的导线操作工卡

飞机型号	ALL	基本技能工卡	工卡编号	13-1
发动机型号	ALL		版本号	R0
工时	8 学时		页码	1　of　9
工卡标题		更换连接器之间的导线		

工 卡 概 述

　　B-2596 飞机 1 号发动机的燃油流量指示有故障,现已确定燃油流量传感器正常,故障出现在燃油流量传感器与发动机防火墙之间的线缆,经检查发现红色导线的导体表面出现大面积损伤,需要更换导线。注意施工要满足 EWIS 基本操作的安全操作规程。

工卡步骤	工卡内容	工作者	检查者
工作准备	(1)工具:剥线钳、尖嘴钳、剪钳、皮带扳手、压接钳、退钉工具、送钉工具。 (2)材料:航空插头、航空导线、插钉、扎绳、保险丝、密封塞、绝缘胶带。		
操作	(1)用剪钳除去导线束上所有的捆扎绳。 注意:按附图 13-1 方式施工,不得损伤导线。 附图 13-1　剪捆扎绳或塑料扎		

制作	校对	批准	施工日期	完工签署

续表

工卡编号	13－1	页码	2 of 9	工作者	检查者
工卡标题	更换连接器之间的导线	工时	8 学时		

操作

(2)拆下连接器的后壳。

注意:如有保险丝,则要将保险丝整根取下。

(3)取下填充胶带。

(4)选取件号相同的导线,长度与被换导线相同。

(5)前退式连接器施工。

1)在 WDM 手册确定更换插钉的位置。

2)找到连接器的构型图,如附图 13－2 所示。

附图 13－2 连接器构型图

3)选取合适的退钉工具。

注意:不能用钳子或其它非专用工具将钉取出,这样会损坏连接器的密封胶圈和插钉。

4)将退钉工具头部从连接器的正前方正对着要退插钉的孔穴插入,要确认退钉工具的活动头是完全缩回的。

5)慢慢将退钉工具插进插钉穴里一直插到底,感觉到有阻力为止,这时退钉工具已经打开了插钉孔里的弹簧锁片。

6)将退钉工具的活动头向前推,一直到将插钉推出。

7)以垂直方向将退钉工具从插钉孔里拨出。从连接器的后部将插钉从密封胶圈上拉出。

8)剥除导线绝缘层。

9)选取合适的插钉。

10)选取合适的压钉工具。

续表

工卡编号	13－1	页码	3 of 9	工作者	检查者
工卡标题	更换连接器之间的导线	工时	8 学时		

<table>
<tr><td rowspan="2">操

作</td><td colspan="5">

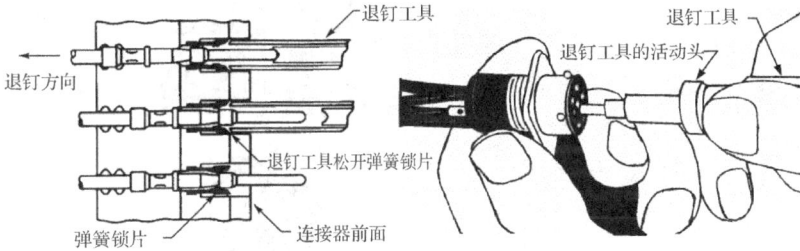

附图 13－3　前退式连接器退钉

11) 根据插钉和导线的尺寸选择压接工具及定位头及设置。

12) 压接插钉,见附图 13－4 和附图 13－5。

要求:对于没有绝缘支撑筒的插钉:将剥去了绝缘层的导线的末端插进插钉的压接筒里;确认线芯的所有细丝都要插到压接筒里;通过检查孔可以看到线芯;导线绝缘层末端到压接筒末端的距离不大于 0.03 in;用正确方法压接插钉;

对于有绝缘支撑筒的插钉:如果导线的外径大于绝缘支撑筒,将剥去了绝缘层的导线的末端插进插钉的压接筒里;要确认线芯的所有细丝都要插到压接筒里;通过检查孔可以看到线芯;导线绝缘层末端到绝缘支撑筒末端的距离不大于 0.06 in;压接插钉;

对于所有其它的有绝缘支撑筒的插钉:将剥去了绝缘层的导线的末端插进插钉的压接筒里;要确认线芯的所有细丝都要插到压接筒里;通过检查孔可以看到线芯;导线绝缘层要插进绝缘压接筒里,绝缘层的末端要顶在绝缘压接筒底;用正确方法压接插钉。

(13) 选择合适的送钉工具,并检查送钉工具头部没有弯曲、损坏、边缘没有磨损,送钉参考附图 13－6。

(14) 检查插钉,确认插钉没有变形和损坏。在送入插钉之前,要将插钉连同导线先穿进连接器后壳、附件及套管中。将插钉和送钉工具的头部配合好,保证插钉和送钉工具是轴向平行的。

(15) 从连接器密封胶圈的后面,将送钉工具连同插钉一起以轴向平行的角度送进插钉孔穴里,一直送到插钉孔穴的底部感到有阻力;如果插钉孔穴是在连接器的外边缘,要将送钉工具头部开口的一面朝向外。

注意:如果需要,为了送钉容易,应在送钉工具及连接器密封胶圈后表面涂少量的润滑剂;润滑剂不要涂的太多,也不要涂到其他的地方去。

</td></tr>
</table>

续表

工卡编号	13-1	页码	4 of 9	工作者	检查者
工卡标题	更换连接器之间的导线	工时	8 学时		

操作

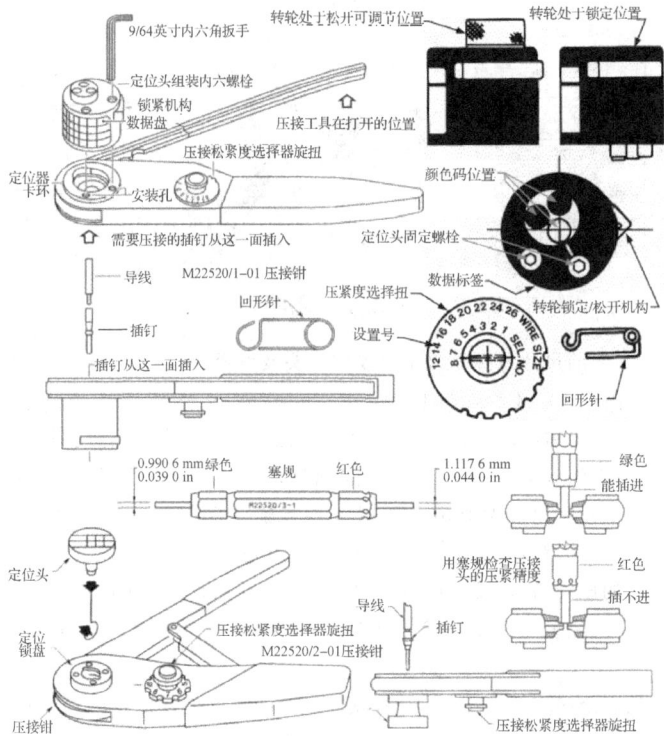

附图 13-4　压接工具使用

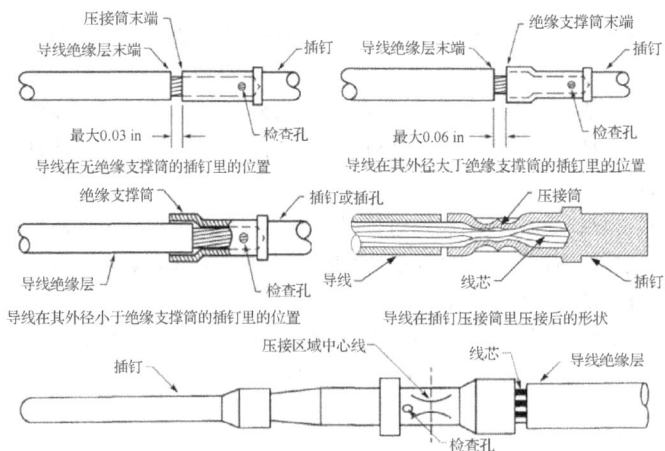

附图 13-5　插钉的压接

续表

工卡编号	13－1	页码	5 of 9	工作者	检查者
工卡标题	更换连接器之间的导线	工时	8 学时		

<table>
<tr><td rowspan="1">操

作</td><td colspan="5">

16）插钉到位后，将送钉工具拔出，用保持力工具检查插钉是否安装到位。

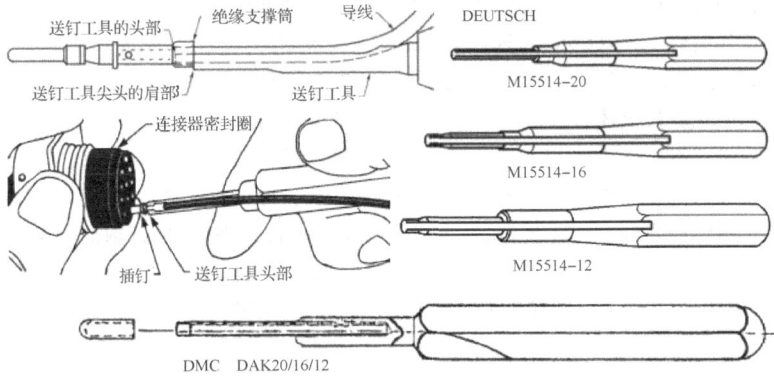

附图 13－6　前退式连接器送钉及送钉工

（6）后退式连接器施工。

1）在 WDM 手册确定更换插钉的位置。

2）找到连接器的构型图，如附图 13－7 所示。

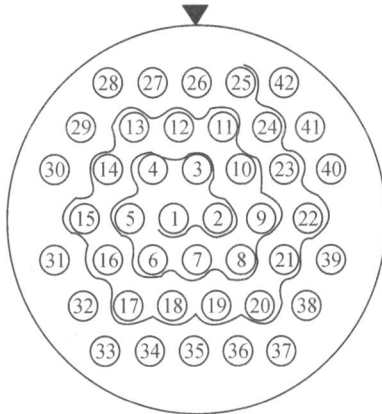

附图 13－7　连接器构型图

3）选取合适的退钉工具。

注意：要检查退钉工具是否完好，特别是头部是否弯曲、破裂、破碎，这样的退钉工具无法完成退钉程序还会导致密封胶圈损坏。

4）将需要退出的插钉后面的导线压入退钉工具的狭槽里。

5）将退钉工具顺着导线，沿着与插钉的轴向平行的方向对准插钉穴。
</td></tr>
</table>

续表

工卡编号	13-1	页码	6 of 9	工作者	检查者
工卡标题	更换连接器之间的导线	工时	8学时		

操作	6)将退钉工具插进插钉穴,一直往里插,直到插不下去为止。如果导线的外径比退钉工具的狭槽的直径大的多,就需要更换插钉; 7)用手捏住退钉工具与导线,将退钉工具及导线一起拉出。 注意:如果退钉工具不能与导线一起拔出,就将退钉工具单独拔出来,再沿插钉轴向转动90°,再重新按上述方法将退钉工具插进去,重新退钉;如果退钉工具第二次还是不能与导线一起拔出,就再将退钉工具单独拔出来,沿插钉轴向再转动90°(与上次转动的方向相同),再重新按上述方法将退钉工具插进去,再重新退钉;如果退钉工具第三次还是不能与导线一起拔出,就再将退钉工具单独拔出来,沿插钉轴向再转动90°(与上次转动的方向相同),再重新按上述方法将退钉工具插进去,再重新退钉;如果退钉工具第四次还是不能与导线一起拔出,就是退不出来了,就需要更换插钉。 更换插钉: a) 当插钉无法退出时,在连接器的后面约0.25 in处剪断导线; b) 选择一个合适的尖嘴钳子,将剩余导线上的绝缘层剥掉; c) 将退钉工具按正常退钉的方式插入插钉穴;一直插到底; d) 用尖嘴钳子夹住导线,将导线与退钉工具一起拔出插钉穴; e) 如果还是退不出插钉,就将退钉工具拔出,沿轴向转90°后,再重复上述的程序,直到退出插钉;再压接新的插钉。 8)退钉完成,参考附图13-8; 9)剥除导线绝缘层。 10)选取合适的插钉。 11)选取合适的压钉工具。 12)根据插钉和导线的尺寸选择压接工具及定位头及设置。 13)压接插钉,参考附图13-4和附图13-5,压接要求与前退插钉相同。 14)选择合适的送钉工具,并检查送钉工具头部没有弯曲、损坏、边缘没有磨损。 15)检查插钉,确认插钉没有变形和损坏。在送入插钉之前,要将插钉连同插钉的肩部及导线滑入压接工具的狭槽里,将插钉与送钉工具配合好。

续表

工卡编号	13-1	页码	7 of 9	工作者	检查者
工卡标题	更换连接器之间的导线	工时	8 学时		

操作

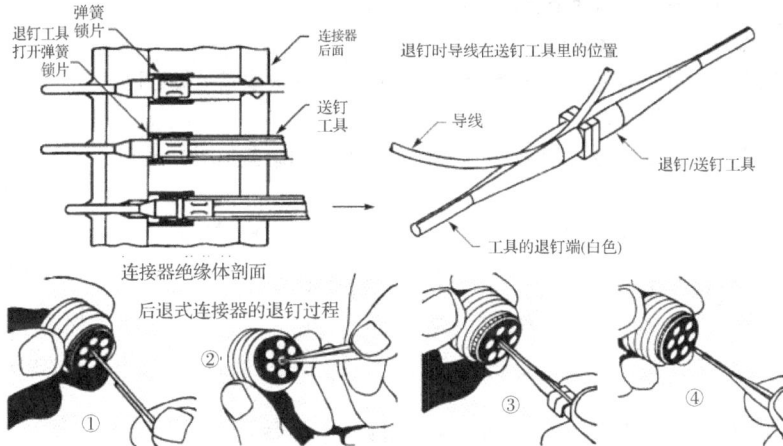

附图 13-8　后退式连接器退钉

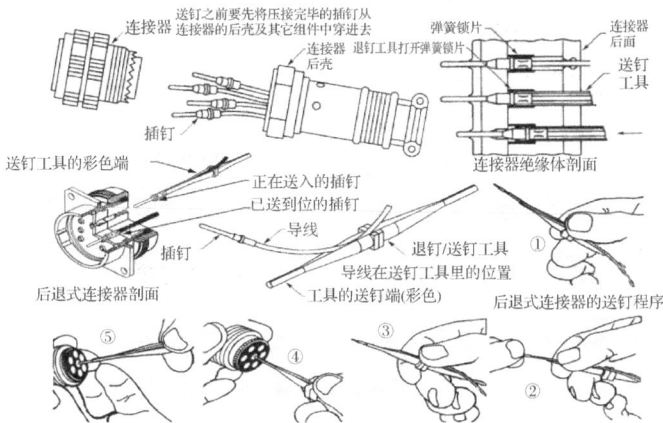

附图 13-9　后退式连接器送钉

16）将送钉工具及插钉以垂直方向插进要送入的插钉穴里并一直向里插到底，直到能感觉到一声轻微的咔嚓声；在送钉工具插入期间不要转动送钉工具，这样会损坏密封环；再以垂直方向拔出送工具。送钉如附图 13-9 所示。

（7）检查两个插头的密封情况，如需密封，将插头密封完好，注意不同区域的密封方式不同。

续表

工卡编号	13-1	页码	8 of 9	工作者	检查者
工卡标题	更换连接器之间的导线	工时	8 学时		

<table>
<tr>
<td rowspan="1">操作</td>
<td>

（8）连接器后壳的安装，两个连接器施工方法相同。

1）将后壳与连接器的螺纹对齐并拧紧。

2）将线夹放在后壳腿上对齐，找到线夹中心位置，并在导线束上做标记。

3）选择合适的绝缘带。

4）将绝缘带缠绕在标记处，注意厚度适中，缠绕起始如附图 13-10 所示。

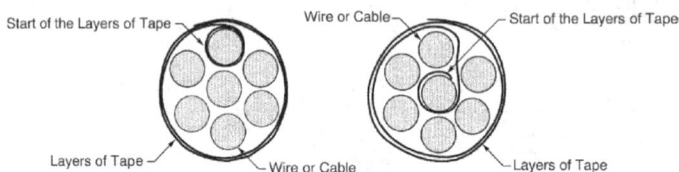

附图 13-10　填充胶带起始缠绕方法

5）安装线夹，注意螺钉的安装方向，如附图 13-11 所示。

6）选择合适的保险丝，在每个连接器的后壳和线夹之间安装保险丝。注意：保险由线夹上的螺钉起始，不要在后壳起始，防止后壳受力损坏。

每英寸保险丝辫结数量为 9～12 个。

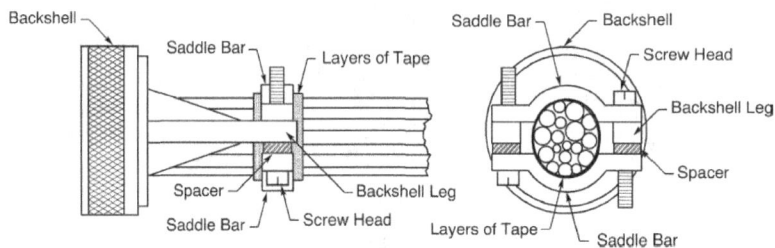

附图 13-11　线夹的安装

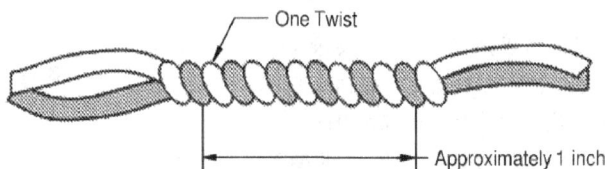

附图 13-12　每英寸保险丝辫结数量

</td>
</tr>
</table>

续表

工卡编号	13-1	页码	9 of 9	工作者	检查者
工卡标题	更换连接器之间的导线	工时	8 学时		

<table>
<tr><td rowspan="2">操作</td><td>

（9）将导线束重新捆扎,高振区捆扎方法如附图 13-13 所示。选择①和②中的一种方法,再完成③。 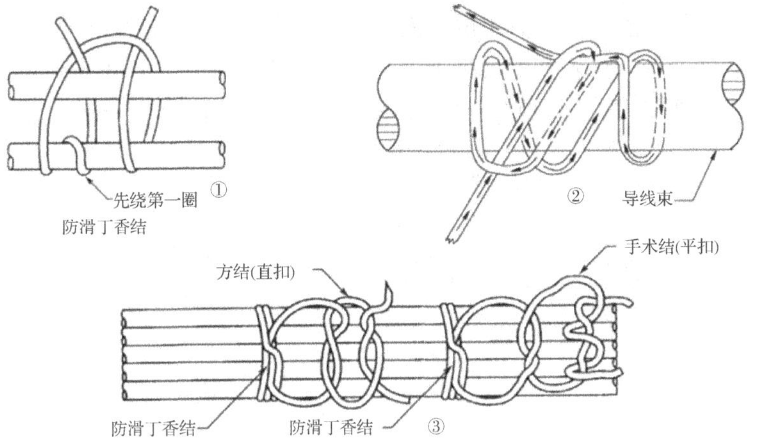

附图 13-13　导线束捆扎

</td></tr>
</table>

工作结束	(1)对所做工作进行自检; (2)清点工具设备,整理工作现场。 (3)填写维修记录(飞行记录本)。

参 考 文 献

[1] 李杰,陈光,吕跃进.世界著名商用航空发动机要览[M].北京:航空工业出版社,2016.
[2] 甘晓华,薛洪涛,雷友峰.航空发动机工程通论[M].北京:北京大学出版社,2021.
[3] 中国飞行实验研究院.世界航空发动机飞行试验台集萃[M].北京:航空工业出版社,2019.